食品原料安全控制技术发展战略研究

孙宝国　主　编
王　静　副主编

科学出版社

北京

内 容 简 介

本书是中国工程院重大咨询项目"中国食品安全现状、问题及对策战略研究"之课题"食品原料安全控制技术发展战略研究"的成果。主要从食品添加剂行业、粮食行业、肉禽蛋行业、乳品行业、水产品行业五个重点食品行业入手，详细阐述了国内外在这五个重点行业的安全控制技术水平现状与趋势，提出了我国食品安全控制技术中长期发展方向和政策咨询意见，为推动我国食品安全控制技术水平的全面提升、保障我国食品产业的健康持续发展提供支撑。

本书可供食品安全相关行政管理人员、科研教学人员、企业管理人员等阅读参考。

图书在版编目(CIP)数据

食品原料安全控制技术发展战略研究/孙宝国主编. —北京:科学出版社,2015.2
ISBN 978-7-03-043261-2

Ⅰ.①食…　Ⅱ.①孙…　Ⅲ.①食品-原料-质量控制-研究-中国
Ⅳ.①TS202.1

中国版本图书馆 CIP 数据核字(2015)第 023295 号

责任编辑：贾　超　杨新改 / 责任校对：赵桂芬
责任印制：肖　兴 / 封面设计：东方人华

科 学 出 版 社 出版
北京东黄城根北街 16 号
邮政编码：100717
http://www.sciencep.com
中国科学院印刷厂 印刷
科学出版社发行　各地新华书店经销

*

2015 年 2 月第　一　版　　开本：720×1000 1/16
2015 年 2 月第一次印刷　　印张：17 1/4
字数：330 000
定价：128.00 元
(如有印装质量问题，我社负责调换)

《食品原料安全控制技术发展战略研究》
编写委员会

主　编：孙宝国　北京工商大学

副主编：王　静　北京工商大学

编　委：(以姓氏汉语拼音为序)

杜　政	国家粮食局科学研究院
亢　霞	国家粮食局科学研究院
李福君	国家粮食局科学研究院
罗　祎	中国检验检疫科学研究院
孟兆祥	中国检验检疫科学研究院
潘迎捷	上海海洋大学
乔晓玲	北京食品科学研究院
孙金沅	北京工商大学
王松雪	国家粮食局科学研究院
谢　刚	国家粮食局科学研究院
谢　晶	上海海洋大学
臧明伍	北京食品科学研究院
张　立	中国检验检疫科学研究院
张慧娟	北京工商大学
赵　勇	上海海洋大学

前　　言

　　民以食为天，食以安为先。食品产业承担着为我国约 13 亿人提供安全放心、营养健康食品的重任，在国民经济中具有举足轻重的战略地位和作用。改革开放 30 多年来，我国食品产业总产值以年均递增 10％以上的速度持续快速发展，已经成为国民经济中十分重要的产业体系，集农业、制造业、现代物流服务业于一体的增长最快、最具活力的国民经济支柱产业，是我国国民经济发展极具潜力的新的经济增长点。

　　然而近几年来，在世界范围内不断出现食品安全事件。2008 年我国爆发了"三鹿奶粉"重大食品安全事件，瘦肉精、苏丹红等众多食品安全事件也频频发生，使得我国乃至全球的食品安全问题形势十分严峻。日益加剧的环境污染和频繁发生的食品安全事件对人们的健康和生命造成了巨大的威胁，食品安全问题已成为人们关注的热点问题。

　　食品原料安全控制技术是提升食品安全水平的核心力量。安全的食品是生产出来的，不是检验出来的。生产过程安全控制技术对提高食品安全水平显得尤为重要；而在我国，食品生产过程安全控制技术一直是容易被忽略的薄弱环节。与发达国家相比，我国食品安全控制技术在种植养殖环节、生产加工环节、流通消费环节、质量安全控制、法规和标准等方面存在较大差距，严重影响了我国食品产业的健康、可持续发展。本书以食品添加剂、粮食、肉禽蛋、乳品、水产品五大重点食品行业为研究对象，详细阐述了食品安全控制技术水平现状与发展趋势，分析了五大食品行业在安全控制过程中存在的问题，剖析了这些问题的特征与深层次原因，借鉴发达国家食品原料安全控制技术体系和安全管理经验，并结合我国国情，提出了我国食品安全控制技术中长期发展方向和政策咨询意见，以推动我国食品安全控制技术水平的全面提升。

　　本书是中国工程院重大咨询项目"中国食品安全现状、问题及对策战略研究"之课题"食品原料安全控制技术发展战略研究"的成果。全书共五章，第 1 章由北京工商大学孙宝国、王静、张慧娟、孙金沅编写，第 2 章由国家粮食局科学研究院杜政、李福君、亢霞、王松雪、谢刚编写，第 3 章由北京食品科学研究院乔晓玲、臧明伍编写，第 4 章由中国检验检疫科学研究院张立、罗祎、孟兆祥编写，第 5 章由上海海洋大学潘迎捷、谢晶、赵勇编写，全书由孙宝国院士统稿。

2015 年元月

目　　录

第1章 食品添加剂安全控制技术发展战略研究

食品添加剂是现代食品工业中不可或缺的一部分,有力地推动了整个食品工业的发展进程。可以说,没有食品添加剂,就没有现代食品工业。目前,近97%的食品使用了食品添加剂。

1.1 我国食品添加剂产业发展概况

1.1.1 生产和消费概况

《中华人民共和国食品安全法》(以下简称《食品安全法》)中将食品添加剂定义为"为改善食品品质和色、香、味以及为防腐、保鲜和加工工艺的需要而加入食品中的人工合成或者天然物质"。食品添加剂具有以下三个特征:①为加入到食品中的物质,因此,它一般不单独作为食品来食用;②既包括人工合成的物质,也包括天然物质;③加入到食品中是为改善食品品质和色、香、味以及为防腐、保鲜和加工工艺的需要。

按功能的不同,我国的《食品添加剂使用标准》将食品添加剂分为23类,主要包括酸度调节剂、抗结剂、消泡剂、抗氧化剂、漂白剂、膨松剂、胶姆糖基础剂物质、着色剂、护色剂、乳化剂、酶制剂、增味剂、面粉处理剂、被膜剂、水分保持剂、营养强化剂、防腐剂、稳定剂、凝固剂、甜味剂、增稠剂、食品用香料、食品工业用加工助剂及其他。世界主要国家和地区食品添加剂功能分类见附表1。

2001～2012年12年间,我国食品添加剂行业发展迅猛,总产量及产值呈逐年增长的趋势(图1.1)。

2001～2011年我国食品添加剂和配料工业主要产品产量见表1.1。

目前我国食品添加剂行业因为企业普遍规模不大、整体水平不高、技术开发能力不强等原因,还存在着产品种类相对单一、仿制产品居多、跟进世界食品添加剂研发趋势能力不足等问题,许多技术含量高、用量少的添加剂仍然依赖进口。但近年来,我国的食品添加剂生产仍得到了长足的发展。同时随着行业技术水平和管理水平的迅速提高,产品成本大幅下降,我国食品添加剂的产品在国际市场的竞争力明显增强,出口量也逐年增加。2008～2012年我国食品添加剂的进出口量如图1.2所示。

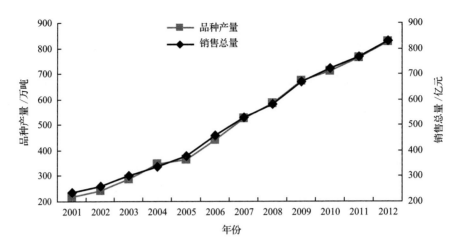

图 1.1　2001～2012 年食品添加剂主要品种产量

资料来源:中国食品工业年鉴 2001—2012 及中华人民共和国卫生部[1]

表 1.1　1991～2011 年我国食品添加剂和配料工业主要产品产量（单位：万吨）

年份	食用香精香料	食用着色剂（含焦糖色素）	高倍甜味剂	糖醇类甜味剂	防腐、抗氧、保鲜剂	增稠、乳化剂	品质改良剂	营养强化剂	酶制剂	柠檬酸
1991	1.39	0.32		2.27						6.50
1995	3.00	1.10		5.60						15.40
2000	3.50	2.80	4.40	11.20	8.00	6.00		5.80		32.00
2001	4.00	3.20	5.52	19.00	7.00	4.00	3.50	8.40	32.00	37.00
2002	4.50	5.00	7.51	23.00	8.50	5.00	4.00	9.50	35.00	37.00
2003	5.00	6.65	9.00	31.00	11.00	4.00	5.00	11.00	38.00	45.78
2004	5.50	26.50	9.90	36.00	10.50	6.50	9.00	12.50	42.00	54.00
2005	6.00	30.00	12.00	55.00	12.00	8.00	10.00	14.00	48.00	63.00
2006	7.00	32.00	14.00	75.00	12.90	12.00	12.00	15.70	53.00	66.00
2007	9.10	32.46	16.00	100.00	16.80	13.00	12.00	18.40	59.00	89.00
2008	10.20	32.40	17.40	108.00	20.00	14.00	13.00	20.00	61.50	90.00
2009	11.00	32.50	18.00	117.00	21.60	14.70	14.10	21.80	69.00	87.00
2010	12.10	35.00	20.10	106.40	24.50	47.80	14.20	22.97	77.50	98.00
2011	13.10	37.11	11.00	158.00	26.00	52.90	14.50	22.51	89.13	103.00

资料来源:中国食品工业年鉴 1991—2011 及中国轻工业年鉴

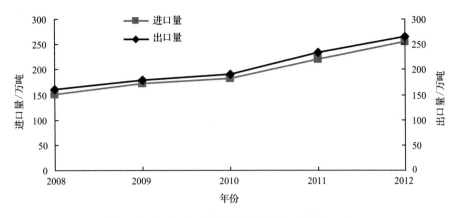

图 1.2　2008～2012 年我国食品添加剂进出口量

资料来源：中国轻工业年鉴,中国食品添加剂和配料协会

　　我国酶制剂产业经过 50 多年的长足发展,已进入世界酶制剂生产的大国行列,目前已实现规模化生产的酶制剂达到 30 种左右。中国酶制剂出口增加值持续扩大,出口到数十个国家和地区,但是我国酶制剂产业种类相对单一,与国外相比还有一定距离。中国需进口一些国内急需但制造尚不及国外的酶粗制凝乳酶、碱性蛋白酶和碱性脂肪酶等。2001～2012 年我国酶制剂进出口量及进出口额如表 1.2 所示。

表 1.2　2001～2012 年我国酶制剂进出口状况

年份	进口量/万吨	进口额/万美元	出口量/万吨	出口额/万美元
2001	0.859 7	4 587	0.494 8	2 925
2002	0.914 1	5 144	0.751 8	3 073
2003	0.977 6	6 035	1.269 4	4 798
2004	1.174 6	7 712	1.960 4	7 540
2005	1.353 4	9 116	2.643 7	12 811
2006	1.464 4	11 472	3.490 0	12 546
2007	1.238 9	12 038	4.728 4	12 708
2008	1.159 0	12 810	6.535 2	18 183
2009	0.942 72	12 924.6	6.760 1	20 000
2010	0.914 78	12 832.4	8.200 0	23 000
2011	0.99	16 500	8.200 0	26 000
2012	1.15	17 974.4	7.693 6	28 059

资料来源：中国食品工业年鉴,海关进出口数据统计及参考文献[2]

柠檬酸及柠檬酸盐是我国食品添加剂行业的主要出口产品。我国柠檬酸及柠檬酸盐的出口量已经连续多年居世界第一,并且占我国总产量的 80% 左右。2001~2012 年我国柠檬酸及柠檬酸盐的出口量及出口额如图 1.3 所示。

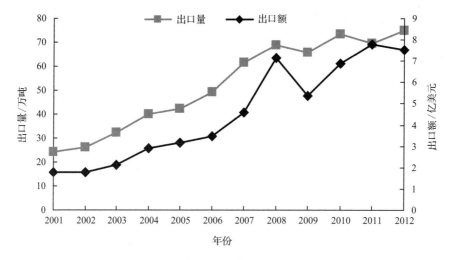

图 1.3 2001~2012 年我国柠檬酸及其盐出口量及出口额
资料来源:海关进出口数据统计

随着我国食品工业的迅猛发展,我国食品添加剂的消费量也逐步增加(表 1.3)。

表 1.3 我国食品添加剂消费量

项目	2007 年消费量/万吨	2012 年消费量/万吨	2007~2012 年平均年增长率/%
变性淀粉(不包含非变性淀粉)	5.350	7.504	7.0
其他增稠剂和稳定剂	6.029	8.207	6.4
高强度甜味剂	3.342	4.180	4.6
多元醇甜味剂	4.660	6.120	5.6
色素	24.525	3.1672	5.3
酶制剂	14.697	19.669	6.0
抗氧化剂	1.045	1.451	6.8
防腐剂	5.761	7.591	5.7
乳化剂	3.440	4.823	7.0
总计	68.849	91.217	5.8

2007 年,我国食品添加剂总消费量为 68.849 万吨,2012 年为 91.217 万吨, 2007~2012 年间,平均年增长率 4.6%~7.0%。

1.1.2　产业结构

我国已成为食品添加剂国际贸易的主要力量。我国目前各类食品添加剂生产企业有 1500 余家,食品添加剂总产值已约占国际贸易额的 10%,其中柠檬酸、苯甲酸钠、山梨酸钾、糖精钠、木糖醇、维生素 C(VC)、异 VC 钠、维生素 E 及乙基麦芽酚等产品处于领先地位。食用色素在品种、数量上均有较大增长,已成为世界食用着色剂品种最多的生产和消费大国,在国际贸易中占了一定的份额,出口的品种主要有红曲红、高粱红、姜黄等。

随着市场的发展,国内企业规模都有所扩大,并已经形成了一批代表企业。截至 2011 年,食品添加剂行业的上市企业主要有:安琪酵母、星湖科技、晨光生物、莱茵生物、保龄宝、量子高科、永安药业及新和成,分别涉及增味剂、增色剂、功能糖以及营养强化剂。各企业所具备的领先核心技术如表 1.4 所示。我国食品添加剂和食品配料行业百强企业名单(第一批共 62 个)见附表 2。

表 1.4　食品添加剂行业的上市企业

公司名称	主营业务	技术先进性
安琪酵母(600298)	酵母生产和深加工	国际领先
星湖科技(600866)	氨基酸和核酸生产	国际领先
晨光生物(300138)	高效辣椒红提取	国际领先
莱茵生物(002166)	多品类植物提取	国际领先
保龄宝(002286)	高纯度低聚异麦芽糖和果葡糖生产	国际领先
永安药业	高效牛磺酸生产	国际领先

同时近期我国还有一批食品添加剂产品拟在建项目(表 1.5)。

表 1.5　近期我国部分食品添加剂产品拟在建项目

项目名称	周期	投资额/万元	业主单位
年产 50 吨植物提取及加工生产线建设项目	2012~2013 年	2 900	湖南鑫利生物科技有限公司
年产 16 万吨生物发酵制品项目	2012~2013 年	250 000	新疆阜丰生物科技有限公司
曾田香料(昆山)有限公司搬迁及增资扩建项目	2012~2013 年	15 000	曾田香料(昆山)有限公司
新疆兴悦化工年产 100 万吨 VC 及配套项目	2012~2017 年	1 930 000	宜昌兴发集团有限责任公司

项目名称	周期	投资额/万元	业主单位
年产 10 000 吨阿斯巴甜及 500 吨三氯蔗糖项目	2012～2014 年	23 000	常州科隆化工有限公司
武汉市年产 20 万吨果葡糖浆加工项目	2012～2013 年	98 385	武汉润华生物科技有限公司
潜江市绿海宝生物技术有限公司天然色素和植物提取物项目	2012～2013 年	8 100	潜江市绿海宝生物技术有限公司
盐城捷康三氯蔗糖制造有限公司年产 4000 吨三氯蔗糖技改项目	2013～2014 年	5 000	盐城捷康三氯蔗糖制造有限公司
年产 4.5 万吨食品添加剂项目	2013～2014 年	10 100	山东众友生物科技有限公司
维生素 E 建设项目	2014 年投产	26 670	新发药业有限公司
联邦制药（通辽）有限公司抗生素及维生素工程	2013.10.01～2014.12.23	270 000	通辽市联邦制药有限公司
甜菊糖生产项目	2011.5 至 2014 年	93 000	通辽市佐源糖业有限公司
吉林巨能生物技术有限公司食品添加剂项目	2013～2014 年	20 000	天津巨能生物技术有限公司
上海艾蒂缇生物科技有限公司食品添加剂项目	2013～2014 年	—	上海艾蒂缇生物科技有限公司
年产 6000 吨食品添加剂项目	2013～2014 年	—	江西省上高县鑫洋食品添加剂有限公司
湖北神舟化工有限公司食品饲料添加剂及化工中间体生产项目	2013～2014 年	—	湖北神舟化工有限公司

资料来源：千讯化合整理分析

在我国，一些食品添加剂的生产，已经大大超过了市场需求。我国木糖醇总产量的 80% 都用于出口。我国木糖醇的总产量见图 1.4，出口量及出口价格见图 1.5。

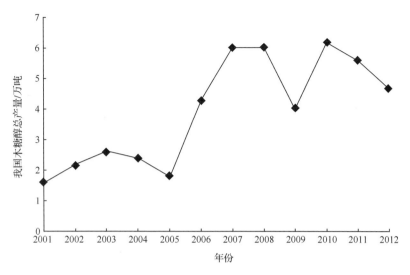

图 1.4　2001~2012 年我国木糖醇总产量

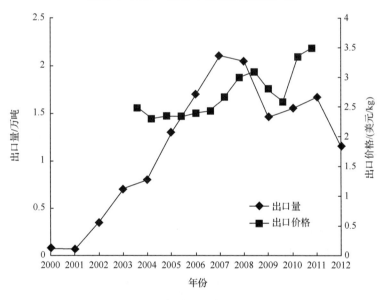

图 1.5　2000~2012 年我国木糖醇出口量及出口价格

资料来源:海关进出口数据统计及国淀粉工业协会糖醇专业委员会

1.1.3　研究与开发

与发达国家相比,我国在食品添加剂的研发方面投入不足。企业参与新型产品开发的积极性不高,不愿在研究与开发等环节上投入太多资金,多数以观望国外业内领先企业产品研发状况为主,没有自主研发的优势,仿制跟随,因而生产技术、产品质量、产品成本等方面是国内企业的软肋。研发机构在食品添加剂研发方面起引导作用,大型国有企业也做出了很大贡献。近来,食品添加剂研发的成果如表 1.6所示。

表 1.6　我国近年来食品添加剂研发成果

成果	研究机构	成果取得年份
重要香原料 2-甲基-3-巯基呋喃和 2-甲基-3-呋喃基二硫醚的研制与应用	北京工商大学	1999
天然级肉味香精生产技术	北京工商大学	2000
含硫食用级香料的合成及开发	北京工商大学	2005
海参自溶酶技术及其应用	大连理工大学	2005
以高产品浓度、高产率、高生产强度为目标的发酵过程优化技术	江南大学	2006
用玉米芯酶解制备低聚木糖的研究	中国农业大学、山东龙力生物科技有限公司	2006
通过生物降解农作物废弃物来制备低聚木糖	南京林业大学	2006
提取茄尼醇的新技术	东北林业大学	2006
糖醇的工业色谱分离纯化技术及工程化研究	江南大学、浙江华康药业有限公司、无锡绿色分离应用技术研究所有限公司	2007
蔗糖异构化糖生产技术研究	大连工业大学	2007
酶法高效生产 L-半胱氨酸的技术与应用	南开大学、天津科技大学、河南省科学院化学研究所有限公司	2007
采用膜分离技术新工艺生产淀粉糖的研究生产性试验	吉林省轻工业设计研究院、内蒙古圣华新药业有限责任公司、长春大成实业集团有限公司	2007
酶法果葡糖浆系列产品的开发生产	广州双桥股份有限公司	2007
高产碱性蛋白酶菌株选育及酶制剂制备	天津科技大学、天津市诺奥科技发展有限公司、天津中科百奥工业生物技术有限公司	2007
不饱和脂肪类香料的合成研究	上海香料研究所	2007
以玉米浸泡水和玉米皮水解液为原料生产生物蛋白粉的研究	山东省鲁洲食品集团有限公司、北京尤新新兴生物技术中心	2007
特征香味料脂肪酸类香料的研究	上海香料研究所	2008
制糖工业新型糖浆上浮清净系统的开发与应用	广州甘蔗糖业研究所	2008
新型酶制剂产品——内切木聚糖酶的研究与应用	济南高新开发区京鲁生物技术研究开发中心、山东省中协食品添加剂研究开发中心	2008

续表

成果	研究机构	成果取得年份
酵母菌表达风味强化肽的研究与开发	天津春发食品配料有限公司、天津科技大学	2008
利用优良菌株和组合膜技术生产高纯度柠檬酸	山东柠檬生化有限公司	2008
高品质乳化稳定剂产业化关键技术	广州合诚实业有限公司、华南理工大学	2008
木糖生物制造及清洁生产新技术的研究	山东省食品发酵工业研究设计院、山东省中协食品添加剂研究开发中心	2009
高纯度万寿菊叶黄素和玉米黄质提纯、转化和微胶囊化研究及产业化	浙江医药股份有限公司新昌制药厂	2009
基于生物活性的红藻膳食纤维和红藻糖的创新开发及其应用	宁波大学、上海海洋大学、宁波海陆空生物食品科技有限公司	2009
产高附加值产品的过氧化氢酶清洁生产工艺	江苏省江大绿康生物工程技术研究有限公司、江南大学、赛普(无锡)膜科技发展有限公司	2009
戊糖醇裂解制备低分子多元醇技术研究	山东福田药业有限公司	2009
原味肉味香精生产关键技术	北京工商大学、清华大学、北京理工大学、北京味源食品科技有限责任公司、河南京华食品科技开发有限公司	2010
荧光增白剂与粉丝清洁生产关键技术与产品研发及应用推广	山东大学、鲁东大学、山东精细化工集团公司、招远市水处理工程有限公司	2010
功能性食品配料 β 葡聚糖的制备研究及产业化	广东省食品工业研究所、广东广业清怡食品科技有限公司	2010
新型食品添加剂可得然胶生产技术研究及产品开发	山东中科生物科技股份有限公司、山东省食品发酵工业研究设计院	2010
果蔬产品生物保鲜剂的研制与防腐关键技术开发	天津科技大学	2010
辣椒红、辣椒素连续生产技术和装备研发及产业化	晨光生物科技集团股份有限公司	2011
固定化酶法连续生产麦芽糖工艺研究	山东省鲁洲食品集团有限公司、山东省科学院中日友好生物技术研究中心	2011
功能酵母及其衍生产品生产关键技术	安琪酵母股份有限公司、湖北工业大学	2011
高活性酸性蛋白酶的产业化试验	山东隆科特酶制剂有限公司	2011
食品功能性添加物的纳米载体技术	江南大学、浙江新和成股份有限公司、华宝食用香精香料(上海)有限公司	2011

续表

成果	研究机构	成果取得年份
植物源呈味基料	广东汇香源生物科技股份有限公司、华南理工大学	2011
工业酶发酵过程监控技术与系统	江南大学	2011
黄原胶生产新工艺关键技术研究与开发	山东阜丰发酵有限公司	2011
微生物合成聚氨基酸的关键技术及应用	南京工业大学	2012
竹红菌素的全细胞催化合成及纯化的关键技术开发及产业化	江南大学、江苏汉邦科技有限公司	2012
重大淀粉酶品的创制、绿色制造及其应用技术	天津科技大学、江南大学、山东隆大生物工程有限公司、福建福大百特科技发展有限公司	2012
赤藓糖醇发酵生产技术的研制与开发	中国食品发酵工业研究院	2012
黄原胶降解酶生产关键技术及应用研究	大连工业大学	2012
无味栀子黄色素生产技术开发与应用	河南中大生物工程有限公司	2012

1.1.4　管理机构和特点

1. 政府管理制度及职能分工

2013 年 3 月 10 日,国家食品药品监督管理总局成立。保留国务院食品安全委员会,具体工作由国家食品药品监督管理总局承担;不再保留国家食品药品监督管理局和单设的国务院食品安全委员会办公室。在国家食品药品监督管理总局成立之前,根据《食品安全法》及其实施条例的规定,我国实行各部门各司其职管理食品添加剂生产经营中的各环节。

1) 安全性评价和标准

卫生部《食品添加剂新品种管理办法》、《食品添加剂新品种申报与受理规定》、《食品添加剂使用卫生标准》(GB 2760)。

2) 生产加工环节

国家质量监督检验检疫总局(以下简称质检总局)(审核批准产品生产许可证)《食品添加剂生产监督管理规定》、《食品添加剂生产许可审查通则》。工业和信息化部(以下简称工信部)负责食品添加剂行业管理、制定产业政策和指导生产企业诚信体系建设。

3) 流通环节

国家工商行政管理总局(以下简称工商总局)《关于进一步加强整顿流通环节违法添加非食用物质和滥用食品添加剂工作的通知》和《关于对流通环节食品用香

精经营者进行市场检查的紧急通知》。

4）餐饮服务环节

卫生部《餐饮服务食品安全监督管理办法》、《餐饮服务食品安全监督抽检规范》和《餐饮服务食品安全责任人约谈制度》，严格规范餐饮服务环节食品添加剂使用行为。

国家食品药品监督管理总局的成立结束了我国食品添加剂由各部门分头进行管理的局面。将食品安全办的职责、食品药品监管局的职责、质检总局的生产环节食品安全监督管理职责、工商总局的流通环节食品安全监督管理职责整合，组建了国家食品药品监督管理总局。改革后，食品药品监督管理部门转变了管理理念，创新管理方式，充分发挥市场机制、行业自律和社会监督作用，建立让生产经营者真正成为食品药品安全第一责任人的有效机制，充实加强基层监管力量，切实落实监管责任，不断提高食品药品安全质量水平。

2. 食品添加剂生产许可制度

依据《工业产品生产许可证管理条例》和《食品添加剂生产监督管理规定》，取得生产许可，应当具备的条件包括：①合法有效的营业执照；②与生产食品添加剂相适应的专业技术人员；③与生产食品添加剂相适应的生产场所、厂房设施；其卫生管理符合卫生安全要求；④与生产食品添加剂相适应的生产设备或者设施等生产条件；⑤与生产食品添加剂相适应的符合有关要求的技术文件和工艺文件；⑥健全有效的质量管理和责任制度；⑦与生产食品添加剂相适应的出厂检验能力；产品符合相关标准以及保障人体健康和人身安全的要求；⑧符合国家产业政策的规定，不存在国家明令淘汰和禁止投资建设的工艺落后、耗能高、污染环境、浪费资源的情况；⑨法律法规规定的其他条件。

《食品安全法》规定，食品添加剂生产企业应当依据食品安全标准对所生产的食品添加剂进行检验，检验合格后方可出厂或者销售。卫生部、质检总局等九部门《关于加强食品添加剂监督管理工作的通知》（卫监督发〔2009〕89 号）规定，2009 年6 月 1 日以后新建的食品添加剂生产企业，其生产的食品添加剂质量、检验方法标准必须符合国家标准、行业标准的规定，并且必须依法取得工业产品生产许可证后方可从事食品添加剂的生产。在《食品安全法》实施之前，已经依法取得食品添加剂生产或卫生许可证明的，许可证明在有效期内继续有效。凡未取得上述许可证明的，不得生产食品添加剂；卫生许可证明到期后申请食品添加剂生产许可证的，其产品质量必须符合相关国家标准、行业标准的规定，尚无标准的，其产品质量要求、检验方法可以参照国际组织或相关国家的标准，由卫生部会同有关部门指定。

1.1.5　法律法规和标准

我国食品添加剂法规管理体系相对完善,主要包括了《中华人民共和国食品安全法》《食品添加剂生产监督管理规定》以及相关规定(表1.7)。

表 1.7　中国食品添加剂的有关管理法律法规

	法律法规名称	颁布部门	实施日期
法律	《中华人民共和国食品安全法》	全国人民代表大会常务委员会	2009-06-01
法规	《中华人民共和国食品安全法实施条例》	国务院	2009-07-20
规范性文件	《食品添加剂新品种管理办法》	卫生部	2010-03-30
	《食品添加剂生产监督管理规定》	质检总局	2010-06-01
	《食品添加剂生产许可审查通则》	质检总局	2010-09-01
	《食品添加剂生产企业卫生规范》	卫生部	2002-07-03
	《食品添加剂生产监督管理规定》	卫生部	2002-07-03

我国有关食品添加剂标准包括使用标准、产品标准、生产规范、标签和检测方法五类。食品添加剂相关标准类型见图1.6[3]。

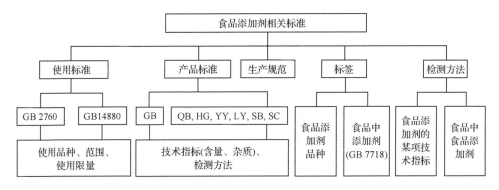

图 1.6　我国食品添加剂相关标准

我国关于食品添加剂的标准还可以分为国家标准、行业标准、地方标准和企业标准四个方面,其中国家标准是主体。在食品添加剂国家标准中,《食品添加剂使用标准》(GB 2760)、《食品营养强化剂使用标准》(GB 14880)、《复配食品添加剂通则》(GB 26687)等通用型标准及《食品添加剂乳化香精》(GB 10355)等240多个产品标准为强制性标准,属于技术法规的范畴;《食品中糖精钠的测定》(GB/T 5009.28)、《食品添加剂中铅的测定》(GB/T 5009.75)等大量的检测标准为非强制性标准,属于合格评定程序内容之一。《食品添加剂使用标准》(GB 2760—2011)是我国食品添加剂的基础性标准,规定了23大类、2000多种食品添加剂的使用原则、允许使用的食品添加剂品种、使用范围及最大使用量或残留量。与之前的标准相比,《食品添加剂使用标准》(GB 2760—2011)有显著变化:新标准大幅度修改了允许使用的食品添加剂种类和使用范围、限量;明确给出了允许使用的食品用天然香料和食品用合成香料名单,还特别列出了包含 27 类食品的"不得添加食用香料、香精的食品名单";并增加了食品工业用加工助剂的使用原则,调整了食品工业用加工助剂名单,而且要求加工助剂应在达到预期目的前提下尽可能降低使用量。更重要的是,还删除了不再使用的、没有生产工艺必要性的食品添加剂和加工助剂,有过氧化苯甲酰(面粉增白剂)、过氧化钙、甲醛等品种;明确规定了食品添加剂的使用原则,规定使用食品添加剂不得掩盖食品腐败变质,不得掩盖食品本身或者加工过程中的质量缺陷,不得以掺杂、掺假、伪造为目的而使用等。我国食品添加剂使用标准的逐步完善过程如图 1.7 所示[4]。

食品添加剂产品标准由技术指标和相应的鉴定及检测方法构成,内容包括品种特性、规格、技术指标、试验方法、检验规则,标志、标签,包装、储藏和运输等。据初步统计,目前我国共有食品添加剂产品标准(不包括香料、营养强化剂)305 项,其中食品安全国家标准 97 项,国家标准 78 项,行业标准 70 项;指定标准 60 项;共有营养强化剂品种标准 39 项,其中食品安全国家标准 12 项,国家标准 8 项,指定标准 19 项;共有香料品种标准 160 项(包括食用香料标准与日用香料标准),其中食品安全国家标准 2 项,国家标准 27 项,行业标准 97 项,指定标准 34 项,其他香料香精标准 9 项,见附表 3。

1.1.6　我国食品添加剂安全性评价

根据《食品添加剂卫生管理办法》的规定:未列入《食品添加剂使用标准》或卫生部公告名单中的食品添加剂新品种以及已经列入《食品添加剂使用标准》或卫生部公告名单中的品种需要扩大使用范围或使用量的食品添加剂必须获得卫生部批准后方可生产经营或使用。申请生产、经营或使用需要批准的食品添加剂,必须按照管理办法的规定提供原料名称及其来源,化学结构及理化特性,生产工艺,省级以上卫生行政部门认定的检验机构出具的毒理学评价报告、连续三批产品的卫生学检验报告,使用范围及使用量,试验性使用效果报告,食品中该种食品添加剂的检验方法,产品质量标准或规范,产品样品,标签(含说明书)等有关资料,由当地省、直辖市、自治区的主管和卫生部门提出初审意见,由全国食品添加剂卫生标准协作组预审,通过后再提交全国食品添加剂标准化技术委员会审查,通过后的品种报卫生部和国家质量监督检验检疫总局审核批准发布。

毒理学评价试验报告包括 4 个阶段的试验结果:急性毒性试验——LD_{50},联合急性毒性;遗传毒性试验、传统致畸试验和短期喂养试验;亚慢性毒性试验——90 天喂养试验、繁殖试验、代谢试验;慢性毒性试验(包括致癌试验)。

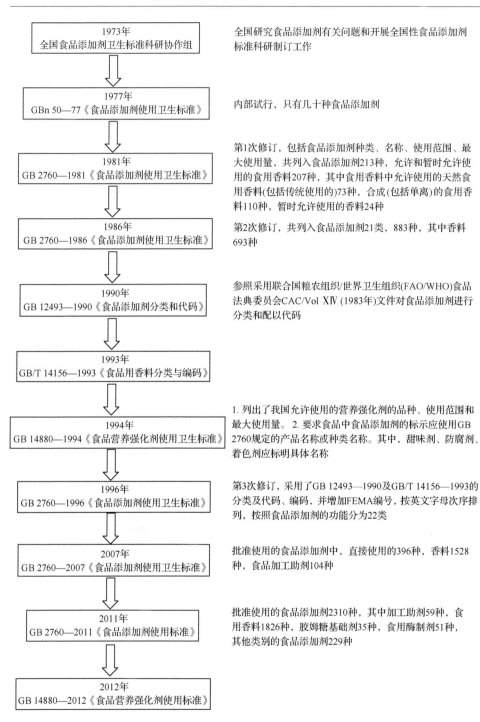

1973年 全国食品添加剂卫生标准科研协作组	全国研究食品添加剂有关问题和开展全国性食品添加剂标准科研制订工作
1977年 GBn 50—77《食品添加剂使用卫生标准》	内部试行，只有几十种食品添加剂
1981年 GB 2760—1981《食品添加剂使用卫生标准》	第1次修订，包括食品添加剂种类、名称、使用范围、最大使用量，共列入食品添加剂213种，允许和暂时允许使用的食用香料207种，其中食用香料中允许使用的天然食用香料(包括传统使用的)73种，合成(包括单离)的食用香料110种，暂时允许使用的香料24种
1986年 GB 2760—1986《食品添加剂使用卫生标准》	第2次修订，共列入食品添加剂21类，883种，其中香料693种
1990年 GB 12493—1990《食品添加剂分类和代码》	参照采用联合国粮农组织/世界卫生组织(FAO/WHO)食品法典委员会CAC/Vol XIV (1983年)文件对食品添加剂进行分类和配以代码
1993年 GB/T 14156—1993《食品用香料分类与编码》	
1994年 GB 14880—1994《食品营养强化剂使用卫生标准》	1. 列出了我国允许使用的营养强化剂的品种、使用范围和最大使用量。2. 要求食品中食品添加剂的标示应使用GB 2760规定的产品名称或种类名称。其中，甜味剂、防腐剂、着色剂应标明具体名称
1996年 GB 2760—1996《食品添加剂使用卫生标准》	第3次修订，采用了GB 12493—1990及GB/T 14156—1993的分类及代码、编码，并增加FEMA编号，按英文字母次序排列，按照食品添加剂的功能分为22类
2007年 GB 2760—2007《食品添加剂使用卫生标准》	批准使用的食品添加剂中，直接使用的396种，香料1528种，食品加工助剂104种
2011年 GB 2760—2011《食品添加剂使用标准》	批准使用的食品添加剂2310种，其中加工助剂59种，食用香料1826种，胶姆糖基础剂35种，食用酶制剂51种，其他类别的食品添加剂229种
2012年 GB 14880—2012《食品营养强化剂使用标准》	

图 1.7 我国食品添加剂标准的变迁

我国《食品安全性毒理学评价程序》规定了在不同条件下可有选择地进行某些阶段或全部进行 4 个阶段的试验。食品添加剂选择毒性试验的原则：①香料。凡属世界卫生组织（World Health Organization，WHO）已建议批准使用或已制定日容许量者，以及美国食品用香料和萃取物制造者协会（Flavour Extract Manufacturers Association，FEMA）、欧洲理事会（Council of Europe，COE）和国际食用香料工业组织（International Organization of Flavor Industry，IOFI）四个国际组织中的两个或两个以上允许使用的，参照国外资料或规定进行评价；凡属资料不全或只有一个国际组织批准的先进行急性毒性试验和规定的致突变试验中的一项，经初步评价后，再决定是否需进行进一步试验；凡属尚无资料可查、国际组织未允许使用的，先进行第一、二阶段毒性试验，经初步评价后，决定是否需进行进一步试验；凡属用动、植物可食部分提取的单一高纯度天然香料，如其化学结构及有关资料并未提示具有不安全性的，一般不要求进行毒性试验。②其他食品添加剂。凡属毒理学资料比较完整，世界卫生组织已公布日容许量或不需规定日容许量者，要求进行急性毒性试验和两项致突变试验，首选 Ames 试验和骨髓细胞微核试验。但生产工艺、成品的纯度和杂质来源不同者，进行第一、二阶段毒性试验后，根据试验结果考虑是否进行下一阶段试验；对于由动、植物或微生物制取的单一部分，高纯度的添加剂，凡属新品种需先进行第一、二、三阶段毒性试验，凡属国外有一个国际组织或国家已批准使用的，则进行第一、二阶段毒性试验，经初步评价后，决定是否需进行进一步试验。③进口食品添加剂。要求进口单位提供毒理学资料及出口国批准使用的资料，由国务院卫生行政主管部门指定的单位审查后决定是否需要进行毒性试验。

1.1.7　我国食品添加剂工业的主要发展趋势

1. 天然绿色食品添加剂成为未来主要发展方向

目前国内的天然抗氧化剂如茶多酚、天然甜味剂如甘草提取物、天然抗菌剂大蒜素、天然色素、天然香料等受到国际市场的普遍青睐，回归自然已经成为不可抗拒的潮流。一些化学合成的食品添加剂被明令禁止使用，如合成色素奶油黄。天然色素销售额在日本占到市场的 90% 左右，美国占约 80%[5]。我国自然资源丰富，与欧美国家相比具有明显的优势，天然绿色食品添加剂存在巨大的发展潜力。

虽然食品添加剂开发的趋势是天然、营养、多功能，但是，并不是所有的天然提取物都是安全的。有的天然提取物，特别是可作药物的天然提取物，毒性可能比合成的还要大，因此对天然提取物应予以重新认识和评价。以天然色素为例，为安全起见，对使用的天然色素也应当经过各种毒性试验，根据试验结果来确定使用品种及其安全使用量。经过多次毒性试验表明，大多数天然色素毒性较低或无毒，对其最大使用量,要求较宽。有些没有明确规定,使用量可以根据"正常生产需要"。食用天然色素的毒理学试验及最大使用量见表 1.8[6]。

表 1.8　食用天然色素的毒理学试验及其使用量

项目名称	毒理学试验		最大使用量/(g/kg)	安全性评价
	LD$_{50}$/(mg/kg)	ADI/(mg/kg)		
姜黄 姜黄素		0~2.50 0~0.10	按正常使用需要	安全性高
红曲米 红曲色素	小白鼠腹腔 注射:7 000		按正常使用需要	安全性很高,几乎无毒性
紫胶色素			0.10	基本无毒
甜菜红			按正常使用需要	安全性高
红花黄	小白鼠经口:21 740		0.20	安全
苋菜红		无特殊规定	0.20	安全
β-胡萝卜素		0~5	0.20	安全
叶绿素铜钠	小白鼠经口:>21 740	0~15	0.50	加本色素 3%的饲料喂养动物未发现毒性
焦糖		0~100*		我国规定暂不使用

*"加亚硫酸铵生产工艺"生产,若按"非氨法工艺"制造的焦糖,其日容许摄入量(ADI)值无特殊规定,其使用量可根据"正常生产需要",安全性高

2. 生物高新技术推动我国食品添加剂工业的发展

1) 利用生物技术制备食品添加剂

由于世界能源危机和可持续发展的要求,生物技术因其能耗低、环境污染小的特点,在燃料、药物、精细化学品等的生产中得到了广泛的应用,而其在食品添加剂生产中的应用除了可持续发展的优势外,更因为其产品的天然性受到格外的欢迎。目前有许多食品添加剂都采用生物技术制备,如木糖醇、甘露糖醇和甜味多肽等都可以采用发酵法生产;利用酶解技术和美拉德反应生产调味料已经获得工业化应用;具有良好防腐性能的天然防腐剂聚赖氨酸已在日本实现发酵法的工业生产[7]。

2) 纳米技术在食品添加剂中的应用

纳米技术对医药、化妆品和农业等领域的发展影响深远,也是最近几十年中对食品工业影响最大的新技术之一。尽管纳米技术在食品工业中应用时间不长,但发展非常快。纳米技术主要用于改善食品组分的质构、食品组分或添加剂的微胶

囊化、形成新的味觉、控制香料化合物的释放、提高营养成分的生物利用度等[8]。纳米技术用于食品添加剂的生产,可以减少添加剂的用量,使其很好地分散在食品中,提高利用率,也可以利用超微粉体的缓释作用来保持较长的功效[9]。BASF 公司申请将合成的番茄红素制作成尺寸约 100 nm 的纳米颗粒的专利[10]。日本报道了纳米材料制备的安全高效色素,利用无机发光材料结合蛋白质或者其他高分子材料通过控制结构和尺寸,使发光材料在溶液中呈现不同色泽,该色素的光、热稳定性皆好于现有的人工色素和天然色素,基于天然高分子和安全无毒的无机材料的特点,这种新色素的安全性很高。因此纳米技术在食品添加剂工业中的广泛应用具有广泛的前景。

到"十二五"末,我国食品添加剂总产量预计达到 1093 万吨,年均增长 10％；天然食品添加剂的品种和数量占食品添加剂的比例达到 20％和 30％；培育 5～8 个产值达到 30 亿～50 亿元,拥有自主知识产权的知名产品和品牌的大型企业,建设 2～3 个产品特色鲜明、规模效益突出的食品添加剂产业基地[10]。

1.2　发达国家食品添加剂安全控制技术体系和安全管理经验

1.2.1　美国食品添加剂的生产和管理概况

美国是世界上食品添加剂使用量最大、使用品种最多的国家。目前允许直接使用的有 2300 种以上。美国食品和药物管理局(Food and Drug Administration,FDA)最近公布的食品添加剂名单有 2922 种,其中受管理的 1755 种；美国《食品用化学品法典》中列有 1967 种。随着美国食品工业的发展,美国食品添加剂的消费量也逐年增长。

1. 管理、法律法规及标准

隶属于美国卫生部的 FDA 是管理食品添加剂的负责机构,1938 年实施的《联邦食品、药品和化妆品法案》(Federal Food,Drug,and Cosmetic Act,简称 FD&C)赋予了 FDA 管理食品、食品成分的权利,规定其直接参与食品添加剂法规的制定和管理。因肉类由美国农业部(USDA)管理,用于肉和家禽制品的添加剂需得到 FDA 和 USDA 双方的认证；而酒和烟由联邦酒精烟草税务贸易局(TTB)管理,用于酒、烟的食品添加剂也实行双重管理。美国将色素从食品添加剂中划分出来单独管理。1960 年议会通过的一项关于色素管理的法案(《FD&C 色素补充法案》),要求用于食品等领域内的色素在上市前必须通过 FDA 审批。食品添加剂立法的基础工作往往由相应的协会承担,如食品香精立法的基础工作由美国食品用香料和萃取物制造者协会(FEMA)担任,其安全评价结果得到 FDA 认可后,以肯定的形式公布,并冠以 GRAS(Generally Recognized as Safe,一般认为安全)。随着科技进步和毒理学资料的积累,以及现代分析技术的提高,每隔若干年后,食品添加剂的安全性会被重新评价和公布。美国《食品和药品管理法》第 402 款规定,只有经过评价和公布的食品添加剂才能生产和应用,否则会被认定为不安全。含有不安全食品添加剂的食品则"不宜食用",不宜食用的食品禁止销售。

除 FD&C 外,关于食品添加剂管理的行政法规收纳在美国《联邦法典》(Code of Federal Regulation,CFR)第 21 卷下的 FDA 食品和药物行政法规。美国每年都要对 CFR 中的每卷进行修订,第 21 卷的修订版一般在每年的 4 月 1 日发布。最新版(2005 年 4 月)CFR 中的第 70～74、80～82 部分是关于色素的管理法规,第170～186 部分是关于其他食品添加剂的法规规定,包括通则、包装、标志和安全性评估等条款。法规中将除色素以外的食品添加剂分为已批准的直接用于人类食品的添加剂(第 172 部分)、可直接加入食品中的辅助性食品添加剂(第 173 部分)和间接使用的食品添加剂(第 174～178 部分),其中间接使用的食品添加剂是指由于使用与食品接触的物品(或用具)而导致带入食品的任何食品添加剂,包括黏合剂和涂料组分(第 175 部分)、纸和纸板组分(第 176 部分)、聚合物(第 177 部分)和辅料、生产助剂和消毒剂(第 178 部分)。法规中规定了各种食品添加剂的生产规格和质量指标,以及食品添加剂根据良好生产操作规程可以被安全使用的条件。

美国食品添加剂相关法律法规见表 1.9。

表 1.9　美国食品添加剂相关法律法规

名称	说明
《联邦法典》	美国《联邦法典》(CFR)共 50 卷,第 21 卷为食品和药物行政法规。每年对 CFR 中的各卷进行修订,第 21 卷的修订一般于每年 4 月 1 日发布
《联邦食品、药品和化妆品法案》	该法赋予 FDA 管理食品、食品成分的权利。1958 年进行了大修改,主要是关于食品添加剂,要求生产商使用应在"相当程度上"保证对人体无害,即确保"零风险"。该法对食品添加剂的范围进行了明确定义 第 409 节阐述了不安全食品添加剂的申请和管理办法;第 721 节阐述了色素添加剂的管理办法
《食品添加剂补充法案》	1958 年通过,由美国 FDA 和 USDA 贯彻实施。该法案规定了食品添加剂的允许使用范围、最大允许用量和标签表示方法
《着色剂补充法案》	1960 年议会通过。将色素从食品添加剂中划分出来单独管理,并将色素分为有证和无证两种,前者是人工合成色素,后者是天然色素,两者的生产者均要向 FDA 证实其纯度及安全性

续表

名称	说明
《食品化学物质法典》	为美国食品化学品的质量与纯度方面的标准,由美国药典委员会编制的关于食品化学品标准的综合性集成
FEMA 的香料 GRAS 名单	美国食品用香料和萃取物制造者协会(FEMA)管理食品用香料,FEMA GRAS 安全评价结果得到 FDA 认可后,以"肯定表"的形式公布,并冠以 GRAS。1965~2011 年,共公布 25 批,编号 2001~4727,共 2727 种。其中 10 种香料因重新评价被取消 GRAS 称号,实际为 2717 种

　　一种新物质要想获得食用批准,提交的食品添加剂申请必须含以下资料:①安全证明,包括在两种动物身上持续喂养研究;②使用目的;③特殊食品系统使用具体剂量的有效资料;④生产详情和生产规范;⑤食物中该物质的分析方法;⑥对环境的影响说明。通常这个过程会很长,可长达 10 年,如阿斯巴甜和零卡油,既花费时间又花费金钱。美国各种级别的食品添加剂生产都要受各种规定的影响,同时还要不断了解 FDA 的决策。一种新的食品添加剂如果没有 FDA 的许可不仅不能引入,而且使用该添加剂还要经常接受管理部门的审查,检验是否有新的有毒成分出现。而禁止使用添加剂也会给供货商创造开发新的或替代材料的机会。但是,这种潜在市场通常很小,不足以成为创造新产品的动机,且研发配料潜在的损失会大大提高,给食品行业的相关领域带来致命的伤害。例如,糖精是对人体有害的,禁止令颁布后,几乎使一个强大的软饮料行业濒临倒闭。但市场需要一种安全的甜味剂替代品,且价位必将很高,这是促使 G. D. Searle 公司(后为 Monsanto's NutraSweet 公司,现在名为 NutraSweet 公司)用 10 年的时间申请在食品中使用阿斯巴甜的原因。其他食用甜味剂生产商 Alitame(Danisco USA)和 Neotame (The NutraSweet Company)也是如此。而且健康声明可使整个食品添加剂种类增多,如 Ω-3 脂肪酸(有助于降低心脏病的风险)。

　　FDA《食品添加剂修正案》还包括《德莱尼修正案》,该修正案要求 FDA 禁止使用一切对人或动物有致癌作用的食品添加剂,不管用量多少或干什么用。该修正案不仅适用于新食品添加剂,也适用于 1958 年以前就使用的添加剂。《德莱尼修正案》坚决禁止使用那些还不清楚最低多少用量才不会对健康产生危害的添加剂。所以,这在食品行业和食品添加剂生产商当中引发了很多问题。某些特定添加剂,如甜味剂环己氨基磺酸盐和 FD&C Red ♯2(苋菜红)食品色素,在发现它们有潜在的致癌因素后就被禁止使用了。即使让动物做大剂量的试吃试验,以证明人体慢性摄入极低量不会带来任何潜在的危险,但仍被禁用。虽然禁止使用糖精不是议会的强制命令,但 FDA 遵循美国食品法,也将其禁止使用。尽管议会也曾多次意欲废除《德莱尼修正案》,试图用更可行和更现实的法律取代之,但都没有取得成功。

2. 美国 FDA 关于食品添加剂的安全性评价

FDA 将加入食品中的化学物质分为 4 类:①食品添加剂,需要 2 种以上的动物试验,证实没有毒性反应,对生育无不良影响,不会引起癌症等,用量不得超过动物试验最大无作用量的 1‰;②一般公认为安全的,如糖、盐、香辛料等,不需动物试验,列入 FDA 所公认的 GRAS 名单,但如果发现已列入而有影响的,则从 GRAS 名单中删除;③凡需审批者,一旦有新的试验数据表明不安全时,应指令食品添加剂制造商重新进行研究,以确定其安全性;④凡食用着色剂上市前,需先经全面安全测试。关于食品添加剂本身的产品质量,美国要求必须符合《食品化学物质法典》(Food Chemicals Codex,FCC)的规定。该法典在美国具有"准法律"的地位,是 FDA 评价食品添加剂质量是否达标的一项重要依据。FCC(Ⅰ)于 1966 年问世,在此之前,FDA 一直通过法规与非正式声明等形式公布对食品添加剂的安全卫生要求。自 FCC 问世以来,历经补充和修正,发展至今已有 5 版,其最新版(Ⅴ)已于 2004 年正式推出。FCC 作为食品添加剂行业的权威标准在国际范围内得到了广泛认可,许多食品用化学品的制造商、销售商以及用户将 FCC 中的标准作为他们销售或购买合约的基础。

根据 1958 年通过的 FD&C 食品添加剂补充法案,美国 FDA 进行食品添加剂上市前的审批,同时要求生产者证实其安全性。FDA 对食品添加剂进行安全性评价时,需要申请者提供以下几个方面的资料:①名称(通用名、商品名)、同义词、CAS 编号、结构式、分子式和分子量。对复合物,要求提供成分组成和每个成分的特性;对天然来源的物质,要求提供种属、地域来源等信息。②物理和化学特性,包括熔点、沸点、折射率、旋光度、相对密度、pH、溶解度等。③生产过程,包括溶剂、加工助剂、催化剂、纯化剂等详细的生产过程以及反应条件、生产质量控制和生产方法。④质量标准,卫生指标包括杂质和污染物限量如重金属、可能的毒素、加工过程溶剂残留和副产物等。提供 5 批产品质量分析数据以及详细的分析方法。⑤稳定性资料,如保质期等。⑥应用技术效果分析资料,如抗菌剂、色素、表面活性剂、稳定剂、增稠剂的应用效果报告,功能作用应比较不同剂量水平下的应用效果,包括低于或高于建议使用水平下的效果。如一些物质使用有自限性,应提供超过该水平后口感、感观或其他不良影响的几个水平的分析技术资料。应明确应用效果、应用食品范围和达到效果的最低和最高剂量水平。⑦人群暴露,要求申请者也提供其暴露评估资料和依据,其暴露评估应依据科学的假说而不能依据申请者的市场计划进行。⑧毒理学资料,不同食品添加剂需要提供的毒理学资料依据其关注水平而定。关注水平越高,其潜在毒性就越大,安全性评价所需要提交的毒理学资料就越多。对新的食品添加剂,首先依据构效关系进行潜在毒性评估;毒理学试验方法依据 FDA 食品添加剂安全性毒理学评价原则和《红皮书 2000》推荐的试验方法进行。

1.2.2　欧盟食品添加剂的生产和管理概况

欧盟允许使用的有 1000～1500 种,近年来欧盟各种食品添加剂消费量也逐年增加。欧盟生产食品添加剂最主要的国家有德国、意大利、法国和英国。尽管欧盟各国的饮食习惯有很大不同,但大多数国家食品添加剂的使用大致相同。随着生活方式和健康意识的改变,更天然、健康、方便和高质量的食品更有吸引力,促使消费者去购买含高价值添加剂的高质量或者高价食品。

1. 管理、法律法规及标准

欧盟有专门机构和专项法规对食品添加剂进行管理。欧委会健康和消费者保护总理事会(DGSANGO)负责欧盟食品添加剂的管理,主要负责受理食品添加剂申请列入准许使用名单的申请、审批。欧盟食品科学委员会(SCF)主要负责食品添加剂的安全性评估,如果某类食品添加剂通过评估,则该委员会就会启动法规修正程序将其加入到适当的指令中,允许其上市销售。欧盟对食品添加剂的立法采取"混合体系",即通过科学评价和协商,制定出能为全体成员国接受的食品添加剂法规,最终以肯定的形式公布允许使用的食品添加剂名单、使用的特定条件及使用限量等。

欧盟理事会 89/107/EC 号指令是关于食品添加剂的管理框架,指令要求所有允许使用的食品添加剂都要经过 SCF 的安全性评估。该框架指令的具体实施措施包括关于甜味剂使用方面的 94/35/EC 指令、关于色素使用方面的 94/36/EC 指令以及关于除色素和甜味剂外的所有添加剂的 95/2/EC 指令及修正指令(表 1.10)[11]。

欧盟食品添加剂的使用原则是食品中只能含有欧盟允许使用的食品添加剂和成员国允许使用的香料,即使用食品添加剂必须符合欧盟的相关规定和一般卫生法规的要求。

欧盟食品添加剂标准的变迁见图 1.8。

自 1998 年以来,引入或提出了几个对 89/107/EEC 指令的补充规定,包括以下几条:①一份除已许可的添加剂以外所有其他添加剂的清单;②一份可能要加入这些添加剂的食品清单,要有在什么条件下可以加入、加入量和它们使用的技术限制的描述;③作为载体物质和溶剂使用的添加剂规定,包括必要的纯度标准。补充指令和决定见表 1.11。

随着食品工业的发展和研究的深入,欧盟不断对食品添加剂的安全标准或管理法规进行修订和更新。2002 年 1 月 28 日,欧盟新食品法即欧洲议会与理事会

表 1.10　欧盟食品添加剂、食品用酶以及食品用香料的重要规则与指令

		法规、指令号	名称
批准程序		Regulation(EC)1331/2008	关于食品添加剂、食品用酶以及食品用香料通用审批程序(2009 年 1 月 20 日施行)
食品用酶		Regulation(EC)1332/2008	对食品用酶的法规(2009 年 1 月 20 日施行)
食品添加剂	新规则	Regulation(EC)1333/2008	关于食品添加剂(2010 年 1 月 20 日施行)
		Regulation(EU)1129/2011	修订 1333 号规则的附件二(2013 年 6 月 1 日施行)
		Regulation(EU)1130/2011	修订 1333 号规则的附件三(2011 年 12 月 2 日施行)
	暂时有效的旧指令 着色剂	Directive 94/36/EC	关于供食品中使用的着色剂
		Directive 95/45/EC	着色剂纯度准则
	甜味剂	Directive 94/35/EC	关于供食品中使用的甜味剂
		Directive 95/31/EC	甜味剂纯度准则
	除色素和甜味剂以外的所有添加剂	Directive 95/2/EC	关于供食品中使用的除着色剂和甜味剂以外的其他食品添加剂
		Directive 2008/84/EC	甜味剂和着色剂以外的其他食品添加剂纯度准则
香料		Directive(EC)1334/2008	关于食品用香料香精和某些具有香味性质的食品配料在食品中和食品上的应用(2011 年 1 月 20 日施行)

178/2002 法规正式生效,并于 2003 年进行了修订。新的食品添加剂规程 EC 1333/2008 颁布于 2009 年 1 月 20 日,整合了欧盟所有食品添加剂的相关要求。新食品法是欧盟迄今出台的最重要的食品法,食品添加剂是其关注的重点领域之一,这一新法为保障欧盟食品添加剂的质量安全提供了重要指导原则。2010 年 3 月 25 日欧盟发布委员会条例(EU)No257/2010,对已批准的食品添加剂制定重新评估计划。重新评估工作由欧洲食品安全局(EFSA)负责。已批准食品添加剂,具体包括在 2009 年 1 月 20 日前已获得批准的食品添加剂,以及欧洲议会与理事会指令 94/35/EC 中规定的食品中使用的甜味剂、欧洲议会与理事会指令 94/36/EC 中规定的食品中使用的色素、欧洲议会与理事会指令 95/2/EC 中规定的除甜味剂和色素以外的其他食品添加剂。

近年来,欧盟委员会通过法律强化食品添加剂安全并提高透明度,法律明确规定仅列入肯定清单中的添加剂才可以在食品工业中使用。此次通过的法律将在欧洲统一大市场内对食品添加剂明确分类,在肯定清单中列出欧盟范围内所有可以

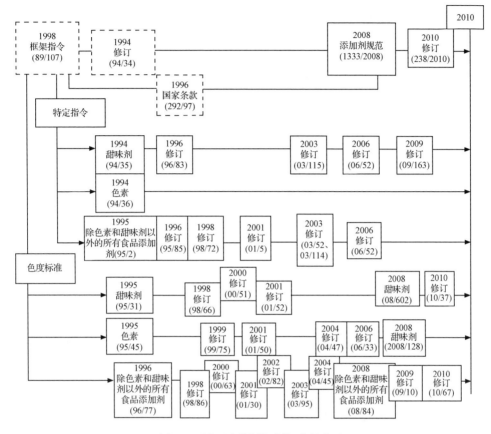

图 1.8　欧盟食品添加剂标准的变迁

表 1.11　在 258/97 法规下欧盟指令

指令	备注	应用
2007/343/EC	委员会决议授权油类添加植物甾醇/植物甾烷醇作为一种新型食品配料上市	Enzymotec,以色列
2006/723/EC	委员会决议授权含有高未皂化物的玉米胚芽油上市	Laboratoire Expanscience,法国
2006/722/EC	委员会决议授权含有高未皂化物的菜籽油上市	Laboratoire Expanscience,法国
2006/721/EC	委员会决议授权来自三孢布拉霉的番茄红素上市	Vitatene Antibiotics SAU,西班牙
2006/720/EC	委员会决议授权植物源的双甘酯油上市	ADM Kao LLC,美国
2006/69/EC	委员会决议授权来自转基因产生的食品和食品配料 Roundup Ready GA21 玉米品系上市	Monsanto Europe SA,比利时
2006/68/EC	委员会决议授权源于转基因 MON863 玉米系的食品和食品配料上市	Monsanto Europe SA,比利时

指令	备注	应用
2006/59/EC	委员会决议授权添加植物甾醇/植物甾烷醇裸麦面包上市	Oy Karl Fazer ab,芬兰
2006/58/EC	委员会决议授权添加植物甾醇/植物甾烷醇裸麦面包上市	Pharmaconsult,芬兰
2005/581/EC	委员会决议授权异麦芽酮糖上市	Südzucker,德国
2005/580/EC	委员会决议拒绝甜菜碱上市	Oy Foodfiles,芬兰
2005/547/EC	委员会决议授权异麦芽酮糖上市	Cargill,比利时
2005/448/EC	委员会决议授权来自转基因 NK603 玉米系的食品和食品配料上市	Monsanto Europe SA,比利时
2005/845/EC	委员会决议授权 Reducol 作为一种新型食品配料上市	Forbes Medi-Tech,加拿大
2004/336/EC	委员会决议授权添加植物甾醇/植物甾烷醇(Dimi-col)的黄脂涂抹食品,以奶为原料的果汁、酸奶类产品及奶酪类产品上市	Teriaka Ltd,芬兰
2004/335/EC	委员会决议授添加植物甾醇酯的奶类产品上市	Unilever,英国
2004/334/EC	委员会决议授权添加植物甾醇/植物甾烷醇(Multibene)的黄脂涂抹食品,以奶为原料的果汁、酸奶类产品、奶酪类产品及香辣酱类产品上市	ADM,美国
2003/867/EC	委员会决议授权短长链三甘油酯作为一种新型食品配料上市	Cultor Food Science,英国
2003/427/EC	委员会决议授权含有 DHA 的油类上市	omega Tech,德国
2003/426/EC	委员会决议授权"诺丽果汁"上市	Morinda Inc.,美国
2002/150/EC	委员会决议授权凝固马铃薯蛋白和水解物上市	AVEBE,荷兰
2001/721/EC	委员会决议授权海藻糖作为一种新型食品或食品配料上市	Hayashibara Co,日本
2001/122/EC	2001 年 1 月 30 日委员会决议授权萄聚糖作为一种新型食品配料到焙烤制品上市	Puracor,比利时
2001/17/EC	委员会决议拒绝"Nangai nuts"作为一种新型食品或食品配料上市	Mr Y. Jobert, Pacific Nuts Ltd. 的代表
2000/500/EC	委员会决议授权"添加植物甾醇酯黄脂涂抹食品"作为一种新型食品或食品配料	Unilever,英国
2000/196/EC	委员会决议拒绝甜叶菊植物和干叶片作为一种新型食品或食品配料上市	Prof. J. Geuns,比利时
2000/195/EC	委员会决议授权"蛋黄中提取的磷脂"作为一种新型食品或食品配料上市	Belovo,比利时

使用的食品添加剂,新食品添加剂肯定清单将于 2013 年 4 月 22 日开始实施。所有没有列入肯定清单的食品添加剂都将在实施 18 个月后完全禁止。新的肯定清单包含 2100 种合法使用的添加剂,还有 400 种在欧盟食品安全监管局审查完毕之前将继续在市场流通。

2. 欧盟关于食品添加剂的安全性评价

欧共体理事会 89/107/EEC 号指令是关于食品添加剂的管理框架,要求所有允许使用的添加剂均要经过欧盟食品科学委员会对其安全性进行评估。

欧盟食品科学委员会要求的食品添加剂安全性评估资料应包括:①添加剂的性质,对单一化学物质,提供化学名、CAS 登记号、商品名、名称缩写、同义词、分子式和结构式、分子量、鉴定物质特异性光谱数据、纯度和检测方法、杂质;对混合物,提供成分组成和含量比例,各主要物质的测定方法等;对微生物,应关注是否在最终产品中存在,如果存在,是活的微生物还是死的微生物,可能的致病性和毒性。②生产过程,包括生产方法、生产过程和质量控制。对于化学合成物,要求提供反应过程、副产物、产物纯化和制备过程。对提取物,要求提供提取工艺过程。③分析方法,包括添加剂本身以及降解产物的分析方法。④对食品成分的影响,包括终产品在生产、加工储存过程中,食品添加剂的稳定性、可能的降解产物及与食品成分可能的作用反应,对营养素的影响。⑤推荐使用情况,包括使用效果、目的,对健康的益处,食品中使用量、最大使用量和食品中残留水平,以及在建议使用水平下的效果研究。⑥毒理学试验资料等。

欧盟食品科学委员会要求的食品添加剂毒理学评价的一般框架为:对健康影响的评价,不仅考虑一般人群,还应考虑特殊人群包括易感人群、儿童、孕妇、病患者;添加剂毒理学资料依据其化学特性、目的和使用量、是否是一种新的添加剂或者是对已经存在的添加剂再评估决定;此外尽可能收集人群资料包括职业流行病学资料、志愿者特殊研究和人群暴露资料。毒理学试验的内容包括代谢动力学分析、亚慢性毒性试验、基因毒性试验、慢性毒性和致癌试验、繁殖和发育毒性、免疫毒性、神经毒性、致敏性和人群耐受性研究,具体依据经济合作与发展组织(OECD)关于化学品测试导则进行评价。按照良好实验室规范(GLP)实施,同时考虑动物福利原则应尽量减少动物使用,采用体外替代方法等。最终依据毒理学试验结果,计算出食品添加剂的无有害作用剂量水平。

另外,食品添加剂获批还应满足 3 个条件:在食品中使用应达到技术效果,对消费者不产生误导,在使用条件下对健康不会产生不良影响。

3. 欧盟食品和饲料快速预警系统

为确保欧盟成员国的食品安全和食品安全信息的相互沟通,欧盟制定并执行"食品和饲料快速预警系统(Rapid Alert System for Food and Feed,RASFF)"。RASFF 是针对成员国内部由于食品不符合安全要求或标识不准确等原因引起的风险和可能带来的问题而及时通报各成员国,使消费者避开风险的一种安全保障系统。其目的是为了保护消费者免受食品消费中可能存在的风险或潜在风险的危害,以及在欧盟成员国及欧盟委员会之间及时交流风险信息。该系统的启动仅限于那些可能对超过一个以上的欧盟成员国造成危害的食品,即当某一食品风险在某一成员国被发现后,可能还会危及其他成员国的时候,才启动此系统。

1979 年,欧洲建立了食品安全快速预警系统,记录欧盟各国为确保食品安全采取的措施和向其他成员国通报的信息。2000 年 1 月 12 日欧盟委员会发表了《食品安全白皮书》,其中分析了原有食品安全快速预警系统存在的缺陷,提出建立新的食品和饲料快速预警系统以及时公布食品安全突发情况,并将该系统扩展至第三国以加强与其他国家的信息沟通。根据欧盟《食品安全白皮书》要求,欧盟理事会和欧洲议会于 2002 年 1 月 28 日正式通过了 EC/178/2002 号规定,该规定明确了制定欧盟范围内统一食品法的基本原则和要求,要求建立欧洲食品安全局(EFSA),并制定了食品安全相关程序。该规定针对快速预警系统提出"目前的食品危害已证实需要建立一套包括食品和饲料在内的更加进步和广泛的快速预警系统",明确了新的食品和饲料快速预警系统的目标、范围和程序,并规定了该系统的组成,成为建立 RASFF 的法律依据。

RASFF 在三种情况下会发布食品安全信息通报,一是发现欧盟或成员国禁止的物质或成分;二是发现欧盟或成员国没有授权的物质(包括食品直接接触物)或成分;三是超出欧盟规定的限量,或当欧盟尚未有限量标准时超出了成员国限量,或当时成员国也没有限量标准时超出了作为依据的国际规定限量。

针对不同的潜在危险物质,RASFF 规定了三类通报类型。第一类是预警通报,当成员国在市场上发现有危害的食品和饲料并需立即采取措施时要发出预警通报。它是由发现问题的成员国进行通报,并需要其指明拟采取的措施,如撤离市场、召回等;第二类是信息通报,当某类食品或饲料被确认存在危害,但因为这类食品或饲料并未进入欧盟成员国市场而无需采取立即行动时采取信息通报;第三类是禁止入境产品通报,针对人体健康存在危害、在欧盟(和欧洲经济区)边境外已经检测并被拒绝入境的食品或饲料采取此类通报。通报会被派发给所有欧洲经济区的边境站,以便加强控制并确保这些禁止入境的产品不会通过其他边境站重复进入欧盟。

预警系统的通报周期分为每周通报和年度通报。RASFF 系统每周发布一期通报,及时迅速地公布上一周各成员发出的通报信息(表1.12)。

表 1.12　对华拒绝进口通报

通报时间	通报国	通报产品	编号	通报原因	措施
2013-07-01	比利时	米饼	2013.BFC	非法转基因	尚未投放市场/拒绝进口
2013-07-02	塞浦路斯	草药茶	2013.BFL	甲氰菊酯残留 (0.12 mg/kg-ppm)	尚未投放市场/官方扣押
2013-07-02	荷兰	芥蓝	2013.BFN	哒螨灵(1.8 mg/kg-ppm) 和吡虫啉(2 mg/kg-ppm)残留	尚未投放市场/官方扣押
2013-07-02	德国	绿茶	2013.BFO	啶虫脒(0.231 mg/kg-ppm) 和吡虫啉(0.187 mg/kg-ppm)残留	尚未投放市场/销毁
2013-07-03	比利时	年糕	2013.BFS	非法转基因(存在 CryIAb)	尚未投放市场/官方扣押

注:RASFF 发布的 2013 年第 27 周部分通报

同时,欧委会每年会制作一份详细的年度分析报告,对一年来的通报情况和数据进行汇总分析。年度报告不强调时效性而更侧重于分析、比较,为欧盟有关食品安全的决策提供参考和依据。

信息通报后,各方均应及时采取相应措施。信息通报国家应收集与食品危害及这些食品在其他成员国或第三国分布情况的相关信息;食品生产国应该访问生产商并对生产企业进行一次彻底检查,收集有关食品在其他成员国或第三国的销售情况;食品进口国则应访问进口商并对其进行检验,收集有关食品在其他成员国的分析情况。在各方调查结束后,有直接关系的成员国应向欧盟委员会提交调查报告结果;食品生产国或食品进口国应向委员会送交最终的调查报告并将调查报告副本提供给通报国。委员会根据各方提供的信息决定是否采取适当行动,比如访问生产企业进一步收集信息,调查第三国保护条款,取消企业注册资格,启用新标准或修改有关法规等。

欧盟的 RASFF 是一个运转良好、反应迅速的食品安全信息预警系统,深入研究 RASFF,对构建我国的食品安全体系很有借鉴意义。

(1)加强立法,将预警机制与食品安全法规有机整合。RASFF 的建立和运作有着完善的法律依据。欧盟《食品安全白皮书》中明确了要建立新的预警系统,欧盟 178/2002 号法规中更加详细具体地规定了 RASFF 目标、组成、运行模式、各部门具体的职责划分等,这使得 RASFF 建立在食品安全法律基础之上,成为欧盟食品安全法律框架中的一部分。我国要建立食品安全控制体系也应从立法着手,将食品安全预警系统与法律法规相结合以更好地发挥预警系统的作用。

(2)建立完整统一的食品安全信息网络。我国目前缺乏一个完整统一的食品安全信息网络,这将影响信息的有效传递和共享,难以对潜在风险和突发事件形成预警和快速反应。我国需要建立一个由多部门共同组成的食品安全信息的采集、跟踪、分析和发布网络,同时建立一个统一的国家标准对输入的信息进行筛选和分类,对食品安全预警信息进行分析和评估,及时发布通告,为食品安全的决策和应对贸易壁垒提供信息支持。

(3) 跨部门协调配合,统一管理。RASFF 的有效运行,离不开多部门和各个成员国的协调统一配合。建议我国食品安全体系形成跨部门合作,实施协调一致的立法、监控、检测、执法、科研等计划,共同构建完善的食品安全保障体系。

1.2.3　日本食品添加剂的生产和管理概况

日本使用的食品添加剂约有 1500 种。近年来各种食品添加剂的使用量逐年增加,并且日本更加注重天然食品添加剂的研究、开发和评价。

1. 管理、法律法规及标准

在日本,食品添加剂执行《食品卫生法》,此法由健康、劳动与福利部(MHLW)管理。此法不仅管理能作为食品添加剂使用的物质种类,而且还管理其质量、应用条件和食品添加剂的标签。1989 年 12 月,厚生省(注:2001 年后更改为厚生劳动省)以 207 号指令对"非合成食品添加剂"规定了其来源和制造方法。1995 年 5 月24 日发布的关于修订《食品卫生法》和《营养促进法》的 101 号临时措施法案,将强制标记评估制度从原有的化学合成食品添加剂推广到天然食品添加剂。

日本对食品添加剂的种类和使用标准经常进行修订和更新,对各种食品添加剂在不同种类食品中的具体添加剂限量都进行详细规定。日本食品添加剂分为指定添加剂、即存添加剂、天然香料和一般饮食添加剂。近日,日本厚生劳动省发布最新《食品添加剂使用标准》(2011 年 9 月 1 日起生效)和《指定食品添加剂名单》(List of Designated Additives)(2011 年 9 月 5 日起生效)。指定食品添加剂是指已经经过安全性评价对人体健康无害的、被指定为安全的添加剂。指定添加剂是由厚生劳动省经过食品安全委员会的风险评估和分析等一系列程序后,才可审批为指定添加剂。截止到 2011 年 9 月 1 日,日本共有 437 种指定添加剂。即存添加剂是指在日本已被广泛应用,在民间已有长期食用的经验,被认为是安全的、不需经过认定程序的天然添加剂(如栀子色素,柿子中的鞣酸等)。截至 2011 年 5 月 6日,日本厚生劳动省对即存添加剂进行修订,从原来名单中减少了 55 种添加剂,确定 365 种即存添加剂。天然香料是指从动植物中获得的天然物质,主要为食品添加香味,如香草调味料、螃蟹调味料。目前,日本规定天然香料共 612 种,这 612 种天然香料是由日本环境健康局第 56 号公告列出,由厚生省 1996 年 5 月进行公布。一般饮食添加剂是指既可作为食品也可作为食品添加剂的物质。目前日本规定

106 种一般饮食添加剂,这 106 种是由日本环境健康局第 56 号公告列出,由厚生劳动省 1996 年 5 月进行公布。日本食品添加剂相关法律法规及标准如表 1.13 所示。日本食品添加剂法规中规定了各种食品添加剂的成分规格和制备方法。

表 1.13　日本食品添加剂相关法律法规及标准

名称	说明
《食品添加物公定书》	1966 年 3 月,日本厚生省以公定书形式出版《食品添加物公定书》(第一版),这是日本食品添加剂的标准文件,为食品添加剂制定了品种、质量标准和使用限量等法规。随着科技进步和食品工业的发展,此公定书已进行过数次修正,最新版(第七版)日本公定书已于 2000 年 9 月推出
《食品安全基本法》	2003 年 5 月出台,规定了食品从"农田到餐桌"的全过程管理,明确了风险分析方法在食品安全管理体系中的应用,并授权内阁府下属的食品安全委员会进行风险评估
《食品卫生法》	技术法规规定了各种试验方法,并对 400 种食品添加剂规定了质量标准。2004 年 2 月,日本实施新修订的《食品卫生法》,新《食品卫生法》规定,食品添加剂要扩大使用范围,必须经过新成立的隶属内阁政府的食品安全委员会批准
《日本食品添加物公定书》(JSFA)	1957 年着手编写,1960 年正式发行第一版。该公定书已进行过数次修正,现行的是 2007 年发行的第八版。JSFA 是日本食品添加剂的标准文件
《日本食品添加剂通用使用标准》	通用使用标准,规定了复合食品添加剂中如含有已建立使用标准的添加剂成分,则该复合添加剂按该成分的既有标准执行。由含有某些特定添加剂的食品配料或食品加工而成的某些特定食品,视为该添加剂应用于此类特定食品
《日本食品添加剂具体使用标准》	其内容覆盖全面且种类划分详细,几乎覆盖到所有食品,并且针对不同食品种类,具体设定有不同的添加剂使用标准
《指定食品添加剂名单》	指对人体健康无害的、被指定为安全的添加剂。指定添加剂是由厚生劳动省经过食品安全委员会的风险评估和分析等一系列程序后,才可审批为指定添加剂。截止到 2011 年 9 月 1 日,日本共有 437 种指定添加剂。现存的添加剂是指在食品加工中使用历史长,被认为是安全的天然添加剂
《即存添加剂及成分规格》	指在日本已被广泛应用,在民间已有长期食用的经验,被认为是安全的、不需经过认定程序的天然添加剂。截至 2011 年 5 月 6 日,日本厚生劳动省对即存添加剂进行修订,从原来名单中减少了 55 种添加剂,确定 365 种即存添加剂,规定了其成分规格和制备方法
《天然香料名单》	指从动植物中获得的天然物质,主要为食品添加香味,如香草调味料、螃蟹调味料。目前,日本规定天然香料共 612 种
《一般饮食添加剂及成分规格》	指既可作为食品也可作为食品添加剂的物质。目前日本确定 106 种一般饮食添加剂,规定了其成分规格和制备方法
《添加剂成分规格、保存基准》	规定了指定食品添加剂的成分规格、质量指标和检测方法

在 2003 年,食品安全委员会成立,独立承担 MHLW 和农业、森林和渔业部(MAFF)的风险评估任务。委员会的主要任务包括:科学的、独立的、用适当的方法对食品进行风险评估,根据风险评估结果,给相关部委提供建议;在各利益相关方(消费者和食品相关营运商)之间加强沟通对食品事件和紧急事件做出回应。

如果出现食品添加剂对人类健康安全和毒性的问题,MHLW 会要求委员会进行评估。然后,委员会将会收集资料、评估并向 MHLW 汇报结果,这将作为该食品添加剂使用程度和质量标准的许可程序的一部分。如果食品添加剂已在美国和欧洲取得许可,就会比较顺利地通过委员会的评估,拿到日本的许可。为了与美国和欧洲食品添加剂法规达成一致,2005～2008 年间批准了一系列的食品添加剂:羟基丙基纤维素(2005 年)、聚山梨醇酯(2008 年)、游霉素(2005 年)、钾/铵/钙(2006 年)、抗坏血酸钙(2008 年)、硅酸钙(2008 年)、氢氧化镁(2008 年)及一些香味剂化学品。

另一方面,如果只在美国或只在欧洲获得了许可,即不是这两个地方都获得许可,获得许可的优势很小,所以要五年后才能获得许可。例如,TBHQ(合成抗氧化剂)和溴化油(防腐剂)。日本食品添加剂的审批程序见图 1.9[12]。

例如,2005 年日本厚生劳动省将 38 种非合成食品添加剂从现有食品添加剂目录中删除,并禁止含有这 38 种食品添加剂的食品在日本境内销售。被禁用的 38 种非合成食品添加剂为:消色肽酶、产气单孢菌胶、巴拉塔树胶、大麦壳提取物、甜菜皂苷、槟榔子提取物、防己提取物、柑橘子提取物、食用大麻提取物、麦芽六糖内切水解酶、麦芽五糖内切水解酶、槐树皂角苷、肠杆菌胶、鸭肠杆菌胶、欧文氏菌胶、无花果叶提取物、冷杉香脂、金钟花提取物、古塔胶、竹提取物、新西兰琥珀胶、曲酸、古萨基色素、L-岩藻糖、竹皮提取物、厚提取物、奇迹果提取物、莫耐林甜蛋白、唾液酸酶、腈水解酶、去甲二氢愈创木酸、油粮种子蜡、花生皮红、鲸蜡、覆盆子叶提取物、巴西棕榈树叶提取物、黄单孢杆菌冰核蛋白和酮戊二酸提取物[13]。

此外,在日本用作食品着色剂的茜草染料是从茜草根中提取的,在日本广泛用于软饮料以及果酱、鱼糕、香肠、糕点等食品中。动物试验发现,茜草染料有致癌作用,日本厚生省将茜草染料从食品添加剂的名单中删除,并禁止生产、销售和进口作为食品添加剂的茜草染料以及含有该物质的食品。随着研究的不断深入,今后还可能会有更多的产品因为安全问题而被禁用。

2. 日本关于食品添加剂的安全性评价

日本负责食品安全的监督部门主要有食品安全委员会、厚生劳动省、农林水产省。其中于 2003 年 7 月设立的食品安全委员会是主要负责食品安全性评估的机构。主要职能是实施食品安全风险评估、对风险管理部门(厚生劳动省、农林水产省等)进行政策指导和监督,负责风险信息沟通与公开,下设三个评估专家组,其中

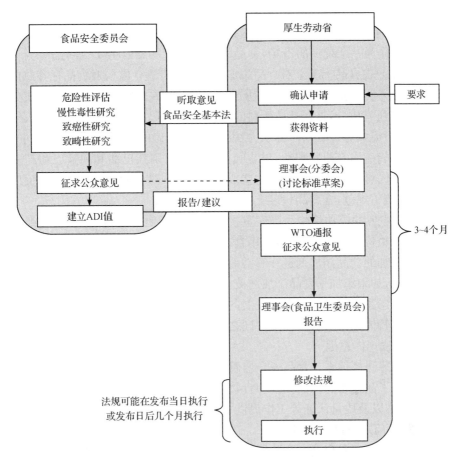

图 1.9　食品添加剂的审批程序

的化学物质评估组负责对食品添加剂、污染物等的风险评估。

在日本,除厚生劳动省指定的食品添加剂以外,食品生产企业不得制造、进口、销售和使用其他添加剂。一种添加剂要成为指定添加剂需要经过食品卫生委员会对其进行科学评价,看其是否具备"安全"和"有效"两个条件,并且还会考虑联合国粮农组织/世界卫生组织食品添加剂专家联合委员会(JECFA)标准和日本人均食品的摄入量。主要方法是对新的食品添加剂进行反复试验,确定每种添加剂中所含化学物质以及其加入食品中将对食品和人体健康可能产生的影响,并经动物试验得出毒性测试结果,以此为依据确定每天允许摄入量(ADI)。

1.2.4　发达国家食品添加剂产业发展的经验教训

发达国家食品添加剂产业发展的成功经验如下:

(1) 美国作为世界上食品添加剂消费量较多的国家之一,添加产业发展最主要的特色是严格化管理。美国把添加剂使用申请规范化,内容详细负责,提高门槛,限制了不法食品添加剂"浑水摸鱼",并对其用量和用途都有严格规定。

(2) 欧盟作为一个统一的市场,食品添加剂产业发展的主要成功经验为注重细节管理。欧盟在食品标签上对食品添加剂也实行管理。欧盟对食品标签总体要求是食品标示不得令消费者对产品的属性产生误解,并规定标示必须按照成分重量的顺序列出所有成分,这包括按配料的名称或 E 编码或功能分类(如色素、抗氧化剂等)列出食品成分。香料可标示为"香料"或更准确的名称(如香兰素),同时要求要特别注明转基因有机物配料、包装气体、甜味剂、阿斯巴甜和阿斯巴甜与安赛蜜混合物、糖醇、金鸡纳霜和咖啡因这些成分。对于一些易对人体造成过敏反应的添加剂,应该统一规范,在食品包装上面作出明确标注。

(3) 日本主要的成功经验为高度重视国民健康问题。通过严格立法、细化添加剂种类和严格检测等方法,日本滥用食品添加剂的年代一去不复返了。特别是在日本要求添加的食品添加剂遵守有益健康的原则下,当一种食品可用或可不用食品添加剂时,如果添加了食品添加剂被认为是不合理的。

尽管发达国家食品添加剂产业发展的成功经验各有千秋,但是它们在法律法规的制定及监管体系方面具有很多共同之处:

(1) 法律法规体系健全。

健全的法律法规体系是食品安全监管工作顺利推行的基础,世界发达国家和地区大多建立了涵盖所有食品类别和食物链各环节的法律法规体系,为制定监管政策、检测标准以及质量认证等工作提供了依据。

(2) 整合资源实行统一监管。

在不断改进和完善食品安全监管工作的过程中,不少国家和地区纷纷将食品安全的监管集中到一个主要部门,并加大各相关机构间的协调力度,以提高工作效率,避免因职能交错造成的管理体系混乱。

(3) 涵盖食物链的全程管理。

强调"从农田到餐桌"的整个生产经营全过程的有效控制,监管环节包括生产、收获、加工、包装、运输、储藏和销售等各个方面,监管对象包括化肥、农药、饲料、包装材料、运输工具、食品标签等。通过全程监管,对可能会给食品安全构成潜在危害的风险预先加以防范,避免重要环节的缺失,并以此为基础实行问题食品的追溯制度。

(4) 食品安全标准体系完善。

这些标准既包括对掺杂、掺假食品的一般禁令,也包括对食品中不同化学残留允许量的具体限制,既包括对产品本身的标准规定,也包括对加工操作规程标准的规定,具有很强的可操作性。

（5）监管工作公开透明。

实践经验表明，通过增强食品安全监管的公开性和透明度，让社会公众参与其中，可使相关制度更加完善，管理更为有效，同时也能增强公众对食品安全监管的信心。

食品添加剂行业的成功还需要可靠的产品质量和质量的稳定性（尤其对功能性产品来说更加重要，如乳化剂和稳定剂及色素）、有竞争力的产品价格（尤其对日用品添加剂更加关键，如淀粉）、技术服务（尤其是对酶、稳定剂和色素的技术服务）、有效的地区销售网，无论是子公司还是经销商，以及为突然紧急订货提供货物的能力。

具体的成功因素包括以下几点：

（1）具有深度的食品行业知识并了解消费者需求：通常好多方案都是和消费者合作制定出来的。因此，大部分添加剂供货商都有试验装置，试验装置的生产步骤同加工商的相同。总之，添加剂供货商已经变成食品生产技术的专家。

（2）对预混合料进行成本和性能分析的能力：了解配料复杂的相互作用以提高口味、质地、营养价值、保质期和产品的外观。

（3）生产和应用技术方面：牢固的采购地位；生产费用和原料采购费用低廉，优化成本，尤其是指原料，具有价格竞争力；公司内部有产品的开发和专门的配料技术；彻底了解食品的加工要求先进的质量保障程序（HAASP）和有 ISO 资质的设备。

（4）经过技术培训，具有专业的销售力量，有能力解决消费者提出的技术难题。

（5）有很强的研发能力：有足够进行产品开发和获取 FDA 许可程序的财力和技术资源；集中的研发程序；能对生化和营养添加剂作临床试验。

（6）在产品质量、服务和交货方面有很好的声誉：建立产品配送和经纪人网络以便为小型需求商服务；足够的生产能力和适当的采购渠道，为消费者提供稳定的产品供应。

1.3　我国食品添加剂产业发展存在的问题

1.3.1　我国食品添加剂监管制度中存在的问题

以《食品安全法》为核心的监管体系，以食品的风险监测和风险评估为主，确立统一领导、各部门分段，从"农田到餐桌"的全过程监管体系。但无法避免部门之间不能有效协调配合，常常出现真空区和互相推诿不作为的情况，这是我国现在食品安全改善所面临的重要问题。

　　根据《中华人民共和国食品安全法》中的规定,食品添加剂的生产、经营与使用,必须严格按照《食品添加剂卫生管理办法》的规定进行;不得经营、使用不符合《食品添加剂卫生管理办法》的食品添加剂。但是《食品添加剂卫生管理办法》中很少涉及对食品添加剂生产、经营以及使用等方面的规定,而对生产食品添加剂卫生标准的具体要求和规定是《食品添加剂生产企业卫生规范》。《食品添加剂卫生管理办法》中规定,应当以《中华人民共和国食品安全法》及有关规定为依据对食品添加剂的生产经营者实施卫生管理与监督,但是《中华人民共和国食品安全法》中与食品添加剂相关的法律条款,仅在标识、实施以及检验等方面有所体现,其他方面的卫生监督管理规定一般仅适用于食品,而不能被广泛地用于食品添加剂的卫生监督管理工作之中。

　　食品添加剂的生产过程中,对于不符合卫生管理标准的生产行为无处罚依据。食品添加剂生产企业在进行生产的过程中,往往与《食品添加剂生产企业卫生规范》的要求不相符,通常会出现以下情况:在对食品原料及相应的食品添加剂进行加工、处理、储存的过程中,经常出现处理方式不合理,场所欠缺的问题;在流水线上未采取专业的分区管理模式,对食品添加剂的生产设备、工具以及存放容器等没有进行专业分区管理;内外环境不符合卫生管理标准;食品添加剂生产人员的个人卫生工作没做到位等。

　　我国对食品添加剂生产企业实行许可审批管理,但许可内容和方式在《食品安全法》实施前后有所不同。《食品安全法》实施前,食品添加剂生产企业的许可按照卫生许可证的要求审核、批准,主要审查企业的生产环境和条件是否符合食品添加剂生产的卫生要求,这部分由原国家卫生部负责,食品添加剂产品的标准由国家标准化委员会负责,而产品的检验则由原国家质检总局负责。《食品安全法》颁布实施后,取消了食品添加剂企业的卫生许可证,改为申领食品添加剂产品的生产许可证,不仅每个品种都要申领许可证,而且规定必须有国家标准或行业标准才能申领生产许可。我国的《食品添加剂使用标准》(GB 2760—2011)和《食品营养强化剂使用标准》(GB 14880—2012)中允许使用的食品添加剂有 2500 多种,我国食品添加剂产品标准仅有 465 项,导致我国批准使用的大部分食品添加剂都没有质量规格标准(国外也不是所有允许使用的食品添加剂品种都制定国家标准),而且还有大量的复配食品添加剂和制剂类产品都不可能全部制定国家标准。这样就造成许多食品添加剂品种因为没有国家或行业标准无法取得生产许可证而不能生产。

　　《食品安全法》实施后,一些食品添加剂企业就陷入"被无证"的境地。2011 年上半年,各地质检部门开始对"无证"企业进行查处,要求"无证"企业停止生产、销售,并召回已销售的产品,使无标准的单一品种食品添加剂和复配食品添加剂行业遭受重大损失,全行业在 2011 年上半年的生产和销售首次出现负增长,给行业发展带来沉重打击。同时,一些地方的监督执法部门对法规和标准的理解不一致,使得一些本是合法的生产经营行为受到查处,给企业造成不必要的损失。

随着人们生活质量的改善以及对食品问题重视程度的提高,市场上相继出现了一些与食品添加剂相关的新型企业,如对食品添加剂进行分装的加工单位,然而《食品添加剂卫生管理办法》并未对该部分生产企业作出规定,致使食品添加剂的加工单位无法申请领证,而卫生监督部门更是没有依据对其实施监督。

1.3.2　我国食品添加剂企业生产经营中存在的问题

1. 企业经营者法律意识薄弱、道德诚信淡漠

我国中小型食品加工企业、食品添加剂生产企业、销售商数量众多,从业人员素质不同。有许多人员(包括经营者)缺乏对食品添加剂相关法规的认识,在无知中违规;有些人员明知违法、违规,但抱侥幸心理,毫无道德观念和诚信心理;更有甚者,有些添加剂的生产企业、销售商缺乏职业道德和行为自律,故意引导用户违法使用添加剂,以求增加销售。

2. 管理混乱,技术水平低下

一些违法生产企业大多数是私营、个体企业或家庭作坊式生产,企业管理水平低,生产工艺落后,设备简陋,没有灭菌设备;无检验人员和检验手段,有的甚至没有精确的计量器具,生产者仅凭经验添加防腐剂。对食品添加剂的性质不了解,不能正确用防腐剂和甜味剂,产品出现腐败变质、保存期短时,不是首先从生产条件、生产工艺、环境和人员卫生、包装和杀菌条件等方面加强管理和改进,控制微生物污染,而是一味依靠添加防腐剂。

同时由于监管部门存在着相互交叉、责权不清的问题,监管体系还存在一定的漏洞,有关食品添加剂滥用及非法添加非食用物质的食品安全事件屡见不止,严重威胁人民的健康。这些事件使得社会和公众对食品中添加的物质产生疑问,增加对食品添加剂的误解,影响到食品添加剂甚至食品产品的正常销售。近年来,我国食品添加剂超量、超范围及非法添加物引起的主要食品安全事件如下:

(1) 超量及超范围使用。

食品添加剂在食品加工过程中必须按照使用卫生标准中规定的使用量添加才能对人体健康无害。事实上,目前不按国家规定标准而随意添加的现象较为突出。例如,超量使用着色剂亚硝酸盐加工肉类;在一些乳饮料、果汁饮料、蜜饯中大量加入防腐剂苯甲酸、甜味剂糖精钠、甜蜜素和人工合成色素等以延长其保存期和降低成本;泡菜中超量使用胭脂红、柠檬黄等或超范围使用诱惑红、日落黄等;水果冻、蛋白冻类超量使用着色剂和防腐剂或超范围使用酸度调节剂己二酸;腌菜中着色剂、防腐剂、甜味剂(糖精钠、甜蜜素等)超量或超范围使用;面点、月饼的馅中乳化

剂(蔗糖脂肪酸酯等)的超量使用、超范围使用防腐剂、超量或超范围使用甜味剂;面条、饺子皮中超量使用面粉处理剂;糕点中超量使用膨松剂(硫酸铝钾、硫酸铝铵等)、保水剂磷酸盐类(磷酸钙、焦磷酸二氢二钠等)、增稠剂(黄原胶、黄蜀葵胶等)和甜味剂(糖精钠、甜蜜素等);油条中超量使用膨松剂(硫酸铝钾、硫酸铝铵);小麦粉中超量使用过氧化苯甲酰和硫酸铝等。

(2) 非法添加非食用物质。

为达到提高产量和感官增效等目的,一些企业非法使用未经国家批准或被国家禁用的添加剂品种及以非食用化学物质代替食品添加剂,如苏丹红、吊白块、三聚氰胺、柠檬黄等。在食品中添加非食用物质是严重威胁人民群众饮食安全的犯罪行为,同时也是阻碍我国食品行业健康发展、破坏社会主义市场经济秩序的违法犯罪行为。

3. 消费者对我国食品添加剂现状的认识存在误区

随着食品安全事件的纷纷曝光,很大部分消费者谈"剂"色变。大多数消费者认为食品添加剂是毒药,一定是具有危害性的。这反映出我国消费者的食品安全知识缺乏,科学素养有待提高。国家已于 2006 年发布《全民科学素质行动计划纲要(2006—2010—2020 年)》强调具有科学素养是公民素质的重要部分。公民需要具备的基本科学素养,主要包括了解必要的科学技术知识,掌握基本的科学方法,树立科学思想,崇尚科学精神,并具有一定的应用科学处理实际问题、参与公共事务的能力。

由于食品安全的关注程度高,公众对食品安全问题的"燃点"很低,社会上不少新闻媒体为追求关注度,新闻报道夸大其词,甚至报道失实。广大消费者面对舆论信息,应该提高辨别能力,加强学习的自觉性,利用各种网络、图书馆、科普杂志等渠道丰富科学知识,树立科学精神,具有辨别能力,做出合理的判断。

4. 我国在食品添加剂领域基础研究薄弱

我国应用食品添加剂历史悠久,早在西汉时期,民间就采用凝固剂盐卤点制豆腐,并流传至今,但真正全面、系统地研究食品添加剂却是 20 世纪 90 年代以后。我国食品添加剂在品种数量、生产技术、原始创新等方面都远远落后于世界先进水平,目前全球开发的食品添加剂已有 14 000 多种,其中经常使用的约有 5000 种。目前我国已批准使用的食品添加剂只有 2500 多种,其中属于我国原始创新的食品添加剂,除历史悠久的豆腐凝固剂外,只有甘草素、罗汉果甜苷、甘草抗氧化物和竹叶抗氧化物等极少数几种。目前我国食品添加剂的使用剂量、毒理学指标等基础数据大都来源于发达国家,因饮食文化的差别,这些数据未必适合我国。几种食品添加剂复配使用后是否具有协同效应或拮抗作用,又带来了新的安全风险。食品添加剂在生产、加工和使用环节中存在原料安全性问题及可能产生有毒有害物质等问题。如热反应肉味香精制备中可能产生的氯丙醇、丙烯酰胺、杂环胺等问题,其形成机理需要进一步深入研究。

1.4　提升我国食品添加剂安全控制技术水平的对策和建议

提升我国食品添加剂安全控制技术水平需要从科研层面、政府层面、企业层面和社会公众层面综合考虑。

1.4.1　科研层面建议

1. 加强食品添加剂基础领域的研究

目前我国食品添加剂的使用剂量、毒理学数据大多来源于发达国家,而中西方饮食习惯和膳食结构不同,膳食暴露量不同,这些数据未必适合于我国,因此要加强适合于中国人饮食习惯的食品添加剂基础数据的研究。针对食品添加剂复配使用可能带来的安全风险,开展复配食品添加剂的安全风险评价。针对食品添加剂在生产、加工和使用环节中可能产生有毒有害物质等问题,开展食品添加剂安全性评估,研究有毒有害物质的形成机制和消长规律。

2. 加快满足中国传统食品工业化和现代化需要的食品添加剂的研究与开发

中国食品产业最大的发展空间就是中国传统食品工业化和现代化,而满足中国传统食品工业化和现代化的食品添加剂会有更大的发展空间。所谓现代化就是要引进现代食品加工的理念、赋予现代食品加工技术。现代食品加工的理念之一是食品加工标准化的概念。传统食品加工配料、方法等有很大的经验性和随意性,条件是不确定的。食品添加剂的应用将推动传统食品产业更好更快地实现现代化。食品添加剂在传统食品中的应用内容包括:延长传统食品的保质期;维持和提高传统食品的固有特色;丰富传统食品的色香味;保证传统食品品质稳定;提高传统食品的营养价值;使传统食品更加方便化[14]。

3. 加大对市场缺口较大的食品添加剂品种的研究与开发

中国食品工业总产值的年均增速是 23%,食品添加剂工业总产值的年均增速只有 11%,因此中国食品添加剂工业实际上支撑不了中国食品工业的发展,一些食品添加剂还依赖进口。部分产品国内自给不足,需求量依然旺盛,如丙酸、改性淀粉、山梨糖醇、明胶、安赛蜜、磷酸盐食品添加剂等,因此寻找可再生的原料和新的技术、路线,开拓和扩大生产这些进口品种,具有良好的发展前景。

1.4.2　政府层面建议

政府在食品添加剂的管理中主要起到构建、引导、监管和服务的作用。政府应在这几个方面强化措施,构建标准和管理体系;引导企业及个人遵守法律,规范生产,提升质量;对食品添加剂各环节予以监管;公布信息,维护公众利益,保障安全,提高政府的公信度。

1. 完善食品添加剂标准建设和管理体制

完善食品添加剂的标准建设和管理制度是提高公众对食品添加剂信任的前提和保证。在整合和修订现有标准的基础上,逐步制定和完善食品添加剂产品质量标准和检验方法标准。建立食品企业诚信档案和食品企业备案制度,建立食品添加剂安全标识与溯源制度,实行食品生产加工企业食品添加剂使用报告制度。不断提高食品添加剂检测水平,重点开展对食品中的食品添加剂和非食用物质专项抽检和管理,严厉打击食品非法添加和滥用食品添加剂的违法犯罪行为。通过法规和标准禁止在食品标签上标注无添加、不添加香精、色素、防腐剂、糖精等之类的字样。营造食品添加剂合理使用的良好氛围,提高公众对食品添加剂的信任[15]。

为使食品添加剂管理制度更加科学、合理,适应我国食品添加剂行业目前的生产经营状况,参照国外的管理模式,结合目前对《食品安全法》的修订,就食品添加剂的生产经营监管提出下列建议:

(1) 取消或改进现有的食品添加剂生产行政许可方式。若取消现有的生产许可方式,可将其改为生产企业登记备案制度,并由行业协会组织推广良好操作规范(GMP)和危害分析与关键控制点(HACCP)加强食品添加剂生产经营企业的过程控制,保证产品的安全和质量水平。若不能取消生产许可,变为对企业生产条件的审查许可,也必须对现有的一个产品一个许可的方式进行根本的改变。

(2) 准许食品添加剂产品制定企业标准。《食品安全法》实施之前在食品添加剂行业内是国家标准、行业标准、地方标准和企业标准四个层次的标准体系共存,并且一直运行良好。《食品安全法》颁布实施后,特别是 2010 年原国家卫生部和国家质检总局联合下发食品添加剂不允许制定企业标准的通知后,食品添加剂企业标准制(修)订陷于停顿,给食品添加剂的生产经营造成很大影响。不仅食品添加剂单一品种要制定国家标准,复配的食品添加剂和制剂类食品添加剂产品也必须制定国家标准,否则无法取得生产许可,不能正常生产,行业企业反应强烈,建议允许制定食品添加剂企业标准。

(3) 改进对食品添加剂新品种和适用范围、使用量的审批。我国和世界上大多数国家一样,对食品添加剂新品种和现有品种扩大使用范围、扩大使用量采用严格的行政审批方式批准。近几年,由于政府部门、社会和消费者对食品添加剂的关注,在审批食品添加剂新品种和扩大使用范围、使用量时,不仅审核每个品种的安全性,而且对该品种使用的工艺必要性也要进行严格审核,即使经国内外证实其安全性没有问题的品种,也会因为是否有工艺必要性的疑问而不能通过审核。建议国家有关部门在审核食品添加剂新品种和扩大使用范围、扩大使用量的品种时,主要审核产品的安全性和应用于食品后的安全性,将食品添加剂使用的必要性更多地交给行业和企业来确定,有助于行业的科技进步和新品研发。

2. 加强宣传引导、建立健全信息披露制度

相对于其他渠道,公众对政府的信息信任程度更高,因此,政府部门要加强官方的宣传引导,建立健全信息披露制度。政府应该加大正面宣传引导力度,大力宣扬食品安全诚信企业和个人。加快建立食品企业信用管理体系,以建立信用记录制度为基础,以细化评价准则为保障,以健全信息披露制度为支撑,加大诚信和失信信息发布力度,完善激励惩戒措施,整合信用管理资源,建立统一权威的食品企业信用档案和信息平台。

3. 组织开展食品添加剂的风险评估和风险交流

由专业风险交流机构组织开展食品添加剂的风险评估和风险交流,建立多方互动的食品安全风险交流机制,确保有关食品添加剂和食品安全风险的信息能够准确无误并持续不断地传播至产业和消费者当中。及时发布对于热点食品安全问题的科学解释,在第一时间为消费者答疑解惑,即时避免公众产生心理恐慌。通过风险交流帮助广大消费者科学正确地认识食品添加剂和食品安全问题,增强对食品添加剂和食品安全的信心。

1.4.3　企业层面建议

企业是确保食品安全的关键环节,是食品安全的第一责任人。企业是否能诚实守信、严格自律,以及其技术及管理水平高低将直接影响产品的质量。

1. 提高食品安全责任意识、诚信自律

食品产业是良心产业,食品添加剂的使用不仅是技术应用问题,还涉及企业诚信自律,遵守行业道德等问题。作为生产经营的主体,企业能否诚实守信,是确保食品安全的根本前提和内在约束。诚信自律,是企业健康发展的基石,是保障食品安全的内因,只有企业遵纪守法、诚信经营、严于自律,才能解决制约食品安全深层次问题,才能从根本上保障食品安全。

2. 加强食品添加剂知识培训,提高食品添加剂生产者及使用者的法律意识和责任意识

《食品安全法》及实施条例中对食品添加剂新品种的行政许可,食品添加剂的风险评估,食品添加剂的安全标准,食品添加剂的生产、经营、使用、标签标识的管理等方面都做出了制度性的规定。应该对食品添加剂生产企业相关人员、食品从业人员、食品安全监管人员进行分类、分层次的食品添加剂和食品安全知识的定期培训,让食品添加剂的生产者、使用者和消费者了解我国食品添加剂管理的法律规范与标准,正确地生产和使用食品添加剂。食品添加剂企业是食品添加剂产品的第一责任人,在食品添加剂的生产过程中,要确保食品添加剂的质量与安全,并加强食品添加剂产品的标志和使用说明的管理。食品生产经营企业在食品添加剂的使用过程中要按照食品添加剂使用标准和使用说明加工食品,杜绝非食用物质和超范围超限量使用食品添加剂。另外,食品生产经营企业还应该按照《食品安全法》和相关法规要求,进行正确的标签标识,使消费者能够通过标签了解所购买的食品使用了哪些食品添加剂。

3. 强化信息沟通交流

生产经营企业应加强与政府的沟通和交流,理解相关法律法规和政策,并向政府提出问题与相关建议。另外,企业也应该加强与行业协会的沟通交流,行业协会应该加强行业骨干企业的示范引导作用,带动食品添加剂行业的提升[16]。

1.4.4 社会公众层面建议

社会公众若能在食品安全发挥监督作用,则其将对食品安全问题的解决起重要作用。

1. 开展有针对性的科普宣传教育,引导消费者正确认识食品添加剂和食品安全

充分利用电视、报刊、网络等媒体,加强食品添加剂正面宣传和科普工作,让老百姓了解什么是食品添加剂,什么是非法添加物,从根本上认识到食品添加剂的重要性和非法添加物的危害性。为食品添加剂产业的健康发展创造良好宽松的舆论环境和社会环境。

2. 强化参与意识,监督食品安全

食品添加剂的管理不能只停留于政府机构层面,社会公众应当理所当然的成为食品安全监督力量,广泛参与形成社会食品安全监督机制。食品行业协会首先

要担负起行业自律责任,发挥好行业监督作用。广大消费者应提高积极性,广泛参与监督,形成人人关心食品、人人关注安全、人人参与监督的良好社会氛围。

参 考 文 献

[1] 中华人民共和国卫生部. 食品添加剂监管及相关知识. http://www. moh. gov. cn /publicfiles /business/htmlfiles/mohwsjdj/s3594 /201104 /51504. htm,2011-04-09

[2] 陈坚,刘龙,堵国成. 中国酶制剂产业的现状与未来展望. 食品与生物技术学报,2012,31(1):1-7

[3] 邹志飞,林海丹,易蓉,等. 我国食品添加剂法规标准现状与应用体会. 中国食品卫生杂志,2012,24(4):375-382

[4] 姚斯洁,代汉慧,李杏,等. 欧盟与中国食品添加剂法规标准的对比分析. 职业与健康,2011,27(12):1332-1338

[5] 杨新泉,田红玉,陈兆波,等. 食品添加剂研究现状及发展趋势. 生物技术进展,2011,1(5):305-311

[6] 余芳,彭常安. 食用色素及其安全性分析. 芜湖职业技术学院学报,2002,3(4):20-22

[7] 李述日,吴清平,吴军林. 利用细菌开发天然功能性食品添加剂研究进展. 食品工业科技,2011,(2):425-430

[8] Chaudhry Q, Scotter M, Blackburn J, et al. 2008. Applications and implications of nanotechnologies for the food sector. Food Additives & Contaminants: Part A, 2008,25(3):241-258

[9] Auweter H, Bohn H, Haberkorn H. Production of carotenoid preparations in the form of coldwater-dispersible powders, and the use of the novel carotenoid preparations: US, 5968251. 1999

[10] 国家发改委产业司课题组. 我国食品工业"十二五"发展战略研究(总报告). 经济研究参考,2013,(4):3-23

[11] 邹志飞,席静,奚星林,等. 国外食品添加剂法规标准介绍. 中国食品卫生杂志,2012,24(3):283-288

[12] 张俭波. 日本食品添加剂申请审批程序介绍. 中国食品添加剂,2009,(4):41-45

[13] 凯年. 日本将禁用三十八种非合成食品添加剂. 中国果菜,2005,(1):9

[14] 吉鹤立. 食品安全:传统食品必须现代化. 第一财经日报,2008-12-22 (A07)

[15] 王静,孙宝国. 食品添加剂与食品安全. 科学通报,2013,58(26):2619-2625

[16] 于潇. 海峡两岸食品添加剂标准与管理对比研究——以食品添加剂着色剂为例:[硕士论文]. 福州:福建农林大学,2012

第2章 粮食质量安全控制技术发展战略

目前,食品安全已成为全球性重大战略性问题,越来越受到世界各国政府和消费者的高度重视。各国都制定了严格的食品安全技术法规和标准,对食品的质量安全提出了越来越高的要求。我国作为一个拥有13多亿人口的发展中大国,在解决粮食食品供应数量方面取得了令人瞩目的成就。2013年我国粮食总产量达60 193万吨,实现半个世纪以来首次连续10年丰收,我国在提高粮食供给总量、增加粮食食品多样性及改进国民营养状况等方面的水平不断提高,粮食质量安全总体向好。随着经济社会持续较快发展和人们生活水平的提高以及消费结构的改善,食品安全问题越来越引起全社会的关注。特别是粮食作为最基本和最重要的食品原料,其质量安全状况事关广大消费者的健康和安全,日益受到广泛的关注。为此,特开展本专题研究。

2.1　当前我国粮食质量安全形势分析

我国在提高粮食供给总量、增加粮食食品多样性及改进国民营养状况方面取得了令人瞩目的成就,粮食安全保障水平不断提高。

2.1.1　我国粮食安全状况总体向好

1. 国内粮食供给保障取得了显著成就,但粮食进口对外依存度明显增加

从新中国成立以来,为解决温饱问题,我国千方百计提高粮食产量。粮食产量由1949年的1.1亿吨增加到2013年的6.02亿吨。特别是进入21世纪以后,粮食产量连续10年丰收,人均粮食产量达到442 kg,在解决粮食供给数量方面取得了明显的成就。

我国粮食产量的增加,得益于政策支持和科技进步。如图2.1所示,1949~1978年间,我国粮食产量增加了19 158.5万吨,年均递增3.5%;同期粮食作物播种面积增加了1063万公顷,年均递增0.3%;这主要是由于新中国成立初期,为解决人们的温饱问题,国家重视粮食生产,粮食产量和播种面积出现同步增加。1978~2008年间,我国粮食产量增加了22 394.4万吨,年均递增1.9%;同期粮食作物播种面积减少了1380万公顷,年均递减0.4%;这一时期随着改革开放、科技进步和农村富余劳动力的转移,粮食生产率提高,粮食产量增加较快,同时伴随着经济

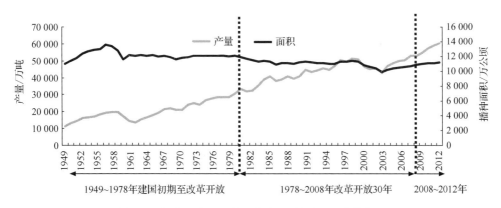

图 2.1　新中国成立以来粮食产量、播种面积变化情况
资料来源：根据历年国家统计年鉴整理而得

的快速发展,非粮作物和非农业占地增加,粮食作物播种面积减少。2008 年至今,我国粮食产量增加了 6086 万吨,年均递增 2.8％;同期粮食作物播种面积增加了 448 万公顷,年均递增 1％,这一时期主要是国家加大了强农惠农政策力度,同时较好的天气状况使得粮食产量连续几年丰收。

随着国内消费的增长,我国人均粮食量呈现稳步提高态势。人均粮食产量由 1990 年的 393 kg,增加到 2013 年的 442 kg。在粮食总产稳步提升的基础上,小麦、稻谷、玉米等主要口粮和饲料粮比重不断上升,有效提高了口粮安全保障水平。

在国内粮食供给增加的同时,随着人们生活水平的提高和消费结构的升级,粮食消费总量呈现刚性增长,国内粮食供求处于紧平衡态势。在国内基本自给的基础上,我国粮食进口数量逐年增加,20 世纪 90 年代中期,我国由粮食净出口国转为粮食净进口国,此后,粮食对外依存度逐渐提高。1990 年,粮食进口数量为 1363.8 万吨,占当年粮食产量的比例是 3.1％。到 2013 年,粮食进口量增加到 7678.2 万吨,占粮食产量的比例是 12.2％,我国粮食对外依存度进一步提高。1990～2013 年间,我国粮食进口数量增加了 5.6 倍,年均递增 7.8％,而同期,粮食出口数量由近千万吨减少至 2013 年的不足 50 万吨。具体情况见图 2.2。从进口的品种结构看,主要是大豆进口,大豆进口量占粮食进口的比重在 90％以上。尽管近年来小麦、玉米和稻谷进口量有所增加,但是总体上我国小麦、玉米和稻谷三大粮食品种口粮实现了基本自给。

另一方面,世界粮食资源分布并不均衡,从粮食产量的国际比较来看,世界 25 个国家粮食播种面积占全球谷物播种面积的 78％以上。粮食资源的高度集中,为粮食全球稳定、持续供应创造了有利条件,但也使得粮食国际贸易容易造成垄断经营,将我国粮食安全拴在别人的裤腰带上存在巨大隐患。

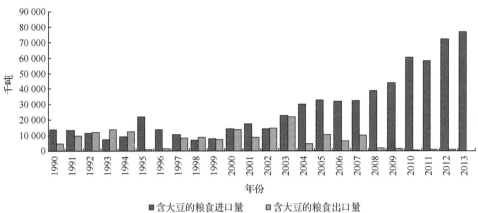

图 2.2　1990～2013 年间我国粮食进出口变化情况

资料来源: 根据历年国家统计年鉴整理而得

2. 我国粮食生产能力与世界相比仍有一定潜力,但是增产的难度增大

我国粮食单产水平与世界最高水平还有一定差距,我国粮食生产能力仍有一定潜力。分品种看,我国小麦单产为 4.99 t/hm² 仅次于欧盟,高于世界平均水平近 60%;我国玉米单产 5.87 t/hm²,接近于世界平均水平,低于美国单产近 70%;稻谷单产仅次于美国,位居世界第二位;大豆单产水平低于世界平均水平,与巴西最高单产 3.01 t/hm² 仍有较大差距,具体情况见表 2.1。但是从表中也看出,小麦、稻谷的单产水平提高潜力有限,玉米和大豆的单产水平仍有较大提升空间。

表 2.1　世界主要国家小麦、玉米、稻谷和大豆单产国际比较（单位: t/hm²）

国家和地区	2005/ 2006 年	2006/ 2007 年	2007/ 2008 年	2008/ 2009 年	2009/ 2010 年	2010/ 2011 年	2011/ 2012 年	2012/ 2013 年	2013/2014 年 （1 月）
世界主要国家小麦单产水平									
俄罗斯	1.94	1.96	2.10	2.44	2.31	1.91	2.27	1.77	2.22
印度	2.59	2.63	2.71	2.79	2.91	2.84	2.99	3.18	3.14
欧盟 27 国	5.12	5.10	4.86	5.67	5.38	5.26	5.35	5.16	5.55
中国	4.28	4.59	4.61	4.76	4.74	4.75	4.84	4.99	5.05
美国	2.82	2.60	2.70	3.02	2.99	3.12	2.94	3.12	3.17
哈萨克斯坦	0.95	1.13	1.30	0.97	1.19	0.73	1.66	0.79	1.24
澳大利亚	2.02	0.92	1.08	1.58	1.57	2.03	2.14	1.76	1.96
加拿大	2.74	2.61	2.33	2.86	2.79	2.81	2.96	2.86	3.59

续表

国家和地区	2005/ 2006 年	2006/ 2007 年	2007/ 2008 年	2008/ 2009 年	2009/ 2010 年	2010/ 2011 年	2011/ 2012 年	2012/ 2013 年	2013/2014 年 (1 月)
世界主要国家小麦单产水平									
乌克兰	2.85	2.53	2.34	3.67	3.09	2.68	3.35	2.80	3.38
阿根廷	2.52	2.62	2.83	2.10	3.00	3.55	3.00	2.64	3.00
世界平均单产	2.84	2.82	2.82	3.05	3.05	3.01	3.15	3.04	3.25
世界主要国家玉米单产水平									
美国	9.29	9.36	9.46	9.66	10.34	9.59	9.24	7.74	9.97
中国	5.29	5.33	5.17	5.56	5.26	5.45	5.75	5.87	6.01
巴西	3.23	3.64	3.99	3.62	4.34	4.16	4.80	5.13	4.79
印度	1.94	2.30	2.30	2.41	2.01	2.53	2.47	2.55	2.45
欧盟 27 国	6.62	6.34	5.63	7.09	6.87	7.00	7.52	6.07	6.62
墨西哥	2.94	3.03	3.22	3.31	3.24	3.00	3.09	3.13	3.18
尼日利亚	1.75	1.66	1.63	1.70	1.83	1.76	1.80	1.83	1.81
印度尼西亚	2.34	2.49	2.65	2.70	2.25	2.39	2.84	2.67	2.92
南非	3.41	2.52	3.99	4.34	4.11	3.82	4.06	3.82	4.06
乌克兰	4.32	3.74	3.90	4.69	5.02	4.50	6.44	4.79	6.25
加拿大	8.60	8.47	8.51	9.07	8.39	9.75	8.93	9.21	9.59
阿根廷	6.48	8.04	6.45	6.20	8.33	6.72	5.83	6.63	7.35
世界平均单产	4.81	4.79	4.95	5.04	5.19	5.08	5.21	4.89	5.47
世界主要国家稻谷单产水平									
印度	2.11	2.12	2.21	2.18	2.13	2.24	2.39	2.46	2.37
中国	4.38	4.40	4.50	4.59	4.61	4.59	4.68	4.74	4.65
印度尼西亚	2.96	2.97	3.11	3.15	3.01	2.94	3.00	3.00	3.10
孟加拉	2.59	2.59	2.59	2.75	2.67	2.71	2.88	2.90	2.92
泰国	1.78	1.78	1.83	1.84	1.85	1.90	1.86	1.86	1.88
越南	3.11	3.18	3.29	3.33	3.37	3.47	3.51	3.52	3.55
缅甸	1.49	1.51	1.67	1.67	1.66	1.50	1.66	1.68	1.69
菲律宾	2.36	2.33	2.41	2.38	2.22	2.33	2.34	2.43	2.49
巴基斯坦	2.12	2.12	2.24	2.37	2.43	2.38	2.25	2.42	2.37
美国	5.22	5.49	5.65	5.44	5.68	5.19	5.54	5.85	6.06
世界平均单产	2.71	2.72	2.79	2.84	2.83	2.85	2.92	2.98	2.94

续表

国家和地区	2005/ 2006 年	2006/ 2007 年	2007/ 2008 年	2008/ 2009 年	2009/ 2010 年	2010/ 2011 年	2011/ 2012 年	2012/ 2013 年	2013/2014 年 (1月)
世界主要国家大豆单产水平									
美国	2.90	2.88	2.81	2.67	2.96	2.92	2.82	2.68	2.92
巴西	2.56	2.85	2.86	2.66	2.94	3.11	2.66	2.96	3.02
阿根廷	2.66	2.99	2.82	2.00	2.93	2.68	2.28	2.54	2.73
印度	0.90	0.95	1.08	0.95	1.01	1.05	1.07	1.06	0.97
中国	1.70	1.62	1.53	1.70	1.63	1.77	1.84	1.82	1.79
巴拉圭	1.50	2.30	2.26	1.44	2.41	2.48	1.55	2.97	2.73
加拿大	2.71	2.89	2.30	2.79	2.54	2.95	2.77	3.03	2.86
玻利维亚	2.17	1.94	1.44	1.80	1.85	2.24	2.13	2.44	2.20
俄罗斯	1.05	0.99	0.92	1.05	1.19	1.18	1.48	1.39	1.40
印度尼西亚	1.28	1.31	1.30	1.29	1.32	1.38	1.38	1.33	1.38
世界平均单产	2.38	2.50	2.42	2.20	2.55	2.56	2.33	2.46	2.55

资料来源：美国农业部,2014.1

与此同时,为增加国内粮食供给数量,我国粮食单产水平已达六十多年来的历史高点,单产年际增长率呈现边际递减态势,具体情况见图 2.3。

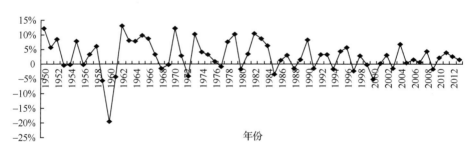

图 2.3 我国粮食单产波动率

资料来源：根据历年国家统计年鉴整理而得

近年来,随着农村土地流转的加快,我国粮食生产呈现规模化、机械化发展势头。据在安徽省桐城调研,2012 年机械化率达到 54%,规模化经营达到 40% 以上。但是就全国总体来看,耕地规模化经营的初级阶段,粮食生产的一家一户生产经营模式仍未改变,粮食生产依然“靠天吃饭”。目前我国还有 3 亿多农户,第一产业就业人口仍近 3 亿人,平均每个劳动力粮食播种面积不到 7 亩①。粮食种植规模偏小,主体分散,粮食种植环节仍表现为"小、弱、散",而控制质量最有利的条件是规模化、集约化,因此在粮食种植过程中,面对庞大的分散式粮食生产者,粮食质量监控难度相当大。

3. 粮食质量安全监管体系初步形成,但监管模式及体制机制有待进一步完善

粮食质量安全监管的体制与机制。2013 年新一届政府对食品安全监管机构和职责进行了重新调整。涉及粮食质量安全监管的部门主要有:农业部、国家粮食局、国家食品药品监督管理总局(以下简称食药总局)和卫计委等。农业部门负责产前,主要包括产地、种植环节、农药化肥等农业投入品、监测预警等;食药总局负责产后,主要包括加工和销售环节监管、风险监测、信息公布、问题产品召回和处置、事故应急处置等。卫计委主要负责拟订食品安全标准、开展食品安全风险监测、评估和交流等。国家粮食局按原三定方案仍然负责粮食收购、储存环节和政策性粮食的质量安全和原粮卫生监管。

1) 粮食质量安全法规体系

在粮食生产环节,2006 年国家发布《中华人民共和国农产品质量安全法》(以下简称《农产品质量安全法》)。同年,农业部出台了《农产品产地安全管理办法》,细化了建立产地监测与评价机制。在粮食收购储存环节,2004 年国家发布《粮食流通管理条例》,对从事粮食收购活动的经营者、加工经营者以及粮食仓储设施、销售粮食等要严格执行国家有关粮食质量、卫生标准,建立粮食销售出库质量检验制度,对不符合食用卫生标准的粮食,严禁流入口粮市场。同年,国家发改委、国家粮食局等 7 部门联合印发了《粮食质量监管实施办法》。在粮食加工与销售环节,2002 年,国家开始实施食品质量安全市场准入制度,国家质检总局颁布下发了《关于印发〈加强食品质量安全监督管理工作实施意见〉的通知》(国质检监函〔2002〕185 号),明确了食品质量安全监督管理工作的具体实施要求。从 2002 年起,以米、面、油等产品为切入点,实行食品生产市场准入制度,建立食品原料查验制度和检验制度,对市场销售的食品进行定期抽查等。随着《食品生产加工企业质量安全监督管理办法》、《国务院关于加强食品等产品安全监督管理的特别规定》、《食品安全法》、《食品安全法实施条例》、《食品生产许可管理办法》等法律法规的相继出台,粮食加工销售环节安全监管制度逐步完善。

2) 粮食标准体系

"十一五"期间,国家粮食局对归口管理的标龄为 2003 年以前的粮油标准进行了全面修订,使粮油标准标龄过长的问题得到全面改善。同时完成一批行业急需

---

① 1 亩≈666.7 m²

标准的制订工作。现行主要粮食国家标准和行业标准共有 429 项,其中国家标准 239 项,行业标准 190 项,基本覆盖了粮食生产、收购、储存、运输、加工全过程。粮食质量安全标准也得到全面更新。具体情况见图 2.4。

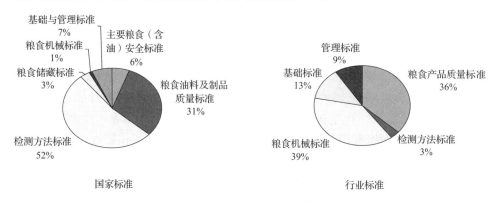

图 2.4　粮食(油)国家标准情况

资料来源:国家粮食局标准质量中心

3) 粮食检验机构

目前,隶属于省、市、县三级粮食部门的检验机构有 800 多个。2006 年以来,为履行粮食收购、储存、运输活动和政策性用粮购销活动中粮食质量及原粮卫生的监管职责,国家粮食局依托各省级粮食质量检验机构,并选择具备条件的地市和县级粮食检验机构,着手建立覆盖全国的国家粮食质量安全监测网络体系,到目前为止,挂牌的国家粮食质量监测机构已达 300 余家。据国家粮食局有关机构统计,截止到 2011 年上半年,授权挂牌的 220 个国家粮食质量监测机构,拥有仪器设备 4974 台,总价值约 14 693 万元。其中 40 万元以上的大型设备占 2.4%;10 万~40 万元的占 7.9%。总的来讲,省级粮食检验机构的检验能力能够基本达到承担粮食质量安全监管和监测任务的要求,地市和县级粮食检验机构检验能力非常薄弱,难以达到承担监管任务的要求。同时,为全面推进粮食质量检验监测体系建设,2011 年,国家粮食局编制了《全国粮食质量安全检验监测能力“十二五”建设规划》(以下简称《规划》),并于 2012 年通过国家发改委的批复。《规划》明确,“十二五”期间,拟安排 396 个国家粮食质量监测机构的粮食质量安全检验监测能力建设,包括 4 个国家粮油标准研究验证中心,32 个国家粮食质量监测中心,360 个国家粮食质量监测站,规划共需建设投入 23 亿元,其中中央投资约 11.3 亿元,地方配套约 11.7 亿元。

4) 开展粮食质量安全调查监测情况

从 2002 年开始,国家粮食局针对稻谷、小麦、玉米、大豆等主要粮食品种,按产量权重开展全国新收获粮食质量与安全调查监测工作。每年大约采集 1 万份新收获粮食样品(农户样品),检测常规质量、食用品质和农药残留、重金属、霉变及真菌毒素等指标,取得近 10 万个检验数据。此外,国家粮食局每年还组织开展全国库存粮食质量安全抽查,扦取各类库存粮食样品约 5000 份,代表粮食数量约 900 万吨。各省粮食部门在国家监测抽查基础上,针对发现的问题,组织开展进一步的抽查和排查工作。

2.1.2　粮食质量安全隐患仍然比较突出

1. 农药残留

随着我国农药使用量的大幅增加,在一些地区,由于农药使用不规范造成的粮食农药残留问题比较突出。1998 年我国农药产量为 40 万吨,2011 年我国农药原药产量为 264.87 万吨(折百量),比上年同期增长 13.1%,增速较快。其中杀虫剂原药产量为 70.9 万吨,占我国农药总产量的 31.8%,较上年同期减少 4.8%;除草剂产量为 117.5 万吨,占 45%,比上年同期增长 11.5%;杀菌剂产量为 15 万吨,占 7.1%,比上年同期减少 10.2%;其他农药产量 61.47 万吨,占 16.1%。历年我国农药施用量、进出口量见图 2.5。农药的生产和使用为粮食增产增收发挥了重要作用,但是由于使用的盲目性和监管的疏漏,对食品安全、粮食的生产和贸易构成潜在威胁。2005 年秋季,媒体报道江苏出现新谷价格低于陈谷的现象,主要是由于有关部门检出新稻谷中农药残留超标严重。从粮食部门监测抽查情况看,近年来,南方部分省份新收获粮食中农药残留超标问题比较突出。在库存抽查中,发现个别粮库库存粮食(原粮)中农药残留超标达几十倍,检出的农药品种主要是生产环节施用的农药,表明在一些地方粮食生产过程中滥用农药问题比较突出。此外,还存在对成品粮过度施用熏蒸药剂的问题。

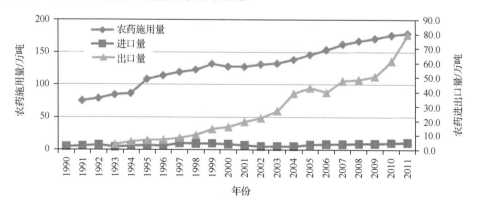

图 2.5　我国农药施用量及进出口量(单位：万吨)

2. 霉变与真菌毒素污染

粮食霉变和真菌毒素污染是威胁食品安全、影响粮食有效供给的突出问题。粮食霉变和真菌毒素污染主要由受病虫害和高温高湿等异常气候影响产生的,一旦发生,涉及的污染范围和粮食数量往往非常巨大。近年来,涉及数省的新收获粮食真菌毒素污染事件频繁出现。受小麦赤霉病害的影响,江苏、安徽、湖北、河南等省份的小麦容易受到呕吐毒素和玉米赤霉烯酮的感染。受收获期间连续阴雨等异常气候影响,河南、河北、安徽、山东、山西等省份的玉米容易受到黄曲霉毒素、玉米赤霉烯酮、呕吐毒素的感染。受高温高湿气候和农户储存条件简陋等的影响,四川、广西、广东等省份的玉米、花生容易受黄曲霉毒素 B1 的感染等。此外,受越区种植习惯的影响,东北地区(包括黑龙江、吉林、内蒙古、辽宁四省)收获的玉米水分普遍偏高,一般为 25%～35%,在秋冬季节如遇气候偏暖或春季气温提前转暖,很容易发生霉变。2013 年春季,笔者课题组在吉林延边地区调研时发现,由于高水分玉米没有得到及时处理,随着气候转暖,一些农户家中玉米(大揽堆)霉变粒超过 20%,有的玉米已经完全丧失使用价值。在冬春季节,东北高水分粮运往南方,在运输过程中也容易出现发热结块、霉变现象。

目前,国家粮食局调查监测的新收获粮食真菌毒素污染,仅限于有国家标准规定了限量的毒素,主要包括黄曲霉毒素、玉米赤霉烯酮、呕吐毒素和赭曲霉毒素 A,国际上已有限量但国内尚未规定限量的毒素如伏马毒素、T-2 毒素等还没有列入监测范围。

3. 重金属污染

随着我国工业化进程的加快,在一些地区,环境污染日益加剧,土壤受污染的程度日趋严重。2013 年 12 月,国土资源部副部长、国务院第二次全国土地调查领导小组办公室主任王世元介绍,我国耕地中,中重度污染耕地大体在 5 千万亩左右[1]。宋伟等检索收集了 2000 年以来国内公开发表的区域性土壤重金属污染监测研究报道,采用案例分析方法进行推测,认为目前我国耕地土壤重金属污染概率为 16.67%,约占耕地总量的 1/6;耕地污染区域的概率分布为中部地区最高,西部和东部地区次之;耕地土壤重金属轻污染、中污染、重污染比重分别为 14.49%、1.45%、0.72%;其中镉(Cd)污染概率为 25.20%,远超过其他重金属元素[2]。环境保护部部长周生贤表示,据估算,全国每年因重金属污染的粮食达 1200 万吨,造成的直接经济损失超过 200 亿元。从粮食部门的调查监测情况看,在主要粮食品种中,稻谷受重金属污染的情况最为严重;重金属超标粮食主要分布在有色金属开采、加工业比较集中的地区,包括受江河水源污染而形成的带状区域,主要是中南部和西部的一些省份。由于重金属污染范围广、持续时间长,危害严重,对于区域性粮食数量和质量安全以及区域经济发展和社会稳定都造成了重大影响。

此外,我国粮食生产经营者规模小,质量安全意识差,为了获得粮食等产品的高产量和外观质量,生产者违规使用农药以及非法使用违禁药物现象较为常见。大部分粮食经营者一般不具备安全指标和污染物检验能力,收购把关能力不强,使得一些受到污染的粮食可能被用作食品原料,增大了粮食质量安全风险。

2.2　国际经验借鉴

美国、欧盟等发达国家和地区与我国的国情、粮情差异较大。发达国家粮食品种相对较少,规模化程度高,原料均匀、稳定,便于粮食质量安全监管。我国粮食品种多,规模小,粮食质量均匀性、稳定性较差,监管难度大。因此,必须根据粮食生产、流通的实际情况,进行借鉴。

2.2.1　粮食质量安全监管的体制与机制

美国作为粮食出口国,粮食质量安全监管部门主要为农业部所属的联邦谷物检验服务局(FGIS),并与卫生检疫部门和食品与药物管理部门分工合作。美国的粮食检验系统由联邦、州和私营化验室三个部门构成,接受联邦谷物检验局的监督管理。州和私营化验室为国内的市场提供常规服务,联邦和州立化验室为各个谷物出口港进行强制性的计量检验工作[3-5]。美国粮食行业协会等民间组织作为连接政府与粮食生产者、经营者的桥梁,为生产者和经营者提供包括质量信息在内的各项服务,联邦政府为其资助部分活动经费[6,7]。

德国于 2001 年将原粮食、农业和林业部改组成消费者权益保护、食品和农业部,接管卫生部的消费者保护和经济技术部的消费者政策制定职能,对全国食品质量安全实行统一监管,并于 2002 年设立联邦风险评估研究所以及联邦消费者保护和食品安全局两个专业机构,各州、大区和市政府也都设立了负责食品质量安全的监管部门,从而形成全国统一的监管体系。法国国家谷物管理局设有 8 个处,在各地设 17 个分局和一个实验室,负责粮食生产、流通、加工、储藏等监管工作[8,9]。

日本农林水产省下属的消费安全局,主要负责国产和进口粮食的质量安全检查。日本农林水产省和厚生劳动省有完善的农产品质量安全检测监督体系,全国有 48 个道府(县)、市,共设有 58 个食品质量检测机构。所有进口的动植物农产品及其加工食品首先要通过农林水产省管辖的动物检疫所或植物检疫所的检疫,然后还要接受厚生劳动省管辖的食品检疫所的检查。就粮食而言,政府统一管理大米和麦类的国内生产贸易和进出口。民间自由经营玉米、高粱等。政府对米、麦实行行政管理,设有三级管理机构:中央农林水产省食粮厅、都道府县食粮事务所和市町村食粮事务所,这些行政管理机构的职责包括制定粮食政策、编制和下达粮食收购计划和分配计划、制定和管理粮食价格和粮食质量标准、管理粮食进口[10]。

俄罗斯谷物质量安全管理体系。俄罗斯的谷物质量体系主要由俄联邦谷物及产品质量安全保证中心(以下简称"联邦中心")及其所属的分布于全国七个联邦地区的 22 个分中心组成(以下简称"分中心")。"联邦中心"负责整个俄罗斯的谷物质量安全监管和检验体系管理,"分中心"分设在 7 个联邦地区的谷物主产区和主要进出口港口,形成了覆盖俄罗斯全境的谷物质量安全监督检验网络。"联邦中心"共有 18 位管理人员,下设中心直属实验室,实验室有检验人员 35 人,其中在本部工作 10 人,其他人员大多驻莫斯科各大企业对谷物进行监管、抽样等。"联邦中心"主要工作目标是:发布有关质量检验法规和制度,执行统一的谷物质量安全保证政策和标准,保证谷物及加工产品、配合饲料的质量安全;在谷物及加工产品、配合饲料领域开展质量安全监管工作,并监督各分中心执行和落实;开展专业、系统、科学的检验检测工作,以提高谷物及加工产品、配合饲料的质量安全,并进行相关科学研究;对其他质检机构和私人检验公司等进行授权认可。

2.2.2　粮食质量安全管理法规

美国于 1933 年实施《农业法》,此外还有《联邦食品、药品和化妆品法案》、《食品质量保护法》、《美国产品责任法》、《FDA 食品安全现代法法案》、《公共卫生服务法》等保障食品(粮食)质量安全的法律,并以《谷物标准法》和《农业市场法》为基础,建立了粮食质量安全标准体系[6,7]。

欧盟与粮食有关的法律法规包括《通用食品法》、《食品卫生条例》、《欧盟食品安全与动植物健康监管条例》、《欧盟食品及饲料安全管理法规》、《关于粮食共同市场组织》等。欧盟法规——食品中特定污染物的最大限量(EC1881/2006 号条例)规定,真菌毒素超过最高限量的粮食不得在市场上销;对用作口粮的粮食,不允许超标粮食和不超标粮食进行混合,也不准进行真菌毒素的化学降解处理。《法国粮食链中真菌毒素控制指南》中建议,经营者可在整个粮食链中采取各种措施降低其含量,包括对粮食进行清理和分选,销往合适的渠道。不符合最大限量的粮食不可用作食品配料。不符合口粮要求的粮食可重新销往其他合适的渠道,如动物饲料(如符合该行业的建议限量)或非食品和饲料的行业;也不适于动物食用的饲料可重新销往非食品、非饲料行业等其他渠道,同时指出口粮和饲料的最大限量不同。

2.2.3　粮食质量安全检测技术与限量标准

1. 真菌毒素

欧洲标准化委员会(CEN)发布了 6 个黄曲霉毒素检测标准、7 个赭曲霉毒素

A 检测标准、2 个玉米赤霉烯酮检测标准、2 个脱氧雪腐镰刀菌烯醇检测标准、4 个伏马毒素检测标准,尚未制定 T-2 毒素的检测标准①。真菌毒素的第一个限量标准是 20 世纪 60 年代末的黄曲霉毒素限量标准。到 2003 年末,已有约 100 个国家为食品和饲料中的真菌毒素制定了各种特定限量标准[11]。

当前国内外主要标准组织制定的真菌毒素检测标准如下。

(1) 国际标准化组织标准体系中的真菌毒素检测方法标准(附表 4)。

国际标准化组织(ISO)是世界上最大、最有权威性的国际标准化专门机构。但目前该组织的标准体系在真菌毒素检测方面,涉及有限,仅黄曲霉毒素、赭曲霉毒素和玉米赤霉烯酮有相应的检测方法标准,尚没有检索到脱氧雪腐镰刀菌烯醇、伏马毒素和 T-2 毒素的检测方法标准。其中,涉及黄曲霉毒素的检测标准是最多的,这也反映了黄曲霉毒素作为世界上发现最早、危害最严重的头号污染真菌毒素,一直得到了国际社会的高度重视。

在所提供的 7 个黄曲霉毒素检测标准中,分别规定了谷物及其制品、饲料以及牛奶和奶粉中黄曲霉毒素的检测程序,共包括了 5 种黄曲霉毒素种类,即 B_1、B_2、G_1、G_2、M_1,其中 M_1 主要针对牛奶和奶粉,其他种类的检测主要针对谷物及其制品以及动物饲料。在制定年限上,除 ISO 14718:1998 为 1998 年颁发外,其他均在 2001~2007 年期间制定颁布实施。在检测技术方面,所提供的 7 种方法中,有 4 个采用了现代色谱技术 HPLC 方法,1 个采用了基于现代免疫技术的 ELISA 方法。其他 2 个使用的是传统的 TLC 方法,其中在 1 个针对牛奶和奶粉中 AFM1 的 TLC 检测方法中引入了高效的 IAC 现代净化技术,使对 AFM1 的检出线达到 2 ng。在采用现代色谱技术 HPLC 的方法中,有 2 个在前处理阶段引入了现代 IAC 净化技术,该技术基于抗原抗体反应,对样品中的目标物具有高度的选择性,不仅净化效果理想,而且大大提高了操作的简易性和方便性。

该标准体系中共提供赭曲霉毒素 A 检测方法 2 个,为 1998 年版本,适用于谷物及其制品,均为 HPLC 方法,在样品的前处理阶段,分别采用了 SPE(固相萃取)净化方法和传统的 LLP(液液分配)净化方法;玉米赤霉烯酮检测标准 2 个,早期给出的标准采用的是传统的 TLC 方法(1985 年制定,在 2002 年得到进一步修订),2008 年颁布了 HPLC 方法,在前处理方法中使用了先进的 IAC(免疫亲和柱)净化技术,适用对象包括动物饲料及原料。

总体上,ISO 标准体系在真菌毒素检测方法尚不完善,一些毒素没有给出相应的检测方法标准,标准中高新技术应用方面也存在一定的滞后。

(2) AOAC 标准体系中的真菌毒素检测方法标准(附表 5)。

作为国际上普遍认可的分析检测"金标准"的验证者、颁布者,AOAC(美国分

---

① 引自 http://www.cen.eu

析化学师协会)标准组织在制定真菌毒素检测方法标准方面做了大量的工作,如仅食品中黄曲霉毒素的检测标准方面就有 34 个,提供检测方法 35 个。涉及的黄曲霉毒素种类有 B_1、B_2、G_1、G_2、M_1 和 M_2,适用包括谷物油料及其制品、饲料、牛奶以及蛋禽类和动物制品等,涉及范围比 ISO 更广。在提供的检测方法中,TLC 方法 17 个,ELISA 方法 5 个,微柱法 2 个,HPLC 方法 11 个(包括一个多毒素检测方法)。2000 年以前,特别是 20 世纪 70～80 年代,制定颁布的标准方法主要是TLC 方法,90 年代后 ELISA 方法开始在 AOAC 标准出现并得到快速发展,该方法通常标明用于快速筛查用途,90 年代至今,HPLC 方法标准中一些先进的样品前处理技术得到了应用,特别是 IAC 技术;在 AOAC 目前提供的 HPLC 检测黄曲霉毒素的方法标准中,其中采用常规 SPE 方法 3 个,采用多功能柱净化方法 1 个,而采用 IAC 的净化方法的有 7 个。

AOAC 目前共提供赭曲霉毒素 A 检测标准 8 个,其中 TLC 2 个,HPLC 6 个[包括 5 个 IAC 净化技术(2000 年后)和 1 个 SPE 净化技术];提供玉米赤霉烯酮(ZEN)检测标准 3 个,其中 TLC 1 个,HPLC 1 个,ELISA 1 个。采用 IAC 技术的HPLC 方法还没有制定出,但其在期刊杂志上 J. AOAC. INT 已经连续发表 2篇;提供脱氧雪腐镰刀菌烯醇(DON)检测标准 2 个,其中 TLC 1 个,GC-ECD(气相色谱-电子捕获检测联用) 1 个;提供伏马毒素检测标准 3 个,其中 ELISA 一个,HPLC 两个。

总体上,在 AOAC 的标准体系中,真菌毒素的检测方法已经相对比较完善,在检测对象、检测种类以及新老技术应用等方面覆盖较广,充分体现了随着技术的进步,方法标准得到不断改进和更新,较好反映了技术发展在真菌毒素方法标准建立中的推动作用。

(3) 欧洲标准化委员会(CEN)标准体系中的真菌毒素检测方法标准(附表 6)。

欧洲标准化委员会(CEN)在黄曲霉毒素、赭曲霉毒素、玉米赤霉烯酮、脱氧雪腐镰刀菌烯醇、伏马毒素的检测上都给出了方法标准。其中黄曲霉毒素检测标准6 个(有 3 个采用的是 ISO 标准)、赭曲霉毒素 A 检测标准 7 个、玉米赤霉烯酮检测标准 2 个、脱氧雪腐镰刀菌烯醇检测标准 2 个、伏马毒素检测标准 4 个,这些标准大多是在近几年制定的,多数采用的是 IAC-HPLC 检测方法。但目前,CEN 还没有制定出 T-2 毒素的检测标准。

总体上,关于高新技术在真菌毒素检测标准中的应用,欧盟走在了世界的前列,充分使用了现有的高新成熟的检测技术。这也和欧盟一贯在食品安全领域的高度重视和严格要求相适应。

国际上主要真菌毒素限量标准见附表 7～附表 12。

2. 有害元素

自 1930 年至今,AOAC 共颁布了 42 个食品和饲料元素含量检测方法相关标准,其中食品中元素含量检测方法标准 32 个。在前处理和检测方法的选择上,既采用了传统检测方法,也积极采用了现代先进的检测技术,在实现快速、准确、多元素同时检出的同时,推进了新技术的应用[①]。欧盟食品和饲料元素检测相关方法标准为 20 个,其中 11 个是食品中元素含量检测的方法标准。20 个方法标准中包括了 20 种元素的检测,涉及了 4 种前处理方法,6 种检测方法。国内外主要标准组织制定的元素检测标准见附表 13～附表 15;国内外粮食中重金属限量规定情况见附表 16～附表 21。

3. 农药残留

食品法典委员会(CAC)、欧盟、美国、加拿大等国际组织和国家的农药残留限量标准几乎涉及所有的农产品及食品,且各项指标分类较细。一种农药在不同的作物和食品中均有详细规定,甚至很多低毒、低残留的农药也制定了严格的限量,大部分是以最先进的仪器检测限作为限量标准值。CAC 制定了 234 种农药在农产品及食品中的农药残留最大限量值,其中涉及谷物的标准有 83 项;欧盟制定了 471 种农药最高残留限量(MRL)标准;美国制定了 380 余种农药 MRL 标准[12,13]。

4. 质量安全风险分析和全过程追溯及控制

欧盟于 1979 年建立了食品和饲料快速预警系统(RASFF)。2002 年 1 月 28 日,成立了欧盟食品安全局,独立承担食品(包括粮食)风险评估、预警、处置和风险交流工作,并进一步健全了食品和饲料快速预警系统和通报制度,用于欧盟国家食品和饲料监管机构交换信息,通报对人类健康可能的影响及已经采取的措施。这些措施包括召回、扣留、拒绝、退出市场等。快速信息交换允许欧盟所有成员国立即检查是否他们也受到这种问题的影响。一个产品已经在市场上但存在质量安全问题,成员国当局就可以采取紧急措施,包括向公众提供直接的信息[②]。法国粮食管理局和跨行业组织制定的《法国粮食链中真菌毒素跨行业管理指南》中规定了粮食链出问题时期望采用的处置手段,尤其是风险管理、取样方法、快速检测方法和分析方法,使法国污染真菌毒素粮食的风险分析、追溯和合理处置技术有法可依。

日本对稻米实施严格的质量管理。农户和加工企业都完全主动按照市场需求,以质量和品质为核心,对稻米实施严格质量控制。日本在收割、储存环节管理

---

① 引自 http://www.eoma.aoac.org/methods/

② 引自 http://ec.europa.eu/food/food/rapidalert/index_en.htm

水平较高,基本可以保证收获后的粮食质量品质不发生明显变化,因此对于稻谷的质量保障重点在于种植期间的管理,而不是依赖于收获之后的质量检测。各地农协在稻谷种植期间,会对农户用药、施肥等进行全过程指导,确保按规程操作,从而减轻了收获后对稻米中农药、重金属残留等卫生指标进行检测的工作量。检测机构对收获稻谷进行质量检测并出具检测报告,后续流通中实行索证制度即可保证原料的来源和质量安全。在稻谷收获过程中,采用自动化、机械化收割、脱粒,整个过程稻谷不落地,减少了谷粒的破碎率、杂质和污染。各地农协建有储存库点,具有检验资质的实验室和检验员,并配备清理、干燥、加工和储存设施。农户送来的稻谷经检验后,统一清理干燥,视情况决定直接储存稻谷或加工成糙米储存。在对收购稻谷进行清理干燥的过程中,通过自动扦样装置,对每个农户的稻谷进行扦样并将样品传送到检验室,用仪器快速检测其蛋白质、水分等指标,按品质分别存放或进行干燥、砻谷。根据日本的农产物检查制度,目前在农林水产省登记的粮食品种检查机构有 1500 个,取得检查资格的检查员有 15 000 名。

5. 比较与借鉴

体制与机制。长期以来,我国粮食质量安全实行多部门分段管理,环节多、层级多、交叉多,监管职责不细化、理顺难,监管的重复、交叉与缺失并存,监管效率低、成本高。为此,应当借鉴发达国家经验,从完善监管机制上下工夫,加强运营机制的顶层设计,结合我国实际,优先建立完善粮食生产流通和加工消费全程质量安全管理模式和规范,合理确立各级政府及各部门的监管职责,进一步明确各类生产经营者的主体责任,充分发挥各类社会组织的服务作用。

法规与标准。我国涉及粮食质量安全的法律法规主要有《农产品质量安全法》《食品安全法》和《粮食流通管理条例》,分别从不同角度,对实施粮食质量安全监管做出了法律规定,但还存在着法律空白,主要是收购环节的粮食质量安全监管问题。一是粮食部门对种粮农民新收获的待售粮食的质量安全状况还不能全面、准确、实时地掌握,由此直接影响了收购入库的粮食质量安全,也直接影响了后续各流通环节的粮食质量安全监控。二是粮食收购企业几乎没有粮食卫生检验仪器设备,不具备粮食卫生检验能力,受时间和自身检验能力的限制,在粮食收购入库环节,检验卫生指标还不能做到,收购入库的粮食可能存在质量安全风险。三是存在质量安全风险的粮食能不能收、如何收,目前没有法律依据。我国人员众多,可耕地面积少,供人类生存的粮食资源十分宝贵,既要保证人民群众有粮食吃,又要保障人民群众的食用安全,具体操作起来难度极大。借鉴发达国家经验,我国应在建立收获粮食质量安全监测预警制度、污染粮食干预性收购制度、粮食质量安全专项基金补偿机制、污染粮食销售出库强制检验制度等方面尽快立法。

我国粮食(含植物油)安全标准与国际相关标准已经基本接轨,真菌毒素、重金属、农药残留限量等安全标准与 CAC 及发达国家标准基本一致。大多数检验方法标准参照采用或直接采用了许多发达国家和有关国际组织的检验方法标准,同时也独创了一些检验方法标准。但是,从实际需求和标准使用情况来看,目前标准发展滞后问题仍然十分突出。一是有时片面强调与国际接轨,标准不适合我国国情,如大米中镉的限量标准。二是安全限量标准分类不细,限制了部分粮食资源的合理利用。三是标准系统性差,一些标准参数检验难度大,难以满足现场和基层检验的需要。为此,借鉴发达国家经验,我国应开展储藏物化学药剂的评价和 MRL 制定、粮食中真菌毒素、重金属污染的评价和相关 MRL 的制定等一系列从收获储藏规范到检测方法标准的制修订工作。参考 CAC 农药残留标准的规定,将真菌毒素、重金属、农药残留检测技术标准梳理为典型方法、参考方法、替代批准方法、暂行方法。

追溯预警。我国粮食部门自 2005 年组织各省(直辖市、自治区)粮油质监机构每年实施原粮卫生质量监测调查、储备粮质量状况实时动态监测以来,建立了完善的粮食质量安全信息采集、报送、汇总分析体系,风险监测、追溯等取得了一定的进展。但是,我国政府相关部门没有对社会公开粮食质量安全相关监测信息。粮食生产经营者及消费者没有得到及时的信息服务。为此,借鉴发达国家的经验,进一步完善我国相关的法律法规,健全和规范粮食质量安全信息发布制度。建立以监测预警为基础的粮食质量安全追溯体系。

2.3　典型问题剖析

受异常气候、病虫害以及落后的粮食生产、储存作业方式的影响,我国区域性、大范围的粮食真菌毒素污染事件频繁发生。2010 年,国家粮食局在新收获粮食质量调查监测中发现,安徽、江苏、湖北、河南四省新收获小麦真菌毒素超标问题非常严重,主要是由于小麦在生长期间遭受了赤霉病害。国家粮食局立即组织有关省份粮食检验机构开展了全面排查,并封存了一大批毒素超标小麦。笔者课题组以此作为典型案例进行了全面调查,并于 2013 年 7 月中旬到安徽省实地调研了封存毒素超标小麦有关情况。

2.3.1　基本情况

1. 质量调查

2010 年 7~8 月,国家粮食局组织开展新收获小麦质量调查抽检,发现江苏、安徽、湖北三省以及河南部分地区小麦样品真菌毒素严重超标。超标的毒素种类主要是呕吐毒素和玉米赤霉烯酮。产生原因是小麦在成熟和收获期间受阴雨和高温气候影响感染了赤霉病。调查方式是按产量权重和均匀分布原则从上述地区采集了 542 份样品（均为村级混合样），检测结果为，江苏、安徽、湖北三省样品毒素超标率分别为 66%、64% 和 51%，河南（驻马店、南阳、漯河三市）为 9%。超标样品中，毒素超标 1 倍以上的占 30%。

2. 入库抽查

2010 年 9～10 月，国家粮食局组织对相关省份 2010 年新收购入库小麦真菌毒素污染状况进行抽查。共抽检样品 1528 份，涉及江苏、安徽、湖北、河南 4 省 33 个地市 134 个县的 649 个库点，抽查小麦代表数量 202.25 万吨，包括中央储备粮 3.02 万吨，托市粮 131.1 万吨，地方储备粮 16.27 万吨，商品粮 51.81 万吨，占到上述地区小麦收购入库总量的 9.3%。检出毒素超标样品 793 份（代表数量 90.69 万吨），主要为呕吐毒素超标。样品总体超标率为 44.8%，其中江苏 65.25%、安徽 56.6%、湖北 68.2%、河南 12.5%。超标样品中，毒素超标 1 倍以内的占 47.3%，1～2 倍的占 30.7%，2 倍以上的占 22.0%。

3. 排查与封存

2010 年 12 月初，国家粮食局下发通知，要求有关省份粮食部门按在地检查原则，根据监测抽查结果，对指定县域所有粮食经营者 2010 年收购入库的小麦，按货位全面进行真菌毒素项目检验排查，并对毒素超标小麦就地封存。至 2011 年 2 月底，江苏、安徽、湖北、河南 4 省共计排查了 32 个地市、129 个县的 1478 个库点（包括加工企业），扦样和检验样品 5378 份，代表小麦数量共计 551.2 万吨，其中中央储备粮 8.1 万吨，最低收购价粮 301.3 万吨，地方储备粮 47.2 万吨，商品粮 194.6 万吨。排查检出毒素超标样品 1656 份，样品超标率为 30.8%；超标样品中，毒素超标 1 倍以上的占 51.7%。4 省封存小麦合计 174.8 万吨，其中安徽省封存 108.7 万吨，数量最大。其后，安徽省粮食部门又组织对排查不彻底的地区进行了二次排查，又排查封存毒素超标小麦 100.3 万吨，安徽省封存小麦合计达 209 万吨，主要为托市收购小麦。

4. 封存小麦处置

调研了解到，截至 2013 年 8 月，安徽省封存的 200 余万吨毒素超标小麦尚未处置。其原因是相关部门在毒素超标小麦用途方面意见分歧较大，有的部门建议毒素超标小麦限定用作燃料酒精生产原料，同时对富集毒素的 DDGS（酒糟）做销毁处理，而由此将导致小麦折价损失太大，财政难以承受，另一方面财政已经为此封存小麦付出了高昂的仓储保管费用。地方粮食部门急切呼吁尽快出台处置政策，就地封存的小麦占用的仓房条件普遍较差，继续储存品质可能会受到影响，同时占用大量仓房还影响新粮收购。

2.3.2　问题分析

1. 粮食真菌毒素污染易发多发

在安徽调研时地方反映,作物病害难防难治。虽然农业部门长期将病害防控列入夺取粮食丰收的关键措施,采取了加强病情监测,进行分区防治,选用高效药剂品种,推行"一喷三防"等技术措施,及时防治病害流行,确保小麦丰收,但每年病害仍然易发多发,难以根治。小麦收获期间的阴雨天气,还经常造成"芽麦"问题。特别是近年来淮河两岸小麦扬花期与雨季同步,小麦赤霉病、芽麦、黑头等问题多发易发,小麦质量安全问题相对突出。据了解,小麦毒素问题年年都会发生,只是范围和影响程度有差异,2010 年和 2012 年小麦赤霉病大范围爆发(2010 年主要在淮河以北,2012 年主要在淮河以南),毒素超标严重;而 2009 年和 2013 年收获期间,小麦萌动生芽现象比较突出。

2. 收购因灾污染粮食是政府不可推卸的责任

近年来,国家不断强化惠农政策措施,调动农民种粮积极性。在政策落实中,农民主要关注粮食的产量和价格,对于因灾污染的粮食,农民认为政府仍然应该按照已经公布的政策进行收购,这是政府不可推卸的责任,也是真正的惠农表现。另外,现在国家出台受灾和污染粮食收购政策总是一事一议,缺乏长效机制,政策出台慢,宣传的晚,农民不理解。例如,2013 年 6 月 5 日安徽省启动小麦托市收购,收购验质发现生芽问题比较突出,6 月 11 日国家有关部门派人来调研。但直到 7 月 9 日国家才正式出台关于芽麦超标小麦收购的通知,这时小麦收购工作已经基本结束,这一政策不仅不能解决农民的燃眉之急,也使得基层难以执行政策。

地方反映,当前小麦流通呈现"三快"(收割快、售粮快、入库快)现象:小麦收割机械化程度高,收割快,今年寿县小麦收割机械化率达 98％以上,收割 7 天内就完成了,相比过去的人工收割方式要缩短 20 天左右;农民小麦收获后不再经过整理、晾晒,直接售粮后,外出打工;这样出现了集中售粮、集中入库,加之缺乏快速检验仪器,使得一些可能受到污染的粮食在源头不能得到及时控制。

3. 产区地方政府难以承担污染粮食因灾损失的负担

一般而言,产粮大县往往是经济弱县、财政穷县。调研中,安徽寿县财政局表示,该县属于全国超级产粮大县,也是国家级贫困县,地方财政十分紧张,财政资金的实际需要与地方经济发展需求差距很大。2012 年寿县财政收入为 6 亿元,如果将种粮食的地拿来搞一个工厂,可以给当地带来好几个亿的财政收入,或者通过改造传统农业,种植经济作物,搞设施农业或者种草等,这些都比种粮食经济效益好,既能增加县财政收入,也能为当地经济发展做出贡献。但是,近年来,寿县生产、调出了大量的粮食,据不完全统计,全国100个人吃粮中就有1人为寿县粮食供养。同时,为保障国家粮食安全,寿县财政每年要为国家投入地方的粮食生产、病虫害防治等项目配套一定比例的配套资金,使得本不富余的财政负担很重。如此,长期下去,地方政府种粮抓粮的积极性难以持续,对国家粮食安全不利。对于因灾污染粮食,农民着急找地方政府,对地方财政而言,则是难上加难,成为地方难以承受负担之重。地方呼吁,国家应加大对粮食主产县的财政转移支付力度,提高地方政府种粮抓粮的积极性,对于因灾污染粮食,建立长效机制,主要由国家进行投入。

4. 污染粮食处置的法规和标准不健全,影响粮食资源合理利用

对于污染粮食的监管和处置,目前的做法是只堵不疏,监管和处置成本过高,主要问题是相关法规和标准亟待完善。按照《食品安全法》和《农产品质量安全法》的有关规定,食品生产者不得采购或者使用不符合食品安全标准的食品原料(《食品安全法》第三十六条);农产品生产企业和农民专业合作经济组织(不包括农民)不得销售不符合农产品质量安全标准的农产品(《农产品质量安全法》第二十六条)。但如何处置和利用已经生产出来的污染物超标粮食没有规定。同时,关于食品和食品原料的概念也非常模糊和笼统,将酿酒的原料与加工面粉的原料同样对待明显是不合理的,完全没有考虑粮食资源的合理利用。

调研中,从安徽瑞福祥食品有限公司了解到,该企业利用小麦生产谷朊粉、酒精和沼气发电等,谷朊粉(包括食品级和饲料级)主要出口欧盟等国,即使是在小麦受污染比较严重的年份,也没有出现谷朊粉产品毒素超标被退回的情况。分析认为,用毒素污染小麦作原料,对谷朊粉产品,特别是饲料级产品,不会构成显著影响。

5. 粮食质量安全监测预警不及时,难以防范不合格粮食流入市场

及时掌握污染状况是开展污染粮食有效监管的前提。发生粮食真菌毒素污染,在时间和空间上都有很大的不确定性。以2010年小麦毒素超标事件为例,从发现可能大范围超标到确认超标的范围和程度耗时近4个月,再到完成排查封存,时间跨度超过了半年时间。在此期间已经有相当部分的毒素超标粮食流向市场。就在有关省份开展毒素超标小麦排查期间,2011年一季度,上海市粮食局在粮食质量安全监测抽查中,发现市场销售的小麦粉存在真菌毒素超标情况,产品来自临近省份的有关小麦主产地市,为此,上海市粮食局专门发出了省际通报。从调研情况看,粮食收购和加工企业一般都没有食品安全指标检验能力,在收购环节主要关注粮食的质量等级和品质,一旦发现污染物超标往往是在收购形成批量以后,这时已经无法向分散的生产者追溯。如果监管不到位,污染粮食势必会流向口粮市场。

2.3.3 应对思路

调研中大家一致认为,需要尽快打通污染粮食的收购与处置通道,完善粮食从田间到餐桌的监管体系,建立污染粮食收处的长效机制。

1. 进一步加大粮食病虫害防治投入力度,健全统一防治体系

调研座谈中农技专家指出,小麦赤霉病等病害具有"可防不可治"的特点,就是可以采取措施防止发生或降低病害的程度,而一旦发生就难以消除危害。从目前情况看,尽管国家投入力度不小,政府统一发放部分药剂,并为农户提供防治技术指导,但是防治效果不够理想。主要是由于一家一户分散生产方式,种植品种不同,有的防治有的不防治,施用药剂的种类、用量和时间也都不一致,防治步调难以协调统一,防治效果自然不好。

应对思路。在优化小麦品种和引导统一种植的同时,进一步加大投入,满足防治的实际需要,并实行统一防治。一是实行病虫害统一施药防治。利用农村专业合作或者公司+农户等模式,提高病虫害防治的组织化程度,在自然村、乡或者县的行政范围内,统一时间统一施药,这样不仅能够节约防治成本,减少重复防治,而且可以提高防治效果。二是集中使用国家和各级政府的财政投入。集中各种科目的财政资金,形成一个农业综合防控财政资金池,加大资金投入力度,集中使用,提高资金使用效率。三是提高施药技术手段。加快农用直升飞机在防治中的应用,建立跨区域的农用直升飞机调度和作业的公共设施平台。建立农户评价和农药施用效果反馈机制。四是加强公益性农技服务体系建设,强化农技服务人员公益服务属性,加大稳定支持力度。

2. 建立统一高效的粮食质量安全监测体系,促进监测与监管的有机融合

开展食品安全监测是开展监管的依据和前提,只有发现问题才能解决问题。目前食品安全监测现状是多部门、分环节、分层级多头开展。监测力量分散,效率低下,缺乏科学规划,信息未能及时共享。特别是监测与监管脱节,针对性和时效性不强,由于监测主体过多,有时监测数据的真实性打折扣。

应对思路。粮食属于大宗商品,是最基本和重要的食品原料。粮食的质量安全,不仅是重要的食品安全问题,同时涉及国家战略安全。因此,加强粮食质量安全监测意义重大。为此,应当建立由一个部门负责的统一高效的粮食质量安全监测体系,建立健全监测信息共享机制和通报督导机制。实行由一个部门负责全程及时高效监测,指导并督促其他部门按职责分工实施监管的粮食质量安全监管模式。一是要明确粮食质量安全监测的主体责任,健全粮食质量安全监测体系,制定和实施全国统一的跨部门、跨层级的监测与抽检计划,并及时组织开展问题粮食的跟踪排查,确保及时发现区域性出现的粮食污染问题,并对污染粮食实施动态监测。二是建立监测抽查信息共享机制,明确和规范监测抽查信息通报责任、方式、范围、内容、时限等,为开展监管提供可靠依据。三是建立监测与监管相互融合的立体化的监管模式。各部门在其职责范围内加强监管。粮食质量安全监管链条比较长,目前,"从田间到餐桌"涉及农业、粮食、质检、工商、食药等多个部门,每个部门又涉及国家、省、市、县多个层级,而市县级监测抽检能力一般都比较弱。在统一监测和抽检模式下,各监管部门可以开展有针对性的监管,大幅提高监管的有效性,节省大量监管成本;同时,负责监测的部门应当对各监管部门进行指导,并监督、评价各部门及各层级的监管成效,使得监测与监管融为一体。四是在服务社会层面,建立国家和区域性粮食质量安全信息服务体系,规范发布粮食安全预警信息,及时公布粮食污染警示区域,指导粮食企业加强原料收购把关检验,实行分类收购、分类储存、分类加工等。指导粮食收购和销售活动。

3. 建立粮食收购干预制度,完善污染粮食处置利用机制

加强污染粮食的源头控制是保障食品安全的重要举措。粮食受真菌毒素污染在一定程度上是难以避免的,在一些区域频繁发生,但目前我国尚未建立处置毒素污染粮食的长效机制,一些地方政府担心"谁发现,谁负责",往往采取消极回避的态度,不报告、不公布,也不采取任何措施,非常容易造成重大食品安全隐患。

应对思路。建立粮食收购干预制度,完善污染粮食处置利用机制。从保障种粮农民利益和维护食品安全的角度出发,主要由中央财政承担污染粮食的收购和处置费用。一是在粮食风险基金中增加保障粮食质量安全的相关内容,并在相关的粮食主产省增加粮食风险基金额度,保障污染粮食的收购和处置需要。二是建立污染超标粮食干预性收购定价机制,确定污染粮食干预性收购主体企业,在确认发生污染区域,及时组织有关企业对污染超标粮食进行集中收购,做到应收尽收,防止污染超标粮食流入口粮市场。三是完善污染粮食处置办法、定向销售程序、销售价差补偿办法和监管制度等,按照污染程度的不同,实行差异化的处理措施,合理利用粮食资源。

4. 完善粮食质量安全法规和标准,在保障食品安全的同时,促进粮食资源合理利用

法规和标准是保障粮食质量安全准绳。但是目前我国粮食质量安全领域存在标准单一,在一定程度上不适应国情需要,不利于粮食污染风险的控制和资源的合理利用。例如,在呕吐毒素标准方面,我国食品卫生标准规定大麦、小麦、麦片、小麦粉 1000 μg/kg,玉米、玉米面(渣、片)1000 μg/kg。欧盟既考虑了原料的控制,更

丰富了基于产品和用途的控制,同时也包括了加工方式和人群,规定未加工的玉米,不包括用于湿磨法处理的未加工玉米 1750 μg/kg;供人直接食用的谷物,作为最终产品销售供人直接食用的面粉,麸皮和胚芽 750 μg/kg;面包(包括小面包制品)、糕点、饼干、谷类点心、谷类早餐食品 500 μg/kg;供婴幼儿食用的加工的婴幼儿谷类食品 200 μg/kg。美国规定供人食用的最终小麦产品,如面粉、麸皮和胚芽 1000 μg/kg。加拿大规定国内未清杂的软麦 2000 μg/kg。

应对思路。法规和标准不是越严越好,而是要符合我国国情,既要有利于保障食品安全,又要有利于粮食资源合理利用。一是要细化食品和饲料的分类,根据粮食的不同用途、产品形态和加工工艺,科学设定粮食污染物限量标准和质量控制要求。二是实行加工产品安全评价原则。即对产品执行强制标准,而对原料执行非强制的指导性标准。例如,对小麦原料执行非强制的指导性标准,对供人食用的小麦粉(包括全麦粉)、谷朊粉等执行强制标准,既有利于防止污染超标粮食产品危害人民健康,又有利于粮食资源的合理利用,同时,也有利于严格执法监管。

2.4 保障我国粮食质量安全的措施建议

保障粮食质量安全,是关系到维护国家粮食安全和人民群众身体健康的重大问题。为了实现到 2020 年全面建成小康社会宏伟目标,进一步提高我国粮食质量安全保障能力与保障水平,课题组研究提出以下措施建议:①加强协调,健全从田间到餐桌的粮食质量安全监管机制;②关口前移,建立科学高效的监测体系和污染粮食干预收购制度;③注重国情,完善粮食质量安全法规和标准体系;④创新驱动,加强粮食质量安全基础研究和应用研究;⑤多方参与,健全粮食质量安全风险交流信息体系。

2.4.1 加强协调,健全从田间到餐桌的粮食质量安全监管机制

针对粮食质量安全监管职责不细化、理顺难,监管的重复、交叉与缺失并存,监管效率低、成本高等问题,一是从问题导向出发,加强监管体制与机制的顶层设计,在完善监管机制上下工夫,优化建立覆盖粮食生产、流通、加工、销售全产业链的、能够相互联动、具有高效反馈机制的粮食质量安全监管流程和监管体系;按照职责、能力与财力相匹配和绩效优先原则,合理确立各级政府及各部门的监管职责,明确粮食质量安全监管主体部门和主体责任。二是建立沟通协调和督导机制,建立联系各个监管部门和层级间的粮食质量安全信息共享通报机制,发挥粮食质量安全监管主体部门的督导作用,督促相关部门切实履行监管职责。三是健全粮食质量安全服务体系,在要求各类生产经营者认真履行主体责任的同时,切实履行政府的公共服务职责,及时向各类生产经营主体提供预警信息和相关技术服务。

2.4.2　关口前移,建立科学高效的监测体系和污染粮食干预收购制度

为了防止污染物超标粮食流入口粮和饲料市场,切实维护消费者利益和保障种粮农民收益,一是要加强粮食产地环境和投入品监管,加大病虫害综合防治力度。二是要加强收获粮食质量安全监测,制定统一科学高效的监测计划,建立网格化的监测和排查体系,规范粮食质量安全信息发布。三是建立污染粮食干预性收购制度,建立应急机制和实施主体,在污染警示区实行污染粮食集中收购和定向销售;规范污染粮食处置办法,合理利用粮食资源;建立污染粮食收购定价机制和财政补偿机制,合理分担处置成本。

2.4.3　注重国情,完善粮食质量安全法规和标准体系

要充分分析我国国情,按照有利于保障粮食总量平衡、有利于确保质量安全风险可控、有利于充分发挥资源效用的原则,尽快完善粮食质量安全法规和标准。一是细化食品和饲料的分类,根据粮食的不同用途和产品类型、加工工艺等,科学设定粮食污染物限量标准,促进粮食资源合理利用。二是建立覆盖粮食生产、收购、储存、运输、加工、销售全过程的良好作业规范,明确生产经营主体的质量安全保障责任和义务,推进粮食生产流通全程标准化作业。三是建立粮食收购与销售检验出证制度,构建粮食质量安全追溯体系。四是建立健全污染粮食处置法规及相关技术规范,加强对污染粮食处置利用的监督指导。

2.4.4　创新驱动,加强粮食质量安全基础研究和应用研究

保障粮食质量安全,需要依托科技支撑。一是构建粮食质量安全监测预警技术体系,包括基础数据库的建设,共性监测预警技术的开发,监测数据质量的保障,质量安全状况的风险评估等,以全面提升粮食质量安全的保障水平,切实从源头保障粮食质量安全。二是开发污染粮食合理利用技术,充分利用生物、化学、物理等技术,研究污染粮食的无害化处置技术,保障粮食资源能充分合理的得到最大限度的利用。三是开发高效、快速、准确的粮食质量安全及品质指标检测技术,提高粮油收购工作效率,保障收购粮食质量和安全,为收购卫生把关、质量定等提供技术支撑。四是研究粮食质量安全过程追溯和控制技术,有效监管粮油生产和流通,实现粮食流通产业链条全程品质信息和卫生指标有效追溯监控以及转基因粮食及其制品可追溯等。五是加强粮油质量安全战略研究,增强质量安全研究的前瞻性、预判性,加大粮油质量安全的宣传。六是加强公益性农技服务体系建设,强化农技服务人员公益服务属性,加大稳定支持力度。要加大对粮食质量安全研究和科技成果转化的投入,在项目、经费、人才等方面给予扶持。

2.4.5　多方参与,健全粮食质量安全风险交流信息体系

加强现有政府机构粮食质量安全信息体系建设,整合来自政府有关部门、有关各方的信息,加强各相关部门之间粮食质量安全信息的共享。打破目前相关信息的部分分割现状,建立互通有无、高频次交流、共建共享的信息收集、整理、分析和传输利用机制,实现各部门在信件处理、风险信息通报和评估、行动决策、重大事故处理方面的共享、共商。采取有效措施加强面向生产经营者的粮食质量安全相关法律、法规、标准、规范及相关技术知识的宣传培训工作。充分发挥行业协会、媒体的作用,如发挥行业协会在宣传国家的法律法规和实行行业自律等方面的作用。加强社会舆论的监督作用,鼓励新闻媒体和消费者开展深入广泛的舆论监督工作,为政府监管创造更加有利的工作条件。

参 考 文 献

[1] 国土部. 中国 5 千万亩受污染耕地不能再耕种. http://www. infzm. com/content/97173. 2013-12-30

[2] 宋伟, 陈百明, 刘琳. 中国耕地土壤重金属污染概况. 水土保持研究, 2013,(02): 293-298

[3] 秦利. 美国食用农产品协会产品质量安全治理的做法和经验. 世界农业, 2012,(7): 45-56

[4] 罗斌. 国外粮食安全管理的经验与借鉴. 经济学家, 2012,(9): 97-100

[5] 张雪梅. 美国粮食流通及质量管理对我们的启示. 粮油仓储科技通讯, 2004,(6): 4-6

[6] 国家粮食局赴美意粮食政策考察团. 对美国欧盟的粮食政策考察. 中国粮食经济, 2001,(3): 24-26

[7] 时松凯, 陈倩, 穆建华, 等. 美国农产品质量安全管理分析与启示. 中国食物与营养, 2012,18(6): 8-10

[8] 王可山, 王芳. 发达国家农产品质量安全保障体系及其借鉴. 食品工业科技, 2012,33(1): 413-418

[9] 李墩贤. 欧盟食品安全法律体系的演进. 法制与社会, 2010,4: 53

[10] 尚珂. 日本粮食流通法制化管理及对我国的启示. 中国流通经济, 2004,7: 29-32

[11] 联合国粮食及农业组织. 2003 年全世界食品和饲料真菌毒素法规. http://www. fao. org/docrep/008/y5499c/y5499c02. htm. 2014

[12] Food and Agriculture Organization of the United Nations, Word Health Organization. Codex Alimentarius Commission Procedura Manual Twenty-first edition. Rome: Food and Agriculture Organization of the United Nations. 2013

[13] 朱伟平, 乔日红, 阎会平. 国内外农药残留最大限量标准比较研究. 农业技术与装备, 2011,1: 29-31

第3章 肉禽蛋食品安全控制技术发展战略研究

3.1 肉禽蛋食品安全现状形势分析

3.1.1 我国肉禽蛋食品产业发展现状

经过30多年的发展,我国肉禽蛋食品产业已基本建立起以现代肉类加工为核心,涵盖畜禽养殖、屠宰分割、肉制品加工、副产物综合利用、冷藏储运、物流配送、批发零售及相关配套行业的完整产业链条。目前,我国肉禽蛋食品产业正处在新的转型期,资本结构、技术装备、产品结构、产品质量、企业规模都在快速提升。

1. 总产量快速增长,人均占有量稳步提升

自1990年起我国肉类总产量已经连续20多年占据世界首位[1]。肉类产量的增长为肉类加工业的发展奠定了物质基础。虽肉制品产量逐年提高,但肉类深加工比例仍然处于较低的水平,维持在15%左右,与发达国家的50%~60%相差甚远。我国肉类消费以生鲜肉为主,肉制品消费量较低。1985年起我国一跃成为世界最大产蛋国。近些年禽蛋产量维持在2700万吨左右,占世界总产量的40%左右,禽蛋构成中85%是鸡蛋[2-7]。1990~2012年我国肉类总产量和人均占有量见表3.1。

表 3.1 1990~2012 年我国肉类总产量和人均占有量

年份	我国肉类总产量/万吨[1]	我国肉类人均占有量/kg	我国禽蛋总产量/万吨[1]	我国禽蛋人均占有量/kg	世界肉类总产量/万吨[8]	世界人均占有量/kg
1990	2 857.0	25	794.6	6.95	17 942.32	33.72
1991	3 144.4	27.1	922	7.96	18 350.21	33.93
1992	3 430.7	29.3	1 019.9	8.7	18 702.03	34.04
1993	3 841.5	32.4	1 179.8	9.95	19 076.58	34.19
1994	4 499.3	37.5	1 479	12.34	19 672.15	34.75
1995	5 260.1	43.4	1 676.7	13.84	20 251.27	35.27
1996	4 584.0	37.5	1 825.5	14.92	20 497.76	35.21
1997	5 268.8	42.6	1 965.2	15.9	21 028.27	35.65

续表

年份	我国肉类总产量/万吨[1]	我国肉类人均占有量/kg	我国禽蛋总产量/万吨[1]	我国禽蛋人均占有量/kg	世界肉类总产量/万吨[8]	世界人均占有量/kg
1998	5 723.8	45.9	1 897.1	15.21	21 808.92	36.50
1999	5 949.0	47.3	2 134.7	16.97	22 381.64	36.99
2000	6 013.9	47.4	2 182	15.54	22 993.83	37.52
2001	6 105.8	47.8	2 210.1	15.64	23 216.26	37.42
2002	6 234.3	49.9	2 265.7	15.92	23 923.77	38.09
2003	6 443.3	50.61	2 333.1	18.05	24 483.61	38.51
2004	6 608.7	50.8	2 370.6	18.24	24 969.66	38.80
2005	6 938.9	53.1	2 438.1	18.65	25 577.25	39.26
2006	7 089.0	53.9	2 424.0	18.44	26 291.97	39.88
2007	6 865.7	52	2 529.0	19.14	27 336.93	40.97
2008	7 278.7	54.8	2 702.2	20.35	28 095.78	41.60
2009	7 649.7	57.3	2 742.5	20.55	28 611.11	41.86
2010	7 925.8	59	2 762.7	20.6	29 348.50	42.43
2011	7 957.8	59.1	2 811.4	20.87	29 747.92	42.51
2012	8 387.2	61.9	2 861.2	21.13	30 238.98	42.71

注：世界肉类总产量包括禽蛋产量，人均占有量根据当年人口总数计算得到。

资料来源：中国肉类工业年鉴；中国统计年鉴；联合国粮农组织统计数据库（FAOSTAT）网站

2000～2012 年世界十大肉类生产国肉类总产量及人均占有量见表 3.2 和表 3.3。2000～2012 年美国的人均肉类产量最高，印度最低。法国人均占有量波动最大，2006 达到最低，之后开始回升；巴西、德国、俄罗斯都呈现明显的上升趋势；美国、意大利、中国、墨西哥和日本基本保持平稳状态，伴随小幅波动。

2. 产业集中度提升，区域分布渐趋合理

改革开放以来，我国畜牧业迅猛发展，先后经历三个阶段。一是 20 世纪 80 年代商品化、专业化、企业化发展阶段：以农户家庭养殖为主，专业户不断涌现，涉足畜牧业的企业出现；二是 20 世纪 90 年代规模化、企业化、产业化发展阶段：大型企业不断涌现，产业化经营迅猛发展以"公司＋农户"为主要经营形式的畜牧产业化组织得到了快速的发展，畜牧业龙头企业大量涌现；三是 2000 年后区域化、规模化、标准化发展阶段：区域化布局初步形成，规模化养殖持续增加，标准化生产力度加大。目前，我国畜牧业生产区域化布局已初步形成，主要有：以长江中下游为中心产区并向南北两侧逐步扩散的生猪生产带，以中原肉牛带和东北肉牛带为主的

表 3.2 2000～2012 年世界十大肉类生产国肉类总产量[8]

（单位：万吨）

年份 国家	2000	2001	2002	2003	2004	2005	2006	2007	2008	2009	2010	2011	2012
中国	5603.88	5642.64	5791.69	6085.27	6195.83	6455.07	6683.53	6870.45	7146.79	7458.90	7735.72	7719.00	7942.90
美国	3767.70	3784.63	3880.28	3873.37	3877.47	3954.00	4064.42	4167.20	4300.26	4164.35	4216.82	4245.28	4254.84
巴西	1542.49	1596.48	1729.84	1837.70	1990.80	1966.88	2044.14	2181.46	2285.88	2307.07	2363.01	2445.47	2496.13
德国	625.20	646.52	648.45	656.47	676.17	684.01	701.87	743.65	770.67	788.49	822.05	835.92	819.41
俄罗斯	444.03	445.13	470.36	495.04	499.40	491.41	523.65	575.56	631.11	676.65	721.38	756.65	813.73
印度	444.39	451.59	469.48	483.17	496.65	511.25	527.64	556.46	574.99	601.56	617.97	623.13	629.16
墨西哥	446.37	463.73	482.84	487.29	510.97	532.27	540.20	554.68	563.22	572.84	582.84	600.10	607.92
法国	650.23	651.92	647.82	634.38	612.80	576.26	529.68	541.64	583.47	577.61	580.93	583.16	569.04
意大利	408.13	415.88	420.65	400.59	408.59	398.25	395.05	410.63	413.45	418.26	428.50	417.79	425.01
日本	299.10	291.60	302.18	302.01	302.96	303.09	312.19	313.08	314.92	325.04	323.34	315.38	326.81

注：以 2012 年各国肉类总产量进行排序。

资料来源：联合国粮农组织统计数据库（FAOSTAT）网站

表 3.3　2000~2012 年世界十大肉类生产国肉类人均占有量

（单位：kg/人）

年份 国家	2000	2001	2002	2003	2004	2005	2006	2007	2008	2009	2010	2011	2012
美国	132.39	131.62	133.68	132.25	131.22	132.61	135.06	137.18	140.23	134.55	135.05	134.81	134.01
巴西	88.39	90.21	96.43	101.11	108.19	105.67	108.65	114.82	119.20	119.23	121.05	124.18	125.65
德国	74.86	77.35	77.49	78.35	80.64	81.59	83.82	88.98	92.43	94.79	99.02	100.84	98.96
法国	109.81	109.38	107.88	104.81	100.45	93.78	85.65	87.06	93.28	91.85	91.87	91.72	89.00
意大利	71.62	72.71	73.16	69.22	70.12	67.88	66.87	69.03	69.05	69.46	70.82	68.80	69.81
中国	43.77	43.81	44.71	46.71	47.28	48.97	50.40	51.49	53.23	55.20	56.89	56.41	57.68
俄罗斯	30.25	30.45	32.32	34.17	34.60	34.14	36.44	40.07	43.93	47.09	50.23	52.75	56.84
墨西哥	42.97	44.02	45.24	45.10	46.71	48.07	48.18	48.86	48.99	49.20	49.44	50.28	50.30
日本	23.79	23.15	23.94	23.87	23.90	23.87	24.56	24.60	24.73	25.52	25.39	24.77	25.68
印度	4.26	4.26	4.36	4.42	4.47	4.54	4.62	4.80	4.89	5.05	5.13	5.10	5.09

注：以 2012 年各国人均占有量进行排序。人均占有量根据总产量和各国人口总数计算得到

肉牛生产带,以西北牧区及中原和西南地区为主的羊肉生产带,以东部省份为主的肉禽生产带和以中原省份为主的蛋禽生产带[9]。

　　肉禽蛋产业集中度逐渐提升,大型龙头企业的带动作用日益显现,呈现出梯度态势(表 3.4)。2011 年禽蛋总产量排在前十位的区域分别是:山东、河南、河北、辽宁、江苏、四川、湖北、安徽、黑龙江、吉林,其产量合计 2206.0 万吨,占全国禽蛋总产量的 78.5%[7]。

表 3.4　　肉类加工产业分布状况

项目	一梯度	二梯度	三梯度
		以资产投入总量计	
区域	鲁、豫、川、辽、吉、苏、蒙、皖、冀、黑	京、闽、浙、鄂、粤、沪、湘、晋、津、渝	赣、陕、桂、新、云、甘、贵、青、宁、藏
		以产品销售收入额计	
区域	鲁、豫、川、辽、蒙、吉、冀、京、黑	鄂、湘、粤、皖、浙、闽、渝、沪、津、陕	赣、晋、桂、云、贵、新、青、甘、宁、藏
		以规模效益企业利润额计	
区域	鲁、豫、川、苏、辽、蒙、冀、皖、浙、闽	吉、湘、鄂、黑、桂、渝、赣、粤、沪、晋	津、陕、贵、云、甘、新、藏、青、宁

3. 产业链日趋强化,产业向纵深方向发展

　　据农业部统计,我国畜牧业总产值约占农林牧渔业总产值比重的三分之一,农村居民家庭经营纯收入中有 14.2% 来自畜牧业[10]。规模化屠宰增长加快,机械化水平进一步提高,半机械化屠宰厂(场)数量增加明显,行业集中度进一步提高。肉制品加工行业产业规模逐年攀升,逐渐向现代化、规模化、集约化转变。副产品综合利用技术水平较低,根据农业部农产品加工局开展的调查,2013 年我国畜禽屠宰加工副产物主要有骨、血、内脏、羽毛、皮毛等,产量总计 5620 万吨,畜禽综合利用率分别为 29.9%、59.4%[11]。副产品综合利用表现出加工简单、利用率差、附加值低等系列问题,其中畜血利用率不到总产量的三分之一,而发达国家对畜血和畜骨利用已达到非常先进的水平,畜禽血液用来批量生产各种血红素、血蛋白粉、免疫球蛋白、氨基酸、SOD 酶类、凝血酶,并广泛用于食品、饲料、肥料、制药和葡萄酒工业[12,13]。肉制品冷链储运普及率较低(表 3.5),且很难保证冷链的完整性,导致很大食品安全隐患。储藏保鲜技术也亟待实现大的突破。

表 3.5 我国冷链与发达国家冷链现状对比[14]

内容	发达国家	中国
食品物流成本占食品总成本的比例	50%	70%
运输能力	美国冷藏车 16 万辆,保温车 6 万辆,日本冷藏保温车 12 万辆	冷藏汽车 3 万多辆,冷藏列车 6970 辆,60% 以上为加冰车
冷藏运输率	美、日等国为 80%~90%	不到 50%,其中铁路 25%,公路 15%,水路 1%,空运 0.1%
流通环节	美国通常流通环节只有三个	大于等于五个环节

4. 产品种类日渐丰富,科技作用显现

我国肉类消费以生肉为主,生鲜肉中热鲜肉、冷鲜肉、冷冻肉并存于市场。肉制品存在"五多五少"的现象,即中低档产品多而高档产品少、同质化产品多而差异化产品少、猪肉制品多而牛羊禽肉制品少、西式制品多而中式制品少、国内品牌多而国际品牌少,其中火腿肠占肉制品产量的 30% 以上[2-7]。近年来,运用新型技术开发的低盐、低脂、无淀粉肉制品逐渐成为热销产品,有力地扭转了市场产品同质化严重的局面。

禽蛋消费绝大部分以鲜蛋形式消费,占产蛋量 90% 以上,用于蛋品加工的仅占蛋类总产量的 0.7%~1%,远低于发达国家的 15%~40% 的水平。而用于蛋品加工的禽蛋中,我国传统的咸蛋、皮蛋等再制蛋制品约占蛋制品的 80%,液蛋和蛋粉等深加工蛋制品不到 20%[15]。近些年,经过清洗消毒、涂抹保鲜的"洁蛋"逐渐占据市场,日渐成为蛋品消费的主流。

3.1.2 我国肉禽蛋食品安全现状

1. 近年来肉禽蛋食品全国质量监督抽查结果调研

根据 2006~2012 年国家质检总局和各省市质量技术监督局(以下简称质监局)监督抽查结果显示(表 3.6~表 3.8),我国肉禽蛋食品安全水平趋势稳中趋好。其中肉与肉制品抽检合格率一直保持在较高水平,鲜肉不合格项主要集中在兽药残留超标,肉制品主要集中在微生物超标和食品添加剂的超量使用上。蛋品合格率更高,部分省市的蛋制品抽检合格率甚至达到 100%,当然这与蛋制品产品种类单一不无关系。

表 3.6　2010～2012 年生鲜肉风险监测数据

抽样时间	抽样内容	抽样数量、地区	不合格原因	抽样合格率
2010 年	猪肉	北京,共抽查猪肉样品 300 件	沙丁胺醇超标	97.7%
	禽类	北京,共抽查各类禽产品 209 件	硝基呋喃类代谢物和喹诺酮类超标	94.7%
2011 年	猪肉	北京,共抽查猪肉样品 301 件	沙丁胺醇超标	99.0%
	禽类	北京,共抽查各类禽产品 202 件	硝基呋喃类代谢物和喹诺酮类超标	96.5%
2012	猪肉	北京,共抽查猪肉样品 300 件	—	100%
	禽类	北京,共抽查各类禽产品 200 件	硝基呋喃类代谢物超标	99.0%

资料来源:国家肉类食品质量监督检验中心

表 3.7　2006～2012 年肉制品风险监测数据[16]

抽样时间	抽样内容	抽样数量、地区	不合格原因	抽样合格率	合格率平均值
2006 年	熟肉制品	17 个省(直辖市)103 家企业生产的 125 种产品	微生物、防腐剂、标签	80%	81.5%
	酱卤肉制品	17 个省(自治区、直辖市)63 家企业生产的 80 种产品	磷酸盐、亚硝酸盐、微生物、标签	87.5%	
	熏煮香肠	12 个省(自治区、直辖市)	蛋白质含量低、标签不规范、防腐剂过量	80.6%	
	肉松、火腿肠	13 个省(自治区、直辖市)65 家企业生产的 82 种产品	色素、防腐剂、水分、蛋白质、淀粉、微生物、总糖	78%	
2007 年	肉干、肉脯产品	9 个省(直辖市)50 家企业生产的 50 种产品	大肠菌群、防腐剂、色素	86%	89.0%
	熟肉制品	21 个省(自治区、直辖市)140 家企业生产的 160 种产品(不涉及出口产品)	细菌总数、防腐剂、亚硝酸盐、色素、铅、标签	91.9%	
2008 年	冷冻猪肉、熟肉制品和肉类罐头	18 个省(自治区、直辖市)生产的 419 种产品	磺胺、铅、水分、感官	97.6%	98.3%
	熏煮香肠、火腿产品	10 个省(自治区、直辖市)60 家企业生产的 100 种产品	菌落总数、蛋白质、淀粉、防腐剂	99.0%	

续表

抽样时间	抽样内容	抽样数量、地区	不合格原因	抽样合格率	合格率平均值
2009 年	腌腊肉制品	11 个省(自治区、直辖市)130 家企业生产的 171 种产品	酸价、过氧化值、苯甲酸、色素、总汞	83.0%	88.0%
	熏煮香肠、火腿制品、酱卤肉制品、肉干制品	22 个省(自治区、直辖市)247 家企业生产的 299 种产品	蛋白质、防腐剂、微生物、色素、淀粉	93.0%	
2010 年	熟肉制品	27 个省(自治区、直辖市)210 家企业生产的 247 种产品	微生物、亚硝酸盐、酸价	94.7%	94.7%
2011 年	熏煮香肠火腿制品、酱卤肉制品、腌腊肉制品	28 个省(自治区、直辖市)227 家企业生产的 250 种肉制品	菌落总数、大肠菌群、沙丁胺醇、亚硝酸盐、日落黄、胭脂红、柠檬黄、苯甲酸、酸价	96.4%	96.4%
2012 年	熏煮香肠火腿制品、酱卤肉制品	25 个省(自治区、直辖市)196 家企业生产的 200 种肉制品	菌落总数、大肠菌群、苯甲酸、诱惑红、亚硝酸盐	97.5%	97.5%

资料来源：国家质检总局产品质量监督抽查公告

表 3.8　2007～2012 年蛋品行业风险监测数据

抽样时间	抽样数量、地区	抽样合格率	平均合格率
2007 年	北京、天津、河北、辽宁、上海、浙江、安徽、福建、湖北等省(直辖市)44 家企业生产的 58 种产品	86.2%	92.0%
	2 季度辽宁省蛋制品质量监督抽查	90.9%	
	3 季度北京市质量技术监督抽查	100%	
	4 季度上海市蛋制品质量专项监督抽查	91.1%	
2008 年	安徽质监局抽查的 23 组产品	100%	100%
	河南质监局抽检的 893 家企业生产的 28 种 918 批次产品	100%	
2009 年	福建质监局抽检的 24 家企业生产的 24 批次蛋制品	100%	95.6%
	安徽质监局抽检的 74 家企业生产的 123 组产品	91.1%	
2010 年	3 月份安徽质监局抽检的 39 组产品	97.45%	97.7%
	1 季度上海质监局抽检的 35 种蛋制品产品(皮蛋和咸蛋)	100%	
	4 季度上海质监局抽检的 36 批次蛋制品	100%	
	陕西质监局 3、4 季度抽检的 22 家企业的 30 个批次样品	93.3%	

续表

抽样时间	抽样数量、地区	抽样合格率	平均合格率
2011 年	安徽质监局抽检的 23 家企业的 34 组产品	100%	100%
	广州市质监局抽检的 13 个企业的 16 个产品	100%	
2012 年	上海市质监局抽检的 37 批次产品	97.3%	98.7%
	福建省质监局抽查全省 34 家企业生产的松花皮蛋、咸蛋、五香蛋等蛋制品 60 批次,合格 60 批次	100%	

资料来源:各省市质监局产品监督抽查公告

2. 近年来肉禽蛋食品安全突发事件统计与分析

与全国质量监督抽查结果相对应的是,肉禽蛋食品安全突发事件依然高发。表 3.9 是 2001～2013 年中央电视台统计报道的食品安全事件调研结果(表 3.9)。

表 3.9　2001～2013 年中央电视台统计报道的与肉禽蛋食品相关的食品安全事件

序号	问题食品	暴发时间	问题物质
1	死猪肉	2002 年 1 月	病死及死因不明
2	死狗	2002 年 4 月	不明死因
3	熏鸭	2002 年 8 月	金黄粉(磺酸苯基-7 偶氮萘酚)、亚硝酸盐
4	猪头肉	2003 年 9 月	变形杆菌
5	金华火腿	2003 年 11 月	敌敌畏
6	猪肉	2006 年 9 月	瘦肉精
7	红心鸭蛋	2006 年 11 月	苏丹红
8	卤鸭	2008 年	酸性橙Ⅱ
9	鸡蛋	2008 年 12 月	三聚氰胺
10	猪肉(广州)	2009 年 3 月	瘦肉精
11	禽肉、猪肉	2009 年年末	禽流感、口蹄疫
12	烤鸭油	2010 年 7 月	废弃油脂
13	一滴香	2010 年 9 月	丙二醇、2-乙酰基噻唑、2,5-二甲基吡嗪、肉类提取精油和进口香料等
14	猪肉(双汇)	2011 年 3 月	瘦肉精
15	黑心北京烤鸭	2011 年 5 月	劣质鸭
16	毒腊肉	2011 年 10 月	病死猪肉

序号	问题食品	暴发时间	问题物质
17	速成鸡事件	2012 年 12 月	肯德基使用未经检验、被喂食了多种抗生素 甚至是激素的白羽鸡做原料
18	注水牛肉	2013 年 1 月 27 日	河北石家庄注水牛肉事件
19	马肉事件	2013 年 1 月	瑞典、英国、法国和德国在部分牛肉制品中发现了马肉
20	假羊肉事件	2013 年 2 月 17 日	辽阳县以鸭肉、劣质原料、食品添加剂和 非食用物质制作羊肉

2001～2013 年中央电视台报道的 69 件突发性食品安全事件中,与肉禽蛋食品相关的事件共 20 起,占到了近 29%。可见与肉禽蛋食品整体安全水平相比,肉禽蛋食品安全的局部问题仍很突出,病死肉、注水肉、以次充好、掺杂使假、违法使用违禁药物等现象,仍然是食品安全治理中需要关注的重点问题。通过突发食品安全事件可以看出,养殖和生鲜环节是肉禽蛋食品安全事件高发区。

3.2　我国肉禽蛋食品安全控制技术现状

3.2.1　畜牧养殖安全控制技术现状

近些年来,我国高效优质畜产品生产技术得到大面积推广,科学的规模化、标准化养殖取得长足发展。规模化养殖的发展为实现服务指导、科技应用、疫病防控、产品销售、质量控制等措施的系列化、专业化、标准化提供了先决条件,从而保证养殖的经济效益和产品的优质化。畜种改良、饲料和饲料添加剂的应用、日粮结构的调节、预防和治疗用药的规范化应用以及育肥技术等标准化技术已在大规模养殖场中得到推广应用,推动了我国畜牧业的规模化和集约化发展。而随着消费者对畜产品要求的日益提高,标准更高的绿色养殖技术也逐步得到应用。节能减排、环境控制、绿色饲料、检验检疫等技术大大减少了养殖环节药物的使用,降低了有害物残留。随着科技的快速发展,生物技术和信息化技术也逐渐应用于养殖领域。以微生态制剂为代表的绿色饲料添加剂[17],以及基于 RFID 和 GPS 的可追溯系统,为畜牧养殖环节安全控制增添了技术保障。

3.2.2　加工与制造高新技术现状

"十一五"以来,针对低温肉制品加工关键技术、传统肉制品的工业化及标准化生产和西式发酵肉制品加工关键技术开展了深入研究,形成了一系列加工关键技术和共性技术,提高了低温肉制品、传统肉制品和西式发酵肉制品产品品质和质量安全水平。一系列肉类加工新技术,如栅栏技术、快速腌制技术、嫩化技术、凝胶技术、乳化技术、发酵技术、风味控制技术、颜色控制技术、腐败菌靶向抑制技术、有害生成物控制技术、非热加工技术以及清洁生产技术等[18],逐渐推广应用,已经在肉类食品的安全、卫生、方便、降低成本和保护环境等方面已经产生巨大效益。

在冷却肉加工关键技术研究方面取得了一系列重大技术突破,采用冷却肉生产工艺技术(初始菌落控制技术)、冷却肉护色技术、冷却肉汁液流失控制技术、冷却肉保鲜技术、包装技术等,使冷却肉初始菌数控制在 $10^{-3} \sim 10^{-4}$ cfu/g,汁液流失控制在 1% 以下,颜色稳定期和产品货架期达到 20 天(0~4℃)[19]。在发酵肉制品研究方面,开展了菌种选育、发酵剂产业化及发酵肉产品化研究及应用基础。

3.2.3　质量安全控制技术现状

溯源技术、真伪鉴别技术、在线快速检测技术、微生物测报技术、食品安全风险评估技术、食品安全检测预警技术、食品质量全程控制技术以及食品安全标准体系等的研究与应用,极大地提高了肉类食品质量和安全水平。在肉类流通领域,城市区域基本实现"冷链"化,采用配送、连锁超市、肉类专卖店等现代化方式经营。广大农村区域,冷链体系有待于进一步发展,肉类以热鲜肉、冷冻肉,以及高温肉制品销售为主。

3.2.4　副产物综合利用技术现状

"十一五"以来,我国加大了对畜禽副产物综合利用研究的支持力度,取得了显著成果。当前,我国利用畜禽副产物已经能够生产 400 多种产品,主要包括用于饲料工业的肉骨粉、羽毛粉、血粉等;用于食品及保健品原料的氨基酸、血浆蛋白粉、血红蛋白粉、血肽、明胶、骨粉、骨泥、骨素等;用于医药原料的胃膜素、硫酸软骨素、胰岛素、肝素、人工牛黄等;用于农作物种植业的有机肥等。在现代分离技术、自动化实时监控生产技术和产品检测技术等高新技术的支撑下,畜禽副产物综合利用水平不断提高,取得了较高的社会经济效益。

3.2.5　屠宰与加工装备研发与应用现状

20 世纪 90 年代以来,我国畜禽屠宰与肉类加工装备发展比较落后,某些实力型大企业花费巨额外汇大量引进国外先进设备。经过十多年发展,目前我国肉类机械制造厂家能生产 90% 以上的肉类加工设备[20,21],几乎覆盖了屠宰、分割、肉制品、调理食品、综合利用等所有加工领域,而且所制造的设备已开始接近国外同类产品。例如,斩拌机、盐水注射机、连续式真空包装机、油炸机等。这些设备在我国肉类工业中已起到了很大的作用,推动了肉类工业的发展。而且已有多家企业开始拓展海外市场,逐步与国际接轨。但从整体技术水平来看,我国大部分肉类加工设备还处在欧美 80 年代的水平,只有很少量的已达到 90 年代的水平。

"十一五"以来,政府加大了对畜禽屠宰加工行业装备制造业研发支持力度,推动了肉类屠宰加工装备国产化,开发了大批国产化屠宰加工技术和装备,如真空采血装置、自动控温(生猪)蒸汽烫毛隧道、高效脱毛技术及设备、履带式 U 型打毛机、自动定位精确劈半机、全自动及手动可调式电刺激仪、肉品全自动定量灌装机、自动打卡机、畜禽肉高效节能冷却设备和冷库恒温控制装置等。这些技术与装备实现了对引进技术与装备的消化与吸收,提高了屠宰生产的自动化与现代化程度和国产化率,在一定程度上摆脱了国外技术垄断与制约。在中式传统肉制品加工的原料处理设备研发方面,如高效脱毛技术及装备研制实现了重大创新。

3.2.6　标准体系与质量控制状况

目前我国已颁布《食品安全法》等 34 部有关食品的法律法规和 2 万多个国家标准[22]。其中肉与肉制品相关标准体系目前已相对完善,形成了包括国家标准、行业标准、地方标准和企业标准层级结构,涵盖生产管理标准、检验方法技术标准、产品标准、生产设备标准的体系,目前初步统计肉类相关标准 600 余项[23]。另外根据强制力不同,还可分为强制性标准和推荐性标准。

在所有肉类相关标准中,以检验方法标准居多,占到肉类标准总量 54% 以上,其中除了肉类常规成分检测标准外,还包括微生物检测方法标准和兽药残留检测方法标准。兽药残留检测方法标准在国家标准和行业标准,尤其是进出口肉制品检测方法标准中占有较大的比重。在所有肉类相关标准中,生产设备标准仅占到4%,显示出我国在肉类生产设备方面与国外的差距。

我国除制定了 234 项肉类相关国家标准,还制定了 276 项行业标准,以及 101 项地方标准[24],行业标准和地方标准经实践检验后可以上升为国家标准,而国家标准也可能因为科技的进步和行业的发展而降为行业标准,甚至废止。

3.3　食品安全国际先进经验借鉴——国外肉禽蛋食品安全控制技术现状与趋势

3.3.1　养殖安全控制技术现状与趋势分析

1. 饲料应用与管理技术现状与趋势

饲料是畜禽赖以生长的最基本的食物。只有优质安全的饲料,才能够促进动物生产性能的充分发挥,达到最佳健康养殖状态。危害分析与关键控制点(Hazard Analysis Critical Control Point,HACCP)管理是在饲料领域较为成功的安全管理控制模式。多数发达国家或地区都已把 HACCP 管理作为强制性管理模式加以推行[25]。在饲料生产中该模式强调的是对最终危害人的药物、毒害物质、化学物质的残留和微生物污染控制,涵盖了整个生产步骤。HACCP已被美国食品、饲料管理部门和生产商所普遍采纳,并作为建立质量保证体系的依据。

近年来,转基因农作物及其副产品以其独有的优势在世界粮食和饲料资源中扮演了越来越重要的角色。目前世界上转基因作物的种类主要有玉米、大豆、棉花和油菜,约占全部转基因作物的 86%[26]。国外研究转基因作物对饲料安全的影响有很多,主要是转基因作物的安全性和营养性的评估。在转基因作物食用安全问题上,目前没有获得一致的观点。有专家认为,转基因农作物对环境污染、人类健康及生物多样性的保护都有可能产生威胁。转基因有可能产生以下问题:食品的过敏性;标记基因的安全性;转基因的逃逸;转基因作物对非靶生物的影响;病毒的重组、异源包壳及协生作用。由于转基因饲料应用于生产和消费的时间较短,安全性和可靠性都有待于进一步研究,其可能导致的一些遗传和营养成分的非预期改变,可能对人类健康产生危害。

2. 饲料添加剂应用与管理现状及趋势

饲料添加剂是为满足特殊需要而加入饲料中的少量或微量营养性或非营养性物质。其对强化基础饲料营养价值,提高动物生产性能,保证动物健康,节省饲料成本,改善畜产品品质等方面有明显的效果。饲料添加剂已成为配合饲料中不可缺少的组成部分。世界各国都对饲料添加剂进行了严格管控,美国、日本、欧盟等国家和地区均公布了各国的饲料添加剂目录。在对待抗生素饲料添加剂方面,欧美等国因抗生素的负面作用逐渐禁用。早在 1986 年,瑞典就宣布全面禁止抗生素用作饲料添加剂,成为首个禁用饲用抗生素的国家[27]。随后欧美各国纷纷仿效。与此同时,抗生素替代品逐渐问世,酸化剂、酶制剂、微生态制剂、化学益生素、中草药添加剂和卵黄抗体等绿色饲料添加剂成为研究热点和发展趋势。

3. 养殖环境管理技术现状与趋势

全球范围内的环境污染造成的种植业、养殖业污染已经成为影响食品安全不可忽视的因素。种植业的污染直接导致畜牧养殖业饲养环境的恶化,增加了畜牧养殖的安全风险。畜牧养殖自身产生的环境污染更直接影响养殖环境。动物排泄物中大量氮、磷、铜、砷等有害物质可造成土壤污染、植物中毒和水质恶化,增加了氨、硫化氢等臭气的浓度,污染人类和动物生活的环境,从而容易诱发人类和动物疾病。

国外规模化养殖场普遍采用的环境控制技术有辐射灭菌、使用防霉包装袋、添加防霉剂、化学消毒和辐射结合防霉、控制真菌遗传密码等,可以有效控制因饲料霉变引起的养殖环境污染。丹麦、瑞典等国采用无害饲养技术来改善饲养环境,通过改进饲料配方减少粪便中氨气的蒸发量,促进钙和磷的消化吸收,制定新的粪便标准和动物单位标准等,努力将各种污染减少到最低限度[28,29]。另外,还制定法律对农场面积和农场主可拥有家畜的数量的限定。

4. 疫情防控体系与技术现状及趋势

目前,官方兽医制度是大多数国家公认有效并普遍采用的兽医管理制度,其将动物饲养、屠宰加工、市场流通和出入境检疫等各个环节置于全过程的、系统的、有效的动物防疫监督管理之下,具有科学性、系统性、完整性。官方兽医制度大致分为三种类型:第一种和世界动物卫生组织(OIE)规定的完全一致,属于典型的垂直管理的官方兽医制度,以欧洲和非洲的多数国家特别是欧盟成员国为代表;第二种采取的是联邦垂直管理和各州共管的兽医官制度,以美国和加拿大为代表;第三种采用的是州垂直管理的兽医管理制度,以澳大利亚和新西兰等国家为代表。据2005 年 OIE 对 143 个成员国的调查,65%的国家采取国家垂直管理的做法,7%是省或州内垂直管理,实现了对疫情疫病的有效防控和快速反应[30]。

5. 有机(绿色)畜禽产品生产技术现状与趋势

发展有机农牧业生产,包括有机畜禽产品生产加工,是当前国外发达国家农业增长最快的部分。有机畜禽产品的原料来自于有机农业生产体系或野生动物;在生产和加工过程中必须严格遵循有机食品生产、采集、加工、包装、储藏、运输标准,禁止使用化学合成的农药、化肥、激素、抗生素、饲料添加剂、食品添加剂等,禁止使用基因工程技术及该技术的产物及其衍生物。有机食品生产和加工过程中必须建立严格的质量管理体系、生产过程控制体系和追踪体系。在世界范围内,美国和欧盟是采用有机农业生产水平最高的国家和地区。2009 年,全球有机食品市场份额达到 549 亿美元[31]。2007 年美国的畜禽肉类有机产品销售额达 11 亿美元[32,33]。2012 年荷兰有机食品销售额首超 10 亿欧元[34]。

3.3.2　加工环节安全控制技术现状与趋势分析

1. 动物福利现状与趋势

自 1980 年以来,欧盟及美国、加拿大、澳大利亚等国家和地区都进行了动物福利的立法,并在畜禽饲养、运输和屠宰过程中实施。瑞士政府已通过立法禁止出售和进口由笼养系统生产的鸡蛋。1998 年 6 月,丹麦议会通过了一项关于妊娠母猪和青年母猪室内装置的法令,要求母猪在配种后 4 周之内应散养,直到预产前 7 天为止。同时,猪舍内部应安装淋浴系统或类似装置以调节室温。猪舍地面应铺设草垫,不能铺设粗糙和带根的材料。目前世界上已有 100 多个国家建立了完善的动物福利法规[35]。不少欧美国家要求供货方必须提供畜禽或水产品在饲养、运输、宰杀过程中没有受到虐待的证明才准许进口[36]。

2. 胴体减菌技术现状与趋势

胴体减菌技术是冷却肉生产中的关键技术之一,它能降低胴体的初始菌数延长产品的货架期。国外展开研究和应用的减菌技术有热水喷淋减菌、蒸汽清洗减菌、化学物质喷淋减菌、辐照除菌、肉类表面超高温巴氏杀菌、超高温巴氏杀菌结合电子束辐射杀菌技术灭菌以及多措施结合应用的复合除菌等[37]。

3. 加工过程品质改良技术现状与趋势

通过遗传育种、营养干预、环境条件控制等措施使猪肉的产肉性能得以大幅度提高,但猪肉品质和安全性在一定程度上受到影响,尤其是白肌肉(PSE 肉)、黑干肉(DFD 肉)等异常肉多发及药物残留严重。通过加工过程畜禽品质改良,大幅提高畜禽加工性能,可以有效改善猪肉品质和安全水平。目前,国外普遍采用嫩化技术提高肉类产品的嫩度,如采用低温吊挂自动排酸成熟法、机械嫩化法、电刺激嫩化法、超高压嫩化法、超声波嫩化法、外源酶嫩化法、内源蛋白酶嫩化法和基因工程嫩化方法可提高牛羊肉的嫩度。蛋白质组学技术在畜禽品质改良中也得到一些应用。另外,利用现代生物技术和经典育种、营养调控手段改良畜禽肉类品质成为热点,但由于转基因存在的争论,目前仍停留在研究阶段。

4. 有害物控制技术现状与趋势

食品加工过程中有毒有害物质主要包括:晚期糖基化终末产物(AGEs)、杂环胺(HAAs)、丙烯酰胺(AM)和反式脂肪酸(TFA)[38]。AGEs 是美拉德反应产生的一类化合物,目前已发现 20 多种 AGEs。杂环胺(HAAs)是蛋白质类食品在高温烹调加工中产生的一类具有致突变、致癌作用的物质。AM 是一种中等毒性的亲神经毒物,具有积聚性,是人类潜在的致癌物。TFA 是含有反式构型双键的一类不饱和脂肪酸的总称,它是油脂类食品中常见的一类危害物成分。这些化学物质一般均具有积聚性,被摄入人体后,会产生潜在的食品安全隐患,危害人类健康。正是出于对这些物质危害性的认识,国外正加大食品加工过程中有毒有害物质的控制研究。相关技术的成熟与应用将有效提高加工环节食品安全控制水平。

5. 以高压处理技术为代表的非热加工技术

通过高压处理能够有效地延长肉类的货架期,能够改变钙激活酶活性,抑制微生物,改善凝胶特性,提高嫩度等,研究高压对鲜肉的嫩化机理,高压对凝胶保水性、乳化性的影响,高压对不同肉制品风味的影响,高压对肉及肉制品各成分的影响以及高压处理的影响因子和工艺参数等。其他食品非热加工技术,如高压脉冲电场、高压二氧化碳、电离辐射、脉冲磁场等方法,在肉类食品的杀菌与钝酶方面,与热力杀菌相比,对食品的色、香、味、功能性及营养成分等具有很好的保护作用,能够在很大程度上保证产品原有的新鲜度、确保产品的质量。目前,超高压、高压二氧化碳等非热加工技术在美国、日本、法国等发达国家已经得到了产业应用。非热加工技术还可应用于食品功能成分的提取、食品大分子的改性等方面。

6. 产品综合利用技术现状与趋势分析

畜禽副产品的合理利用,一方面关系到资源的有效利用,另一方面直接关系到饲料和食品的原料安全。自 20 世纪 80 年代以来,畜禽骨的开发利用就受到世界各国的重视。丹麦、瑞典、美国、英国等发达国家最先成功研制出畜骨加工机械及骨泥、骨粉等产品;日本从 20 世纪 80 年代开始成立"骨有效利用委员会"等相关组织,采用超微粉碎技术研发骨味素、骨味汁和骨味蛋白肉等系列食品。随着生物工程技术的发展,酶解法以其资源利用率高、节能、成本低、效益显著等优势,成为技术发展的新方向。在欧洲和日本等国家和地区,猪血主要被用来开发肽类试剂、药物以及功能性食品添加剂,其利用率已达 50% 以上[39]。对畜皮的利用主要是通过酸、碱、酶的作用对畜皮进行水解,可以得到不同分子质量的产物,包括胶原、明胶、水溶性明胶、多肽、短肽和氨基酸。畜禽脂肪是指以构成畜禽有机体的脂肪组织所提炼出的固体或半固体脂类,传统的应用主要是作为食用油,是膳食结构中脂肪营养素的重要来源。

另外,通过超声、微波等技术,采用生化分离提取技术,从畜禽副产物原料中直接提取功能因子,如超氧化物歧化酶(SOD)、弹性蛋白酶、谷胱甘肽、降血压肽、免疫球蛋白、磷脂、血红素、胶原蛋白等,做成各种生物制品,达到原料资源充分综合利用,效益最大化。

3.3.3　流通安全控制技术现状与趋势分析

1. 冷链技术现状与趋势分析

国外冷冻设备发展迅速,各种制冷机和速冻设备齐全。冷藏运输以冷藏集装箱多式联运为主要发展方向。据联合国贸易和发展会议的统计数据,2005 年全球食品冷藏能力达到 10 亿立方英尺①,其中冷藏集装箱能力超过 60%[14]。要保证冷链的高效运作,除了先进的冷藏设施和技术外,还需要有先进的冷链信息系统来进行有效的管理。信息系统中应用较多的技术有电子数据交换(EDI)和全球定位

---

① 1 立方英尺＝2.832×10^{-2}立方米

系统(GPS)等。美国是运用信息技术最发达的国家之一。美国的肉类产品冷链系统较早就开始运用信息技术来进行统一管理。日本吸取美国的成功经验与成熟技术,充分利用其互联网的优势在各大型肉类批发市场、肉类生产厂家以及与各销售商之间均建立起网络连接,及时进行信息交换,提升自己冷链系统的信息化程度。

2. 包装技术现状与趋势分析

发达国家针对不同的肉禽蛋产品发展了多种包装形式,如真空包装、气调包装、活性包装等。近年来,国外的研究集中在不同包装形式下,肉类产品的食用品质变化、保质期变化等[40]。同时,包装材料在储藏、运输过程中内在成分的迁移及对食品产生的影响成为社会广泛关注的热点。因此,新型高阻隔环保型的畜禽包装材料的研发,以及包材在各种加工储藏条件下内在成分的迁移及安全性研究,成为食品包装领域亟待解决的问题。

3.3.4 全程安全控制技术现状与趋势分析

1. 微生物预报技术和货架期预测技术现状与趋势

20世纪八九十年代,由于食品安全问题的严峻形势,预测微生物学的研究对象主要是食品中的病原菌(如单核增生李斯特菌、沙门氏菌、金黄色葡萄球菌等)。畜禽储藏过程的腐败微生物的消长是产品货架期的重要指标,随着食品企业对自身产品品质问题的关注,腐败菌的研究也逐渐发展起来,并且对这些细菌进行建模。近年来美国、英国、澳大利亚、丹麦等国更是致力于微生物预测软件开发,旨在对食品货架期进行有效的预测,并对致病菌进行风险评估。

2. 快速检测技术现状与趋势

近些年,农兽药残留、化学污染物快速检测技术,病原微生物与腐败微生物快速检测技术,畜禽品质快速检测技术发展迅速,成为畜禽安全控制中定性检测的重要手段。如采用色谱技术、免疫学技术,建立农药、兽药抗体高效制备技术平台和标准化的抗体库,研发农药、兽药与饲料添加剂残留检测试剂(盒);采用分子生物学技术和免疫学技术,建立致病菌和腐败菌的快速检测技术;采用分子生物学技术、超声波技术、生物传感器技术、免疫学技术、高效毛细管电泳分析技术、近红外光谱、核磁共振、计算机视觉等技术及相关设备对食品质量进行快速度定级和掺假鉴别。

3. 质量安全管理体系现状与趋势

HACCP体系、卫生标准操作程序(SSOP)、GMP等能够较好地实现对肉类食品生产、流通的安全控制,在国际上普遍推行。近年来发展起的肉类食用品质保证关键控制点(PACCP)技术,通过研究肉类食品生产、加工和烹制方法,在加工业建立一系列指导文件,最终提高和保障肉类食品的风味、多汁性和嫩度等食用品质。例如在澳大利亚,首先在 12 700 个样品的生产、加工和感官数据基础上建立测量系统分析(MSA)数据库,目前该数据库包含 400 000 个样品和 60 000 名消费者对这些样品的感观评价数据。应用多元回归的方法建立模型,通过输入生产、加工和增值环节等变量,来预测个别肌肉经过系列烹饪后的适口性。

4. 风险评估和预警现状与趋势

欧盟、美国等国家和地区建立起以风险分析为基础的食品安全控制体系,保障食品安全。采取导向性预防措施,以最大限度地防止危害发生。食品法典委员会(CAC)于 1998 年和 1999 年拟定了"微生物风险评估的原则和指导方针草案"与"微生物危险性评估的原则和指导方针",欧盟也建立了食品和饲料快速预警系统(RASFF)。风险分析主要包括风险评估、风险管理和风险信息交流,已经成为世界各国建立食品安全控制体系、协调食品国际贸易、解决食品安全事件的基本模式。针对致病性微生物及其毒素预防控制、农药兽药、重金属残留检测与控制及转基因肉类产品的风险评估等成为风险分析与预警的重点。

5. 食品可追溯系统现状与趋势

食品可追溯系统作为食品安全控制体系的重要组成部分,在多数发达国家已经应用和推广,取得了显著的成效。可追溯系统是建立于食用农产品生产、加工、储运、销售和消费过程的信息记录和信息追溯体系,即从农田到餐桌的过程跟踪或从餐桌到农田的危害物源头追溯技术;污染物溯源技术是指以调查危害物来源或取证为目的的追溯技术。当前畜禽可追溯方法可以分为物理方法(标签溯源技术,如条形码、电子标签等)、化学方法(包括同位素溯源技术[41]、矿物元素指纹溯源技术、有机物溯源技术等)和生物方法(虹膜特征技术和 DNA 溯源技术[42])。

3.3.5　质量安全标准现状与趋势分析

目前,按照标准的属性和类型分类,国际组织和西方发达国家畜产品标准分为两大类:一类是具有强制执行属性的技术法规,类似我国的强制性标准;另一类是技术标准,国外的技术法规是技术标准的指导性文件,技术标准是对技术法规的细化,两者相互配合。按照国家进行分类,一是欧盟与美国,以技术法规为主,标准为辅,技术法规占据大多数,标准很少,如欧盟标准化委员会发布的以 EN 命名的全部食品标准仅有 100 项,且绝大多数是产品检测方法标准;二是我国、俄罗斯、澳大利亚、新西兰以及国际组织,主要以卫生标准和推荐性的产品标准为主;三是日本、韩国和东南亚等国,将技术法规和标准混合执行,两者各占相当的比例。目前,西方发达国家畜产品标准制修订进入常态化、法制化、规范化建设阶段。标准体系日臻完善,从系统上建立了畜产品饲料防控、检验检疫、质量规格标准、可追溯、标识与召回制度,强化风险评估,提高进口产品安全限量标准,进而保障食品安全。这些生产、消费和贸易大国凭借经济和技术优势,对畜产品进口国制定了严格甚至苛刻的标准,形成新的技术性贸易壁垒[43]。同时这些国家的标准体系坚持长期稳定与适时变化相结合的制修性原则,且注重企业和公众参与,并且重视与 CAC、ISO合作,标准制修订日益国际化。

3.4　食品安全问题剖析

3.4.1　肉禽蛋食品潜在的食品安全隐患

1. 源头污染潜在安全隐患

农作物滥用农药、化肥等造成农药残留过高,最终导致饲料污染;转基因农作物作为饲料是否存在潜在安全风险,需进行严格的风险评估;饲养环节非法使用违禁或淘汰药物(如瘦肉精),滥用兽药(如抗生素、激素、兴奋剂等),最终导致兽药残留过高;违法喂食非食用物质,如在饲料中添加三聚氰胺、硫酸铜等,以提高蛋白质指标或皮毛价值;新饲料的应用及饲料的不规范使用,导致原料肉磷酸盐含量过高;污染水体中的持久性有机污染物和重金属会在畜体中富集,进而对人体健康构成严重危害。

2. 屠宰加工环节潜在安全隐患

新的"注水肉"潜在风险:局部地区出现在生猪饲料中添加特殊药物,药物经体内代谢后,使猪感到口渴,进而大量饮水,且不排泄,待时机成熟对过度饮水的猪进行宰杀,从中牟取暴利;检验检疫技术及装备水平落后,检验检疫成本高,导致屠宰环节漏检率极大,实现头头检疫根本不现实;交叉污染现象较为严重,加工装备设施、加工媒介、加工过程、健康病畜交叉接触等造成致病菌污染;质量安全控制体系不健全,屠宰、冷冻、冷却、分割温度控制不合理,导致腐败变质。

3. 肉制品加工环节潜在安全隐患

超量超范围使用添加剂(如亚硝酸盐、苯甲酸钠等),使用成分不明的复配型添加剂,躲避监管;违法添加非食用物质,如在肉制品加工中使用含有致癌物的皮革蛋白粉;使用掺假作伪或差、劣、病等原辅料;使用皮毛动物如貉子、狐狸等生产肉制品(多集中在河北、东北地区),如"酱牛肉"、"酱驴肉"。主要存在两方面安全隐患:一方面未经检验检疫,另一方面重金属超标。违规使用老母猪肉,通过注射牛肉香精、加入色素等方法,冒充其他畜肉来欺诈消费者,如用老母猪肉制作"酱牛肉"等;利用过期肉进行回收,作为工业生产原料;违法销售病死畜禽,使用病死畜禽加工肉制品。屠宰企业对病死畜禽不进行无害化处理,不法商贩收购加工病害畜禽,违法进行制售活动;以价格低廉的鸡肉、鸭肉为原料,添加牛油、羊油制成调制品,冒充价格高昂的牛羊肉等;以鸡肉、鸭肉或宠物肉等为原料,通过牛羊油、排泄物等浸泡,冒充烧烤肉类食品;肉制品中新资源食品的应用缺少风险评估,如鳄鱼肉、貉子肉、狐狸肉等,需要有严格的审查制度作为保障;我国是世界上最大的畜禽杂碎进口国,由于畜禽杂碎的特殊性,更易蓄积有害物质,重金属、农兽药残留量比一般的肉高很多,存在很大的食品安全隐患;使用品质低劣的香辛料、辅料等,香辛料存在重金属超标、农药残留过高等问题,植物性辅料中含有蛋白过敏因子。病原微生物控制不当,致病性大肠杆菌、金黄色葡萄球菌、沙门氏菌、单核增生李斯特菌、肉毒梭菌等病原微生物是造成食物中毒的主要原因。

4. 流通销售环节潜在安全隐患

冷鲜肉和低温肉制品冷链体系不完善,存在冷链中断等问题;存在流通环节制假贩假、以次充好、将腐败变质食品重新流通等现象;运输、储存过程中卫生条件差、从业者素质较低操作不当造成二次污染。

3.4.2 我国肉禽蛋食品安全控制技术存在的差距分析

1. 畜牧养殖水平差距分析

目前,我国畜牧业进入了一个新的阶段和新的起点。畜牧业发展对现代农业建设、推动经济社会发展的贡献在逐步加大,但同时面临一系列棘手的矛盾和问题,严重阻碍着现代畜牧业的建设步伐。良种资源方面,国外商用杂交种大量"侵入",致使国内名优品种资源濒临灭绝。目前我国大多数育种公司的繁育体系中顶端核心种畜禽资源长期依赖进口,对于种畜禽我国都处于"引种—维持—退化—再引种"的恶性循环中,许多引进品种都没有形成自己的体系。畜禽疫病防治方面,我国畜牧饲养60%以上采取分散户养方式,生产及防疫不规范,防疫难度大,疫病防控形势严峻。由于各地区的技术和管理的差异,使得我国对畜牧业疫病的监控力度参差不齐。总体说来,兽医防治体系不健全,与国际兽医卫生组织要求有一定的差距,畜禽疾病问题严重。畜禽产品安全方面,抗生素、化学合成药物和饲料添加剂等在畜牧业中的广泛应用,因操作和使用不规范以及监督措施不到位,造成畜产品中时有兽药、重金属和激素的残留。养殖场和产品加工厂存在的病毒、细菌和寄生虫直接污染畜产品,限制了出口和内销。生态环境方面,畜牧业环境污染问题变得日益突出,大多数养殖户普遍缺乏环保意识,忽视排污设施建设,污染治理设施简陋,治理手段落后。大剂量使用高铜、高锌及其他金属元素等矿物质添加剂,造成排泄物中矿物质含量超标而影响土壤生态。草原生态也面临危害,90%的可利用草原不同程度地退化,草原超载过牧严重。我国畜牧养殖业亟待破解安全和可持续发展的难题。

2. 产业化水平差距分析

我国是世界第一畜禽生产大国,但不是畜禽生产强国。生产加工能力较低,整体水平急需提高。作为全球肉类产量最多、生产增长最快的国家,我国肉制品的加工量与巨大的生肉产量不太相称。我国肉类行业的发展基础还相当薄弱,肉类产业的整体水平仍然不高,大规模的现代生产方式与传统的小生产方式并存,先进的流通方式与落后流通方式并存,发达的城市市场与分散的农村市场并存。肉类加工企业数量庞大,技术装备落后,创新能力和经济实力不强,在物流配送、保鲜包装、营销手段等方面,传统落后的方式仍占主导地位,没有形成现代化的经营体系,很大部分产品是通过集贸市场销售的。尤其是技术落后的小企业众多,影响了行业整体素质的提高。

我国肉类加工企业规模偏小,工业化程度和生产集中度有待于提高。以猪肉为例,2006 年我国行业前三强双汇发展、雨润食品和大众食品(金锣)的屠宰总量不到我国生猪屠宰总量的 5%,而美国前三家肉类加工企业总体市场份额已超过65%。我国猪肉加工前四强双汇发展、大众食品(金锣)、雨润食品和得利斯的加工能力占规模以上企业加工能力的比重不到 10%,而美国猪肉前四强加工能力的比重在 50%以上,荷兰猪肉前三强加工能力比重超过 74%[2-7]。目前,我国的屠宰及肉制品产业非常分散,全国肉类行业有 3 万多家畜禽定点屠宰及肉类加工企业,其中规模以上企业 3693 家,行业集中度比较低。

3. 加工水平差距分析

目前我国肉类工业仍以初加工产品居多,精深加工产品比重较低,2010 年我国肉类制品产量占肉类总产量的 15.1%,而欧盟、美国、日本等发达国家和地区则达到60%~70%[6]。近年来,我国肉制品深加工率稳步提高。在未来的几年中,随着规模以上企业的快速发展、中式传统肉制品的工业化等众多因素的共同推动,肉制品深加工的比重将得到迅速提高。但国内畜牧养殖、肉类生产的产业链还比较脆弱。

加工产品方面,在发达国家市场上,低温肉制品为主导产品,而我国低温肉制品起步较晚,虽然已经具有一定的规模,但整体上在原辅料初始菌数控制、加工环境工艺操作等卫生条件的有效控制技术、食品加工高新技术的应用(辐射技术、微波技术、超高压技术、抗菌包装技术和新型气调包装技术)、冷链流通保障等方面还有很大的差距。在我国,传统风味肉制品品种有 500 多种,主要是为数不多的腌腊、酱卤、烧烤、干制品和一些低档的肠类制品,生产工艺大多为非连续性生产,问题主要表现为产品结构不合理,产品科技含量低,产品开发能力不足。

4. 加工装备水平差距分析

加工装备水平是一个行业发展的标志,也是行业发展的保障。我国在肉类加工相关机械设备和肉类烹饪相关设备方面还是短板,与欧美等发达国家差距较大。近年来,我国食品机械的研制、生产水平虽有进步,但其内在性能、外观等方面仍有诸多缺点,整体水平较发达国家落后近 20 年,主要是与一些关键技术领域自主创新能力的滞后有关,缺乏食品本身科研成果的基础性支撑。以包装机械为例,我国食品包装机械已基本满足国内的需求,具有传动复杂、技术含量高的设备,并呈现出现规模化、成套化、自动化的趋势。当前发达国家十分重视提高包装机械及整个包装系统的通用能力和多功能集成能力,已将微机控制、激光技术、人工智能、光导纤维、图像传感、工业机器人等高新技术成熟地应用于包装机械,使得包装机械产品的性能、外观质量有显著的提升。而我国的包装机械在产品品种、成套数量、产品稳定性、可靠性,以及新产品开发能力等方面差距较大。

在畜禽屠宰、肉类加工机械方面,我国许多产品主要还是仿制国外产品,引进后稍加国产化改进,难以做到开发创新。并且在产品研制上以西式肉制品设备为主,传统中式肉制品连续生产设备缺乏。这是中式肉制品难以达到标准化、规模化生产的重要原因之一。因此,大力开发传统肉类食品加工机械,是我国肉类食品机械行业未来的希望。

5. 技术创新体系差距分析

与发达国家相比,我国肉类加工产业研究比较薄弱,急需加强应用基础研究和技术创新。例如对传统肉制品品质形成机理不清楚,使得质量难以控制,加工难以规范,产品质量参差不齐,传统肉制品面临巨大挑战;由于对成熟作用认识不够,对其机制研究不够,我国大部分牛羊肉嫩度不够,难以出口,高档产品还依赖进口;由于对凝胶形成机理研究不够,使我国肉制品整体品质较差,为了达到良好胶凝效果,大量使用胶凝剂,影响了肉品工业的形象;由于对加工过程中有害产物了解不够,加上消费者偏好油炸类食品,未能很好控制致癌物质产生;由于对肉品质量缺乏研究,一方面使我国肉类工业因保水问题每年损失达十多亿元,另一方面,一些注水肉不断在市场中出现;对肉制品动物源、植物源成分鉴别研究不够,致使肉制品中掺杂使假现象难以有效监控;对肉类中腐败微生物和致病微生物研究不够,造成防腐剂滥用,甚至肉类食品难以达到预订保质期而腐败,造成巨大经济损失;畜禽副产物综合利用研究不够,造成大量可利用资源浪费,并污染了环境。

6. 质量标准体系差距分析

肉类食品标准覆盖面不完全,某些重要标准缺失。中式肉制品中如肉羹肉汤类产品、熏烤类等肉制品深受消费者喜爱,但是国内相关的标准还很少,使得此类产品质量参差不齐。当前市场上不断涌现出利用现代生物技术(转基因技术等)、非热加工技术生产的食品,利用添加益生菌和酶制剂等技术生产的食品,目前对于这类新技术食品,我国还没有制定相关的标准,一定程度上束缚了相关行业的发展。同时,与肉类食品质量安全密切相关的掺杂使假问题,目前国家也没有出台完备的检验检测标准。

标准制定程序需要进一步完善,制定的科学依据需要强化。与国际标准和发达国家肉类相关标准相比,我国肉类标准的制定程序不够严谨,法律规定较为原则和抽象。如 CAC 法典将风险评估作为制定食品安全法规和标准的前提条件和科学依据。而我国肉制品中亚硝酸盐类的添加使用、残留限量要求等标准制定中缺乏必要的风险评估资料的支持。

现行标准与国际标准不接轨。近年来,我国逐步加大了对国际标准的采用力度。但是我国在跟踪国际标准变化方面,难以做到及时跟踪和应对,例如,我国在2008 年对"ISO 4133:1979 肉与肉制品　葡萄糖酸-δ-内酯含量的测定"修改采用为"GB/T 9695.17—2008"国标,但是此 ISO 标准已经于 2002 年废止[23]。

7. 社会化服务体系差距分析

欧美澳新等发达国家和地区肉类生产加工的社会化服务体系相对比较完善,从畜禽品种选育到疾病防治、检疫监测及其产品保鲜、物流供应等方面都有相关的科研单位、协会、组织机构等进行指导。这些国家的科研服务机构以国际市场为导向,多单位、多部门协同合作,形成了科学研究、农业生产、食品工业、市场营销为一体的社会化服务体系。先进的科研服务体系和健全的推广体系使这些国家的畜牧业和畜产品加工业居世界领先水平。而我国相关社会化服务体系还不健全,相关行业协会在连接政府和生产企业,连接科研机构和成果应用企业方面还没有发挥出应用的桥梁作用;国内的科技成果推广体系不完善,造成新的科研成果难以快速应用于生产领域;产学研联合体系不完善,许多科研成果难以应用到实际生产,而企业急需技术却难以获得。

3.5 食品安全措施建议——我国肉禽蛋食品安全控制技术发展规划战略研究

3.5.1 引进技术发展规划

1. 食品蛋白质组学技术

近年来,随着消费者和食品加工业对肉类品质的要求越来越高,畜禽肉类品质的改良问题日益受到人们的重视,世界各国学者也相继从肌肉组织学、生理生化指标和遗传学等方面对肉类品质进行了相关研究[43]。随着科学的进步,蛋白质组学作为生物技术的最新领域,为研究肉类品质提供了一条新的途径。引进并应用蛋白质组学研究技术,如蛋白质组分分离技术、蛋白质组分的鉴定技术、蛋白质信息学技术等,研究肌肉的生长发育、屠宰后肌肉的代谢活动、肉类的加工品质(保水性)、食用品质(嫩度、肉色等)变化;进行肉类蛋白质结构、功能分析及预测;进行肉类食品掺假分析和安全分析等。借助蛋白质组学和相关技术的强大功能,有望进一步解释肉类品质差异的根本原因,并为寻找与肉质性状相关的蛋白质标记,以及进行肉类品质改良和指导生产加工提供科学依据,必将极大地促进我国乃至全世界养猪业和畜牧业的发展,具有非常重要的意义和广阔的前景。

2. 加工信息化与智能化技术

目前国内肉禽蛋加工信息化建设的基础相对薄弱,在信息化建设方面的投入较少。引进并转化贯穿于畜禽养殖、屠宰、原料采购、加工制造、仓储管理、物流配送、分销和连锁销售、财务管理、人力资源管理、办公自动化等整个肉类生产全产业链的信息技术,包括肉食生产物流信息技术系统、食品质量安全控制技术信息系统和其他子系统,充分集成 HACCP、GMP、SSOP 等生产管理方式和技术,也集成智能分级、在线无损快速检测、生产加工全程监控、物流运输过程监控,结合新兴的物联网技术,形成全产业链可追溯体系。肉类食品行业信息化技术的引进与应用必将有力的促进肉类加工行业的蓬勃发展、提高管理水平和食品安全保障能力。

3. 肉类食品营养保持和强化技术

在肉类食品的加工过程中,某些营养成分会有一定程度的损失,同时为了满足不同人群的需要,必须保证肉类食品营养成分均衡。引入肉类食品的营养保持和强化技术,研究不同肉类品种的营养价值;研究营养因子在各种中西式肉制品加工方式和加工条件下的变化;研究红肉、白肉以及各种形式的肉制品摄入量和人群的疾病如骨质疏松、癌症等的关系;研究肉类作为保健因子载体的可行性与有效性等;研究肉制品中的危害因子和潜在危害因子的产生规律、降低或消除技术等,能够为消费者提供品质优良、营养丰富的肉类食品。

4. 食品最少加工技术

食品最少加工技术是当前低碳食品加工业发展的趋势。引进并吸收开发既能保证肉制品的质量、安全和货架期,又能缩短加工时间、提高生产连续性的加工技术,如超声波技术、超高压技术、微波技术、高频电场技术、冻干技术、真空干燥技术、超高温/超短时杀菌技术、臭氧杀菌技术、辐照技术、紫外线处理技术、脉冲强光处理技术、蓝绿激光处理技术、加工酶技术(如蛋白酶、硝酸还原酶、谷氨酰胺转氨酶、溶菌酶等)[44]和生物保藏技术等,建立起国内肉类食品最少加工技术体系,开发适于国内消费者的最少加工肉类食品。

3.5.2 自主研发技术规划

1. 基于国情的动物福利制度

按照国际规则办事、重视动物福利问题,是我国的畜产品走向国际市场的必然选择。我国是一个农业大国,农产品的出口越来越多,欧盟及美国、加拿大、澳大利亚等国家和地区在动物福利方面的法律和世界贸易组织的规则中,也有明确的动物福利条款。我国现有的畜牧生产方式和动物保健观念必须向国际标准看齐。不断改善畜禽的饲养方式和生存环境,使动物福利和动物卫生观念贯穿在整个养殖过程中,提高动物自身的免疫力和抗病力,这样就能减少动物发病,更好地保护和利用动物,动物产品才能在激烈的国际市场竞争中占据主动地位,打破国外贸易壁垒。

2. 加工过程有毒有害物控制技术

应加强对食品加工过程中有毒有害物控制技术的研发,开展以下研究:食品加工过程中不同组分分子组成和结构变化对有害化学物质产生的影响;食品加工过程中主要模拟体系有害化学物质生成途径及其阻断机制;食品加工过程有害化学物质生成的动力学规律及其抑制机理;有害化学物质在食品加工过程和模拟胃肠消化环境下微观结构与聚集状态变化规律。研发有害化学物质抑制的新技术。在此基础上,研究在模拟人体胃肠消化环境下有害化学物质与人体消化蛋白质结合体的消化性能,对比其微观结构差异对结合体消化能力的影响,从而实现对这些有害化学物质的有效控制和减少对人体潜在的危害性,制订科学的限量标准。

3. 品质改良和保障技术

宰后肉类发生一系列复杂的生理化学变化,与肉类食用品质形成密切相关。

研究各种嫩化技术如采用低温吊挂自动排酸成熟法、机械嫩化法、电刺激嫩化法、超高压嫩化法、超声波嫩化法、外源酶嫩化法、内源蛋白酶嫩化法和基因工程嫩化方法提高牛羊肉的嫩度。研究酶催化交联技术、高压技术、真空滚揉技术和高压电场技术、超声波技术等改进肉类食品质构的作用机理及应用参数。研究肉类食品品质保证关键控制点（PACCP）技术在牛羊肉类食品中的应用。开展此方面研究对于提高肉类质量、增加产品附加值具有重要意义。

4. 食品危害因子靶向控制技术

当前食品安全控制问题是一个世界性难题，对危害因子的控制越来越受到重视。研究栅栏技术、减菌技术、腐败菌致病菌靶向抑制技术、有害生成物控制技术在肉类食品生产加工中的应用；研究腐败菌、致病菌在肉制品中的生长；加工条件和技术对肉制品中多环芳烃、亚硝胺、生物胺等有害因子的影响与消除；开展微生物预报预测技术、肉类食品货架期预测等研究。开展此方面研究，能够为有效控制肉类食品安全提供强有力的技术支持。

5. 食品非热加工技术

传统的热力加工技术会对食品产生一些不利影响，如破坏食品原有色、香、味、形，引起热敏性营养成分的损失。随着科学技术的发展，一些非加热加工高新技术应运而生。研究食品非热加工技术，如静态高压技术、高压脉冲电场、高压二氧化碳、电离辐射、脉冲磁场等物理加工方法，以及生物发酵、生物保藏等生化技术方法，对肉类的加工性能、营养、风味、质构、颜色、微生物、酶活性等指标的影响；研究非热加工技术在食品功能成分的提取、食品大分子的改性等方面的应用。开展非热加工技术研究，能充分保留食品原有的营养成分和风味，降低能源消耗，将引发一场食品加工技术的革命。

6. 农兽药残留高通量快速检测技术

针对当前食品安全领域严峻和突出的农兽药残留问题，一些现有常规技术达不到对多残留快速、灵敏和准确地检测，开展研究建立新型多农兽药残留的高通量检测技术和方法，实现快速、准确、特异和高效的定量检测。利用基因芯片、酶联免疫、量子点标记、免疫化学发光、浅表面荧光分析技术、生物传感器、分子印迹仿生免疫分析技术等，研究开发一批快速检测方法和新型检测技术。高通量的多农兽残留检测技术具有检测灵敏、特异、快速和高效的特点，与真实值比较，误差较小，为多农兽药残留的快速检测提供了新方法，具有广阔的应用和发展前景。

7. 在线快速无损检测技术

目前,我国对肉品品质的检测一般是采用破坏性检测和人工分级,无损检测方面的研究亟待加强。利用分子生物学技术、超声波技术、生物传感器技术、免疫学技术、高效毛细管电泳分析技术、近红外光谱、核磁共振、计算机视觉等技术及相关设备对食品质量进行快速度定级和掺假鉴别。如利用近红外光谱检测技术,测定大量不同品种、不同产地原料肉及肉制品的化学值,利用多元线性回归(MLR)、主成分分析(PCA)、偏最小二乘法(PLS)、人工神经网络(ANN)和拓扑(Topolgical)方法等数学方法建立检测技术模型,并对模型进行不断的维护改进。无损检测技术可以避免样品的破坏,检测速度快,适合大规模产业化生产的在线检测和分级,易于实现自动化。

8. 肉类食用品质和风味评定技术

利用质构仪、气相色谱、液相色谱、气-质谱联用仪、气质联用-嗅闻技术等手段进行肉类食品品质和风味研究,已取得一定程度的进展,已经鉴定出的肉类相关风味化合物有1000多种,并建立起肉类质构测定方法。但是肉类风味的关键化合物研究、物种专一性风味研究、各种特色肉制品的整体性风味特征和食用综合品质研究都有待于突破,尤其是每种化合物对于风味的确切贡献还不清楚。着重开展模拟风味化合物反应及风味化合物反应模型的研究,制定以关键风味化合物为评判指标的肉类风味评定标准,开展质构、颜色、风味等食用品质指标的综合评价,实现养殖、屠宰、加工等因素对肉类风味等食用品质的有效调控。

9. 传统食品标准化生产与质量控制技术

与西式畜禽制品和蛋制品加工相比,传统畜禽产品生产工艺不连续、机械化水平低、产品保质期短成为中式肉制品发展的技术瓶颈。开发中式肉制品原辅料处理技术,研究连续化生产工艺,进行规模化、标准化生产,研究酱卤肉制品、肉干肉脯类休闲肉制品、方便肉制品、风味特色肉制品在规模化生产中的质量安全控制和品质保证技术。

10. 畜禽副产物综合开发利用技术

我国是一个畜牧大国,目前畜禽生产发展迅速,副产物随之增多。加强对畜禽血液、骨组织、畜禽脏器、皮毛绒等的利用研究,研究畜禽副产物增值利用技术,开发副产物有效成分的高效分离提取技术、产品的纯化及回收技术、产品精制技术,发展环保型加工处理技术,开发高附加值产品。畜禽副产物的开发利用一方面避免了资源的浪费,另一方面又促进了产业的持续、健康、稳定的发展。

随着畜禽养殖的迅猛发展,副产物随之大量增加,这些副产物的深加工必须跟上畜禽养殖业的发展步伐,才能提高畜禽养殖的经济效益,减少资源浪费,促进产业的持续、快速、健康、稳定地发展。需加快以畜禽骨、血、皮为原料,通过蛋白生物酶解、微胶囊包埋、喷雾干燥等技术开发生产保健品和药品,如"功能性肽-Fe"、猪血活性肽、凝血酶、制备畜禽用融合蛋白等。以畜禽骨、血、皮为原料,生产功能性食品配料,如超细鲜骨粉、骨胶原蛋白、骨离子钙、免疫球蛋白、血红素铁、血浆蛋白、血球蛋白和血液白蛋白、骨油、蛋白胨、天然肉味香精、骨酱、活性速溶全骨复合物、加味骨髓精、骨糊肉、微胶囊化的粉状骨味素等;生产发酵血粉等饲料添加剂。以猪、牛、羊蹄、耳等为原料生产特色风味肉类食品;生产骨油、骨汤、肉羹类产品;以畜禽毛角蛋白生产角蛋白基复合薄膜;研制成畜禽血液深加工的冷却系统,该系统包括血液收集槽、冷却罐、制冷机和清洗液罐。使用该系统,可使血液迅速冷却,而且冷却效果好,可确保输送于去分离机的血液的新鲜度和流体性。

11. 加工先进设备研制

我国畜禽加工技术设备的开发研制已经取得较大的进步,但在设备的自动化、精细化、人性化等方面,还需要加大投入,加强研究开发力度。研制开发具有我国自主知识产权的畜禽加工先进设备,重点开发自动化智能分级生产设备、自动化肉品加工生产设备、自动化在线或定位检测设备,特别是中式畜禽产品工业化生产设备等,提高我国畜禽产品加工关键设备的自给率,以弥补畜禽工业发展的短板,推动行业整体进步。

12. 肉类食品常用塑料包装的安全性研究

随着人们生活水平的日益提高,对包装的要求也越来越高,包装材料也逐渐向安全、轻便、美观、经济的方向发展。研究肉食常用塑料包装容器中可能存在的残留有毒单体、挥发性有机物、裂解物及老化产生的有毒物质,在肉食加工和包装过程中有害物的迁移规律及安全性评价,建立塑料食品包装容器中有害物质迁移溶出模型,提出安全限量要求。开发高阻隔性包装材料,发展真空热缩包装技术和拉伸膜包装技术。包装材料安全性方面的研究能为新的包装材料的研发提供理论支持和技术依据。

13. 超冰温肉类质量安全控制技术

低温保鲜技术是目前肉制品保鲜最为有效和常用的技术。近年来出现的"超冰温肉"日益受到原料肉市场的青睐,正逐渐成为进出口贸易的重要鲜销肉品种,其特点是要求生产、储藏和销售过程中的畜禽肉既可以超过"冰温"而结冰,从而其保质期显著延长,可达到 24 天左右,但又要要求"不显著伤害品质",肉类品质好。

系统开展超冰温肉类保鲜技术研究,研究超冰温肉保藏的科学合理的加工工艺;冷却诱导及精确的温湿度控制技术;快速冷却过程中冷冻伤害及其控制;超冰温肉食用品质、理化和微生物学特性及其控制;冰温冷链技术;超冰温肉安全追溯系统建设;以及进行研发技术的集成与示范,建立起我国超冰温肉生产技术体系和质量安全控制技术体系,为延长冰鲜肉类的保质期,保证其品质,推动肉类冰鲜产品的出口提供技术支持。

3.5.3　推广技术规划

1. 育种管理体系

借鉴丹麦和瑞典经验,建立完善、严格的育种体系。选育和引进优良畜禽品种在全国建立核心群种场和扩繁场,开展交叉繁殖,定期进行种测定和遗传评估,选种指数包括日增重、料肉比、瘦肉率、窝产仔猪、体型、肉的 pH、屠宰损失率等,测定和评估数据向社会公开,改变"引种—维持—退化—再引种"的现状。

2. 饲料管控

建立饲料风险控制体系,建立健全 HACCP 管理体系,推广绿色安全的饲料添加剂,完善饲料中药物的检测方法。有步骤、分品种逐步淘汰争议较大、非法使用较多的抗生素添加剂,完善饲料添加剂目录,制定饲料添加剂目录的更新周期。加快 HACCP 在饲料管理领域的推广应用,严格 HACCP 的认证管理。

3. 胴体分级技术

世界各国的猪胴体分级技术已经发展了近百年,我们应加大政府扶持力度,借鉴国外的先进技术,推广探针式分级设备,在牛肉分级中,逐步将肉质性状也纳入分级标准中。另外,提高分级员的综合素质和分级的准确性。结合我国的实际情况尽快建立我国自己的猪胴体分级评价体系,在短时间内促进我国猪肉品质的提高,满足消费者的购买需求,扩大优质猪肉的出口数量,从而推动我国肉猪产业健康、快速的发展。

4. PCR 畜种定性定量鉴别技术

随着市场流通的日益发达,畜禽产品经冷冻后再出售已是现代市场营销的主要手段,但肉一般冷冻后通过感官检查很难区分其真假和种类,传统的理化检验方法难以有效完成对肉别的鉴定,因而该问题一直得不到很好解决,多重聚合酶链反应(PCR)法是将多对引物同时在同一 PCR 体系中进行扩增,最后根据产物的有无进行检测。国内已研制成功相应的检测试剂盒,能够同时对以上多种肉进行检测和鉴定。应加快其在食品流通领域的推广和应用。同时应将 PCR 定量畜种鉴别技术逐步纳入到日常监测中,减少造假和伪劣产品在市场的流通。

5. 成套屠宰机械设备

推广使用能避免猪胴体二次污染的蒸汽喷淋刮毛装置和与之相配套的燎毛炉、清洗刮毛机;能够减少断骨等"应激反应"提高产品质量的致昏设备;能够为药用、食用提供卫生猪血的真空刺杀放血装置,以提高屠宰卫生标准,提高产品质量。根据国人饮食习惯,重点研发和推广特种畜禽成套屠宰加工机械装备,提高特种畜禽的加工水平和质量安全控制水平。

6. 冷链物流配送技术

在肉禽蛋的供应链中,物流是一个重要环节。肉禽蛋食品的不耐储藏、对卫生要求高的特点决定了其对肉禽蛋物流过程有着特殊的要求。逐步推广肉禽蛋低温物流过程中的相关技术问题:食品快速预冷技术、无残留抑菌技术、安全控制技术、快速检测技术和现代节能冷链物流技术。建立基于栅栏技术、冷链技术、超高压和脉冲等新型冷杀菌技术的低温肉类食品的安全保鲜技术体系,以及基于食品安全干预技术、在线检测技术、GPS 与 RFID 技术等流通过程中食品腐败变质的实时跟踪监控技术与溯源技术体系,以满足消费结构的多样化与销售超市连锁化对食品物流配送的要求,保障肉类食品的安全性和质量。

7. 可追溯系统及溯源技术

建立起从"源头到餐桌"的双向可追溯体系,减少问题产生的影响范围,提高我国肉制品在国际市场上的竞争力。供应链中畜产品原料、加工、包装、储藏、运输、销售等环节溯源与 HACCP 的危害关键点控制有机结合,将畜产品跟踪与溯源技术融于建立畜产品安全控制和管理的 HACCP 体系之中,使跟踪溯源技术与 HACCP 相兼容。通过 EAN·UCC 全球统一标识系统、电子标签等现代信息应用技术,建立各个环节信息管理、传递和交换的方案,对过程物流进行有效标识,保存相关信息,使供应链中畜产品原料、加工、包装、储藏、运输、销售等环节的物流、产品信息流、危害识别和控制标准流三位一体,从而有效地对畜产品供应链全过程进行安全控制和跟踪溯源,建立真正意义上"从农场到餐桌"的食品(畜产品)安全全程控制、跟踪溯源管理体系。可追溯系统的研究和应用可以减少产品召回,增加产业链的透明度,满足消费者的知情权和选择权,为保护消费者权益提供了手段。

8. 清洁蛋加工技术与装备

经过清洗、消毒、涂膜、包装等工艺水平的鲜蛋正成为世界蛋品消费的主流。

清洁蛋加工技术较为成熟,国外已经得到广泛应用。应加速引进推广鲜蛋自动检验、分级系统设备,引进、消化、吸收清洁蛋全套、连续自动化生产设备。改变我国目前散蛋、未消毒鲜蛋为主的市场格局,提高鲜蛋消费的安全水平。

9. 全程清洁生产技术

肉禽蛋产品生产能耗水耗高,产生污水量大,容易污染环境。开展清洁生产技术研究,优化生产工艺,加快高效节能型、节水型和生产机械,降低污水排放和二氧化碳排放,发展低碳清洁肉类生产和绿色畜禽产品加工。研发并推广畜禽副产物综合利用技术,构建零污染技术体系,发展循环经济。加快肉类、蛋类加工企业清洁生产标准化建设,研究开发加工废水的脱氮除磷技术,解决肉类产业可持续发展问题。绿色生产技术减少了能耗,减少了环境污染,具有良好的前景。

参 考 文 献

[1] 中华人民共和国国家统计局. 中国统计年鉴 2012. 北京:中国统计出版社,2012
[2] 中国肉类协会编. 中国肉类年鉴 1949—2005. 北京:经济日报出版社,2006
[3] 中国肉类协会编. 中国肉类年鉴 2006. 北京:经济日报出版社,2007
[4] 中国肉类协会编. 中国肉类年鉴 2007. 北京:经济日报出版社,2008
[5] 中国肉类协会编. 中国肉类年鉴 2008. 北京:经济日报出版社,2009
[6] 中国肉类协会编. 中国肉类年鉴 2009—2010. 北京:经济日报出版社,2010
[7] 中国肉类协会编. 中国肉类年鉴 2011. 北京:中国商业出版社,2012
[8] 联合国粮农组织统计数据库. http://faostat.fao.org/
[9] 我国畜牧业生产区域化布局形成,优势正逐步显现. http://finance.sina.com.cn/chanjing/b/20060204/
    15122316244.shtml.2006-2-4
[10] 我国畜牧业发展进入关键转型期. http://finance.sina.com.cn/roll/20100915/14438661811.shtml
[11] 农产品加工副产物损失惊人综合利用效益可期. http://finance.china.com.cn/roll/20140809/
    2599710.shtml.2014-8-9
[12] 邵孟秋, 李珂. 肉类加工副产物骨的开发利用研究进展. 岳阳职业技术学院学报, 2008,23(6):85-89
[13] 左秀丽, 左秀峰, 余群力. 牛血产品的开发利用. 中国畜牧业, 2013,15:60-62.
[14] 刘海东, 崔亚慧. 我国冷链物流业发展现状及对策研究. 湖北生态工程职业技术学院学报,2012,
    3(10):46-49
[15] 欧阳珂佩, 李洪军, 贺稚非. 我国蛋制品研究现状及发展前景. 食品工业科技, 2011,11:506-508
[16] 国家质量监督检验检疫总局. 产品质量抽查公告 2001—2013. http://www.aqsiq.gov.cn/xxgk_13886/
    jlgg_12538/ccgg/
[17] 贾涛. 饲料质量安全中存在的问题及解决方法. 饲料研究, 2009,12:76-80
[18] 王守伟. 中国肉类工业科技现状及发展趋势. 青岛第五届世界猪肉大会文集,2009
[19] 国家科技成果信息服务平台. http://www.csta.org.cn. 2010-07
[20] 韩青荣. 肉类加工机械设备的发展与未来. 中国牧业通讯, 2005,16:30-32
[21] 单守良. 浅议国内外肉类加工设备的现状与发展. 冷藏技术,2007,(1):5-6
[22] 武爱河. 全面贯彻落实食品安全法,合理构建监管无缝链接网. 北京:第七届中国食品安全年会,2009

［23］农业部农产品加工局.农产品加工国际标准跟踪研究——重要行业篇Ⅰ.北京：中国农业出版社,2011

［24］张春江,任琳,赵冰,等.我国、CAC和ISO畜产品标准现状与分析.食品工业科技,2012,9：350-353

［25］何世宝.饲料安全问题和生产技术控制措施.牧草饲料,2007,04：91-92

［26］何健,施庆和,冯民,等.国外饲料安全的研究进展.检验检疫学刊,2012,1：67-73

［27］蒋宗勇,王丽,杨雪芬,等.北欧禁用抗生素的实践对我国养殖业的启示.养猪,2012,3：9-14

［28］Pig production in Denmark.http：//www.danishpigproduction.dk.2013-5-10

［29］廖菁.丹麦生猪养殖环境治理的经验及启示.猪业科学,2012,8：24-26

［30］刁新育,宋琰.国外兽医管理体系的发展趋向.农业经济问题,2007,2：105-109

［31］侯艳梅,戴智勇,沈国辉,等.有机食品国内外发展现状和前景展望.农产品加工,2011,10：123-125

［32］焦翔,穆建华,刘强.美国有机农业发展现状及启示.农业质量标准,2009,(3)：48-50

［33］有机生产.http：//www.usda.gov.2010-07

［34］2012年荷兰有机食品销售额首超十亿欧元.http：//www.mofcom.gov.cn/article/i/jyjl/m/201310/20131000336704.shtml.2013-10-8

［35］孙晓燕,纪海旺,王亚超,等.动物福利的现状及在我国实施的必要性.河南畜牧兽医,2007,7(28)：3-5

［36］胡中应.中外动物福利政策的比较与对策研究.赤峰学院学报,2013,34(2)：92-94

［37］卢杰,陈韬.冷却肉生产中胴体减菌技术的研究进展.食品研究与开发,2009,30(2)：145-149

［38］李琳,李冰,胡松青,等.食品加工过程中的有害化学物质形成及安全控制技术研究进展.食品科学,2012,33：41-45

［39］张丽萍,李开雄.畜禽副产物综合利用技术.北京：中国轻工业出版社,2009

［40］李爱珍,邵秀芝,陈阳楼.生鲜肉保鲜技术的发展与应用现状.肉类研究,2009,(1)：29-32

［41］郭波莉,魏益民,潘家荣.同位素溯源技术在食品安全中的应用.核农学报,2006,20(2)：148-153

［42］吴潇,潘玉春,唐雪明.肉制品的DNA溯源技术.猪业科学,2009,(3)：105-106

［43］冯宪超,徐幸莲,周光宏.蛋白质组学在肉品学中的应用.食品科学,2009,30(5)：277-280

［44］封雯瑞,封雯娟.酶制剂的应用与肉类加工副产品附加值的提升.食品科学,2001,22(7)：86-87

第4章 乳品安全控制技术发展战略研究

4.1 我国乳品行业发展现状及质量安全问题

乳品行业是我国食品工业发展进入新阶段后增长最快、对农业产业结构调整作用最大的产业,也是节粮、高效、产业关联度高的产业。乳品行业平稳健康发展,对于改善城乡居民膳食结构、提高全民身体素质,促进农村产业结构调整和城乡协调发展,为农民增收提供新的增长点,带动国民经济相关产业发展,乃至促进全面小康社会目标的实现,都具有十分重要的战略作用[1]。新中国成立60多年来,我国乳品行业经历计划经济时期的缓慢发展、改革开放初期的快速发展、市场经济初期的调整发展和市场经济环境下的高速发展四个阶段,由一个乳品匮乏国家发展为一个乳品大国,并且正处于从传统乳品行业向现代化乳品行业转变的关键时期。

4.1.1 我国乳品行业发展现状

1. 改革开放30年来所取得的成绩

改革开放30年,对于中国乳业来说,是发展最快的30年,也是奶业成就最显著的30年。在这期间,几代中国乳品人用辛勤的汗水和不断的付出,让世界见证了中国如何从一个乳品匮乏国家成为全球第三大乳业强国,中国乳品企业如何从小到大、从弱到强,乳制品如何从奢侈品变为消费者的生活必需品[2]。改革开放30年来,我国乳业发展所取得的成绩奠定了中国成为世界乳业强国的基础。

1) 产业地位

据统计,2011年我国奶牛养殖业产值为1219.0亿元,占畜牧业总产值(25 770.69亿元)的4.73%,乳品工业产值为2361.3亿元,占食品制造业总产值(14 046.96亿元)的16.81%。2000~2011年中国奶牛养殖业产值、乳品工业产值在国民经济中的地位见表4.1。

据统计,2011年中国奶业产量为3827万吨,同比增长2.11%,产量位列世界第3位,年度总产量由2001年美国产量的1/7增长为2011年美国产量的2/5,增长速度明显,但年度总产量与美国相比相差甚远。2000~2011年中国奶业在世界奶业的地位变化趋势见图4.1,世界主要国家奶量变化见表4.2。

表 4.1　2000～2011 年中国奶业在国民经济中的地位

年份	奶牛养殖业	畜牧业/亿元	乳品工业/亿元	食品制造业/亿元	比例/%
2000		7 393.1			
2001		7 963.1			
2002		8 454.6			
2003		9 538.8			
2004		12 173.8			
2005		13 310.8		3 288.25	
2006	660.49	12 083.9	1 098.5	4 714.25	23.30
2007	847.36	16 124.9	1 329.0	6 070.96	21.89
2008	1 015.00	20 583.6	1 490.7	7 716.54	19.32
2009	1 065.00	19 468.4	1 668.1	9 219.24	18.09
2010	1 120.0	20 825.7	1 949.5	11 350.64	17.18
2011	1 177.8	25 770.7	2 361.3	14 046.96	16.81

资料来源：中国统计年鉴、中国奶业年鉴[3,4]

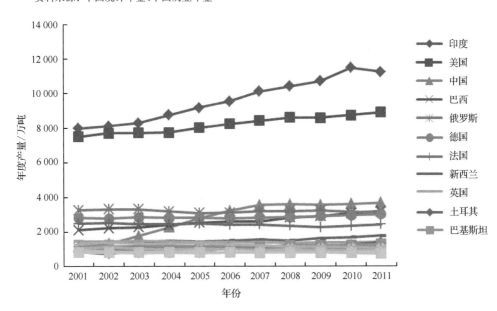

图 4.1　2000～2011 年我国奶业在世界奶业中的地位变化趋势

表 4.2 2001~2011 年世界主要国家奶量

（单位：万吨）

国家或地区	2001 年	2002 年	2003 年	2004 年	2005 年	2006 年	2007 年	2008 年	2009 年	2010 年	2011 年
全球	58 984.0	60 285.0	61 604.0	62 796.0	644 360.0	65 379.0	67 131.0	69 371.0	69 655.0	72 087.0	—
印度	7 991.8	8 112.4	8 295.2	8 752.2	9 182.9	9 553.0	10 123.1	10 413.8	10 702.5	11 485.0	11 231.0
美国	7 499.4	7 714.0	7 728.9	7 753.5	8 025.5	8 246.3	8 418.9	8 617.7	8 588.1	8 747.4	8 901.5
中国	1 123.0	1 335.6	1 781.8	2 292.9	2 783.7	3 225.7	3 557.4	3 587.4	3 551.0	3 603.6	3 825.0
巴西	2 114.6	2 231.5	2 294.4	2 420.2	2 538.4	2 618.6	2 613.7	2 844.1	2 908.6	3 071.6	3 209.1
俄罗斯	3 259.6	3 320.9	3 308.5	3 190.4	3 089.3	3 118.6	3 191.5	3 211.1	3 232.6	3 158.5	3 138.6
德国	2 819.1	2 787.4	2 853.3	2 824.5	2 845.3	2 799.5	2 840.3	2 865.6	2 916.4	2 959.4	3 030.1
法国	2 490.3	2 519.7	2 461.4	2 444.9	2 488.5	2 419.5	2 437.4	2 356.5	2 265.9	2 337.4	2 442.7
新西兰	1 311.9	1 386.6	1 434.9	1 503.0	1 463.8	1 517.3	1 561.8	1 521.7	1 648.3	1 701.1	1 789.4
英国	1 470.7	1 486.9	1 501.0	1 455.5	1 447.3	1 431.6	1 402.3	1 371.9	1 385.2	1 408.1	1 424.6
土耳其	848.9	749.1	951.4	960.9	1 002.6	1 086.7	1 127.9	1 125.5	1 158.3	1 241.9	1 380.2
巴基斯坦	819.2	835.0	851.1	867.8	884.8	1 072.6	1 113.0	1 242.5	1 244.7	1 227.9	1 290.6
波兰	1 188.4	1 187.3	1 189.2	1 182.2	1 192.3	1 198.2	1 209.6	1 155.0	1 198.5	1 243.7	1 241.4
荷兰	1 097.0	1 067.7	1 107.5	1 090.5	1 084.7	1 098.9	1 106.2	1 128.6	1 146.9	1 162.6	1 162.7
墨西哥	947.2	965.8	978.4	986.4	986.8	1 008.9	1 034.6	1 076.6	1 054.9	1 067.7	1 072.4
阿根廷	976.9	879.3	819.7	810.0	990.9	1 049.4	982.2	1 032.0	1 036.6	1 050.2	1 050.2
意大利	1 127.5	1 130.0	1 130.7	1 072.8	1 101.3	1 098.9	1 061.8	1 128.6	1 056.0	1 050.0	1 047.9
乌克兰	1 315.4	1 384.7	1 335.1	1 339.0	1 342.4	1 301.7	1 200.3	1 152.4	1 136.4	1 097.7	1 080.4
澳大利亚	1 054.7	1 127.1	1 032.8	1 007.6	1 012.7	1 008.9	958.3	922.3	938.8	902.3	910.1
加拿大	810.6	796.4	773.4	790.5	780.6	804.1	814.5	814.0	821.3	824.3	840.0
日本	830.1	838.5	840.0	832.9	828.5	813.8	800.7	798.2	791.0	772.0	747.4

资料来源：FAO。印度数据中统计了奶牛牛奶产量和水牛牛奶产量之和，其他国家仅统计奶牛牛奶产量

2) 奶类生产

2011 年,我国奶类总产量为 3825.0 万吨,其中牛奶产量 3656.0 万吨,比 2001 年增长 2702 万吨,年平均递增率 13.04%;奶牛存栏数 1440.0 万头,比 2001 年增长 874 万头,年平均增长率 9.79%;奶牛平均单产为 5400 kg,比 2001 年增长 2614 kg,年平均增长率为 6.84%。历年我国奶类总产量、奶牛存栏和奶牛平均单产的变化趋势见图 4.2、图 4.3 和表 4.3。

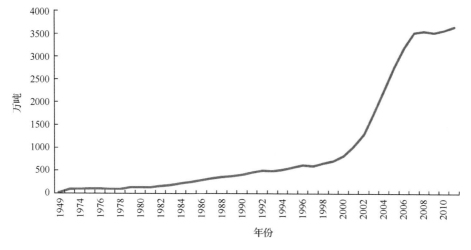

图 4.2　1949~2011 年我国奶类总产量变化趋势

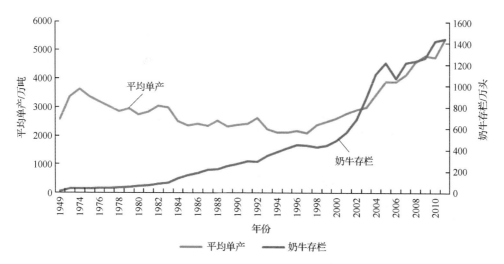

图 4.3　1949~2011 年我国奶牛存栏和平均单产

表 4.3　历年我国牛奶产量、奶牛存栏和奶牛平均单产

年份	牛奶产量/万吨	奶牛存栏/万头	平均单产/kg	年份	牛奶产量/万吨	奶牛存栏/万头	平均单产/kg
1949	20	12	2564	1992	503	294	2631
1973	81	37	3374	1993	499	345	2223
1974	87	37	3640	1994	529	384	2117
1975	89	41	3369	1995	576	417	2126
1976	89	43	3204	1996	629	447	2166
1977	88	45	3018	1997	601	443	2090
1978	88	48	2860	1998	663	427	2391
1979	107	56	2942	1999	718	443	2491
1980	114	64	2739	2000	827	489	2605
1981	129	70	2845	2001	1026	566	2786
1982	162	82	3047	2002	1300	688	2909
1983	185	95	2985	2003	1746	893	3008
1984	219	134	2517	2004	2261	1108	3437
1985	250	163	2363	2005	2753	1216	3891
1986	290	185	2416	2006	3193	1069	3903
1987	330	216	2347	2007	3525	1219	4140
1988	366	222	2534	2008	3556	1233	4575
1989	381	253	2322	2009	3521	1260	4800
1990	416	269	2377	2010	3576	1420	4760
1991	465	295	2426	2011	3656	1440	5400

资料来源：中国统计年鉴 2012[5]，中国奶业统计资料 2012

3）乳制品加工

据统计，2011 年全国乳制品总产量为 2387.5 万吨，比 2000 年增长 2170.4 万吨，年平均增长率为 24.36%；其中干乳制品（奶粉等）产量 326.7 万吨，比 2000 年增长 293.99%，年平均增长 13.28%；液态奶产量 2060.8 万吨，比 2000 年增加约 14.4 倍，年平均增长 28.20%。2011 年，我国乳制品销售总额为 2315.56 亿元、利润总额 148.93 亿元，分别比 2000 年增长 11.97 倍和 17.77 倍。我国乳制品产量、变化趋势见图 4.4 和表 4.4。

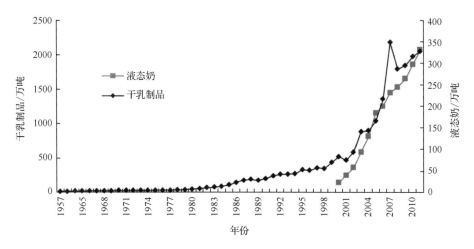

图 4.4　1957～2011 年我国乳制品产量的变化趋势

表 4.4　1957～2011 年我国乳制品产量情况　　（单位：万吨）

年份	干乳制品	液态奶	年份	干乳制品	液态奶	年份	干乳制品	液态奶
1957	1.3		1979	5.4		1996	50.4	
1963	1.3		1980	6.3		1997	56.5	
1964	1.8		1981	7.9		1998	54.9	
1965	2.1		1982	10.0		1999	69.1	
1966	2.4		1983	11.2		2000	82.9	134.1
1967	2.3		1984	13.0		2001	74.3	246.1
1968	2.3		1985	16.4		2002	93.2	355.1
1969	2.6		1986	22.6		2003	140.5	582.9
1970	3.0		1987	27.2		2004	142.4	806.7
1971	3.0		1988	29.5		2005	164.6	1145.8
1972	3.4		1989	26.7		2006	215.5	1244.0
1973	3.5		1990	31.4		2007	346.5	1441.0
1974	3.5		1991	37.7		2008	285.3	1525.2
1975	3.7		1992	41.3		2009	293.5	1641.6
1976	3.7		1993	41.7		2010	313.8	1845.6
1977	3.9		1994	42.5		2011	326.7	2060.8
1978	4.7		1995	52.6				

资料来源：国家统计局，中国奶业年鉴 2011，中国奶业统计资料 2012

4）市场消费

在国内乳品市场的快速发展背景下,城镇居民和农村居民的人均乳制品消费量出现较快增长。据统计,2011 年全国城镇居民和农村居民人均乳制品消费量分别为 21.08 kg 和 5.16 kg,比 2000 年分别增长 78.19% 和 386.8%。由于农村居民的人均乳制品消费量基数较低,所以相对而言涨幅更大,但是农村居民人均消费量同城镇居民人均消费量比依然差距巨大,不到四分之一。我国城镇居民和农村居民乳制品消费量的变化趋势见图 4.5。

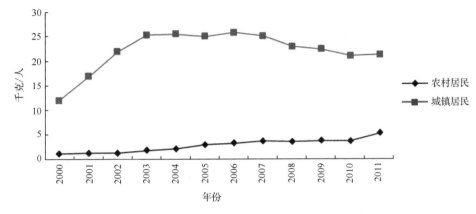

图 4.5　2000～2011 年我国城乡乳制品消费量比较

资料来源:中国统计年鉴 2001—2012;城镇居民的消费量包含鲜乳、奶粉和酸奶,
奶粉按 1∶7 折算成鲜奶量;农村居民统计的为奶类消耗总量,奶粉未按 1∶7 进行折算

5）进出口贸易

（1）牧草饲料及种畜贸易。

据统计,2011 年我国苜蓿进口量为 288 468.6 吨,进口额为 10 361.25 万美元,进口量比 2007 年增加 1382 倍,进口额增加 274.1 倍,出口量为 4405.8 吨,约为 2007 年的十分之一;紫苜蓿进口量为 1005.75 吨,比 2007 年增加 13 倍,出口量为 10 725.7 吨,比 2007 年降低 58.2%;饲料添加剂进口量为 36 517.7 吨,比 2007年增加 24.6%,出口量为 546 508.6 吨,比 2007 年增加 1.3 倍。2007～2011 年我国苜蓿、饲料添加剂的进出口变化情况见图 4.6、图 4.7,其他饲料物品进出口情况见表 4.5。

种畜贸易可分为进口良种奶牛、胚胎和冻精三部分。我国的种畜贸易以进口为主,几乎没有出口。据统计,2011 年我国种牛进口 99 361 头,胚胎 10 197 kg,冻精 5620 kg,分别为 2000 年增加 171 倍、41 倍和 87 倍。2000～2011 年,我国种畜资源进口情况见图 4.8。

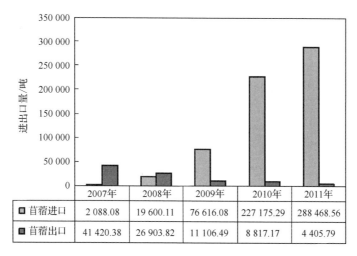

图 4.6　2007～2011 年我国苜蓿进出口量

	2007年	2008年	2009年	2010年	2011年
■ 苜蓿进口	2 088.08	19 600.11	76 616.08	227 175.29	288 468.56
■ 苜蓿出口	41 420.38	26 903.82	11 106.49	8 817.17	4 405.79

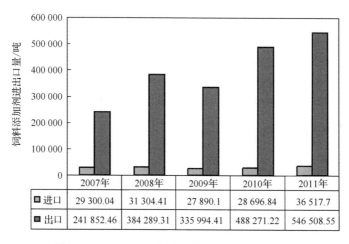

图 4.7　2007～2011 年我国饲料添加剂进出口量

	2007年	2008年	2009年	2010年	2011年
■ 进口	29 300.04	31 304.41	27 890.1	28 696.84	36 517.7
■ 出口	241 852.46	384 289.31	335 994.41	488 271.22	546 508.55

（2）乳制品贸易。

据统计，2011 年进口乳粉 449 541.9 吨，乳清制品 344 244.0 吨，干酪 28 602.7吨，奶油 35 675.5 吨，液态奶 43 085.9 吨，炼乳 4913.5 吨；与 2000 年相比，年均增长率分别为 18.0%、9.8%、27.6%、24.91%、8.56%、20.25%。2011 年我国乳制品出口乳粉 9327.2 吨，乳清制品 1149.6 吨，干酪 338.9 吨，奶油 3359.0 吨，液态奶 26 020.0 吨，炼乳 3130.2 吨，与 2000 年相比，年均增长率为−0.78%、11.88%、−1.66%、27.99%、−1.16%、−7.36%。2000～2011 年我国乳制品进出口情况见表 4.6。

表 4.5 2007～2011 年我国饲料及添加剂进出口量值

（单位：吨）

品种	2007 年		2008 年		2009 年		2010 年		2011 年	
	进口量	出口量	进口量	出口量	进口量	出口量	进口量	出口量	进口量	出口量
紫苜蓿	72.08	25 664.68	197.62	17 943.23	133.59	12 199.86	3 426.11	9 360.82	1 005.75	10 725.67
植物原料等	1 466.27	180 098.7	1 294.41	316 214.54	1 359.38	5 384.53	622.70	236 793.56	22 455.34	282 958.62
其他配制饲料	70 530.42	114 708.57	92 376.64	192 327.80	97 595.67	6 792.28	66 195.04	148 104.81	74 672.66	183 702.84
谷类植物	97.11	131 525.79	51.01	133 597.56	1 042.37	1 697.66	7 818.52	131 070.32	5 724.14	138 650.59
其他草饲料	2 088.08	41 420.38	19 600.11	26 903.82	76 616.08	155.87	227 175.29	8 817.17	576 937.12	8 811.57
稻草的预茎、秆	0.14	3 659.44	0.09	1 998.87	0.20	22.56	20.92	213.79	4 026.57	215.55

资料来源：中国奶业统计摘要 2012

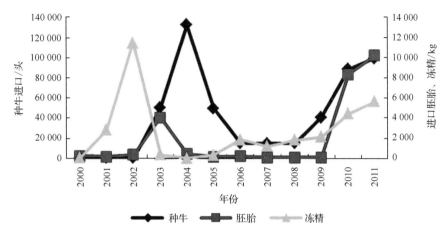

图 4.8　2000～2011 年我国种畜资源进口变化趋势

2011 年我国各类乳制品进口量全部增加,其中鲜奶进口增幅尤为显著,同比增长 155.0%,达到 40 500.0 吨,相当于 2007 年全年进口量的 7.7 倍。由于国内原料乳供求状况好转和进口价格的上行,2011 年奶粉进口增速放缓,全年进口 449 541.9 吨,同比增长 8.6%,增速较 2010 年同期大幅回落 59.2 个百分点。鲜奶和奶粉进口量变化趋势见图 4.9。

2011 年,我国乳制品出口也呈现增长态势,较 2010 年出口实现了恢复性增长。全年液态奶产品出口比例大幅度下降,干乳制品出口比例上升并超过液态奶,奶粉增幅较快。2000～2011 年,我国乳制品出口量变化趋势见图 4.10。我国乳制品行业的整顿清理工作淘汰了一大批中小型乳制品加工企业,国内乳制品企业的整体经营状况有了较大的改善。随着国家贯彻实施"十二五"规划、落实食品安全监察制度和鼓励大型乳品企业扩大市场份额的推进,从短期来看,中国出口状况在保持现有水平的基础上小幅上升,从长期看,国内乳制品出口量将不断提高。

2. 与世界乳业差距

1）单产水平低

与国外乳业发达国家相比,我国奶牛的单产水平还处于较低水平。2011 年,全球成母牛平均单产为 2393.5 kg,但以色列为 11 667 kg,美国为 9677.7 kg,加拿大为 8699.3 kg,西班牙为 7715.6 kg,荷兰为 7536.5 kg,而我国仅为 3003 kg,较乳业发达国家单产水平相差甚远。2011 年中国与发达国家的成母牛平均单产比较见表 4.7,2000～2011 年中国与美国奶量及奶牛存栏变化趋势如图 4.11、图 4.12 所示。

（单位：吨）

表 4.6 2000～2011 年我国乳制品进出口情况

年份	奶粉		乳清制品		干酪		奶油		液态奶		炼乳	
	进口	出口	进口	出口	进口	出口	进口	出口	进口	出口	进口	出口
2000	72 769	10 161.14	122 902.9	334.27	1 967.9	407.47	3 088.3	222.56	17 464.1	29 579.12	646.5	7 253.47
2001	58 506.2	5 042.79	119 780.5	337.59	2 029.5	513.65	1 452.5	0.08	12 455.8	26 506.59	1 346.9	10 303.46
2002	110 798.5	10 299.38	137 954.1	343.51	2 532.5	605.92	5 154.8	505.08	6 499	27 937.35	887.7	11 339.48
2003	133 689.1	7 677.93	161 205.3	227.89	4 613.8	546.84	11 228.2	3.63	3 345.9	27 451.42	961.5	12 955.24
2004	144 930.7	9 259.19	178 011.2	1 440.68	7 244.1	635.24	12 379.4	23.85	3 498.1	31 422.3	1 120	17 433.48
2005	106 874.9	17 764.3	187 642.9	635.24	7 177.7	658.25	12 834.9	645.6	4 279.1	11 034.7	1 225.3	16 100
2006	134 917.4	20 576.5	184 557	521.59	9 892	540.26	12 831.6	138.99	4 550.3	39 702.36	1 077.9	13 380.45
2007	98 171	62 038.32	167 584	4 066.35	13 190	471.65	14 002.2	5 928.88	4 829.8	47 223.93	925.1	14 836.65
2008	100 930.1	63 771.29	213 506.4	4 309.97	13 904.4	366.33	13 553.4	4 966.56	8 320	39 531.7	853.1	8 054.15
2009	246 787.4	9 737.53	288 753.8	316.09	16 976.8	114.73	28 443.7	2 045.65	14 305.3	20 873.73	1 732.3	3 691.95
2010	414 039.8	2 969.7	264 499	445.54	22 920.7	196.4	23 448.9	3 038.76	17 119.1	23 666.9	3 266	3 443.52
2011	449 541.9	9 327.2	344 244	1 149.59	28 602.7	338.87	35 675.6	3 358.96	43 085.9	26 020.12	4 913.5	3 130.18

资料来源：中国奶业年鉴

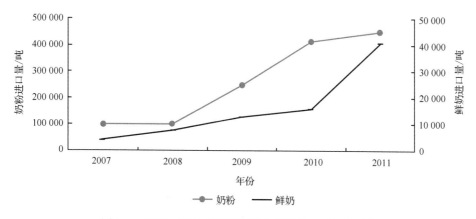

图 4.9　2007～2011 年我国奶粉和鲜奶进口量变化趋势

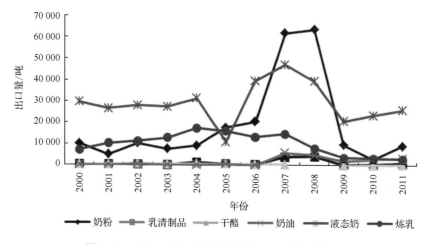

图 4.10　2000～2011 年我国乳制品出口量变化趋势

表 4.7　2011 年中国与发达国家的成母牛平均单产比较

国家	牛奶产量/万吨	奶牛存栏/万头	平均单产/kg
以色列	140.0	12	11 667.0
美国	8 901.5	919.4	9 677.7
加拿大	854.6	98.3	8 699.3
西班牙	640.0	83.7	7 715.6
荷兰	1 185.1	147.0	7 536.5
中国	3 657.8	1 440.2	3 003.0

2）原料乳的质量差

我国现有的原料乳的质量与国外发达国家相比有较大差距。原料乳的质量安

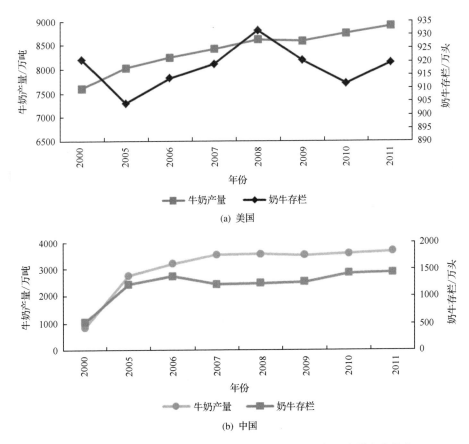

图 4.11　2000～2011 年美国(a)和中国(b)牛奶产量和奶牛存栏变化趋势

全问题是困扰我国乳业健康发展的关键问题,我国原料乳的质量参差不齐,制约着乳品质量和安全的提升[6,7]。目前,我国原料乳的标准是食品安全国家标准 GB 19301,标准规定生乳中的细菌总数≤200 万 CFU/mL,未规定体细胞的标准要求,这些明显低于国外发达国家的标准。主要国家生乳中细菌和体细胞的标准要求见表 4.8。

4.1.2　我国乳品存在的质量安全问题

1. 典型乳品安全质量事件回顾

近年来,我国乳品安全事件频发,但最典型的乳品安全事件为"阜阳奶粉"事件、"三聚氰胺"事件、"黄曲霉毒素 M_1"事件、"光明乳业安全"事件、"南山奶粉"事件、"伊利奶粉汞超标"事件。这些事件,从不同角度折射出我国乳品安全存在着人为掺假、原料乳安全、生产过程控制、进口原料等问题。

表 4.8　主要国家生乳中细菌和体细胞的标准要求

国家/地区	指标		细菌总数/(CFU/mL)	体细胞/(个/mL)
中国	生乳		2 000 000	——
欧盟	生牛乳	用于热处理饮用奶、发酵乳、乳酪、调味乳、奶油	100 000	400 000
		用于以牛奶为基础的产品	100 000	400 000
		直接用于人类消费的产品	100 000	400 000
	生水牛乳	用于以牛奶为基础的产品	1 000 000	500 000
		直接用于人类消费的产品	500 000	400 000
	生山羊和绵羊乳	用于热处理饮用奶及热处理奶制品	1 500 000	
		直接用于人类消费的产品	500 000	
美国	生牛乳		100 000	750 000
	生山羊乳		100 000	1 000 000

(1)"阜阳奶粉"事件。

2003 年,我国发生了制造、销售劣质奶粉和一系列因为食用劣质奶粉导致婴幼儿致病、致死相关事件,其中安徽阜阳是事件的重灾区和严重后果的暴发区,因此此类事件被通称为"阜阳奶粉"事件。

劣质奶粉危害对象是以哺食奶粉为主的新生婴幼儿,主要危害是由于蛋白质摄入不足,导致营养不足,症状表现"头大、嘴小、浮肿、低烧",由于以没有营养的劣质奶粉作为主食,出现造血功能障碍、内脏功能衰竭、免疫力低下等情况,还有的表现为脸肿大、腿很细、屁股红肿、皮肤溃烂和其他的幼儿严重发育不良特征,症状最明显的特征表现为婴儿"头大"。该事件共在山东、成都 13 省市产生影响,北京、广州出现了怀疑吃劣质奶粉导致的严重发育障碍婴儿。

该事件实质是违法分子以掺杂使假奶粉危害儿童的身体健康,但从侧面反映了我国乳品资源的匮乏,尤其是婴幼儿食用乳品的缺乏和对该类产品质量安全监管的缺失。

(2)"三聚氰胺"事件。

2008 年爆发的、震惊中外的"三聚氰胺"事件是三鹿集团使用被人为加入化工原料三聚氰胺原料乳,生产婴幼儿配方乳粉。很多食用该产品的婴幼儿被发现患有肾结石。截止到 2008 年 12 月底,全国累计报告因食用"三聚氰胺"奶粉导致泌尿系统出现异常的患儿共 29.6 万人。在通报全国婴幼儿奶粉三聚氰胺含量抽检结果中,22 个厂家 69 批次产品中检出三聚氰胺,该事件沉重的打击了中国乳业,引发了中国乳业的整顿和洗牌。

"三聚氰胺"事件的实质是违法分子,为追求高额利益,不顾人民健康在原料乳中掺入非食品用化工原料,导致中国乳业的重大损失。另一方面,该事件也反映出中国乳业发展的短板,即原料乳供应量严重不足和原乳多环节存在的质量安全风险。

(3)"黄曲霉毒素 M_1"事件。

2011 年 12 月,国家质检总局发布《2011 年 17 类产品产品质量国家监督抽查结果的公告》显示抽查了北京、天津、河北等 21 个省、自治区、直辖市 128 家企业生产的 200 种液体乳产品,抽查发现有 2 种产品黄曲霉毒素 M_1 项目不符合标准的规定,其中便包括蒙牛乳业(眉山)有限公司 2011 年 10 月 18 日生产的 250 mL/盒包装的纯牛奶产品,该批次产品黄曲霉毒素 M_1 实测值为 1.2 μg/kg,而国家规定的最高值为 0.5 μg/kg,黄曲霉毒素超标 140%。另一款福建长富乳品有限公司生产的长富纯牛奶(精品奶)也被检出黄曲霉素 M_1 不合格,实测值为 0.9 μg/kg,较国家规定最大值超标 80%。

黄曲霉毒素 M_1 属于黄曲霉毒素的一种,是哺乳类动物摄入被黄曲霉毒素 B_1 污染的饲料或食物后,黄曲霉毒素 B_1 经过体内羟基化作用转化形成的产物,进而可污染牛奶。黄曲霉毒素 M_1 结构稳定,在牛奶加工过程中无法去除。黄曲霉毒素 M_1 毒性虽然低于黄曲霉毒素 B_1,但与氰化钾和砒霜相比较,仍属特别剧毒物质,为强致癌剂。黄曲霉毒素 M_1 危害主要表现为其具有强的致癌性和致突变性,对人及动物肝脏组织有破坏作用,可导致肝癌甚至死亡。因此,黄曲霉毒素早在1993 年被世界卫生组织(WHO)的癌症研究机构划定为一类致癌物,是一种毒性极强的剧毒物质。在欧盟,牛奶和奶粉中的黄曲霉毒素 M_1 含量被限制在0.05 mg/t 以下。

后经专家分析,黄曲霉毒素 M_1 来源于奶牛饲料。即便是来源于饲料,那么该毒素是如何经过层层检验和把关来到最终产品,这说明企业对于危害物的控制存在一定的弊端,也折射出我国奶牛饲料的真菌毒素污染问题。"黄曲霉毒素 M_1"事件在 2012 年的"南山奶粉"事件中继续延续。这充分说明了,我国乳品的质量安全问题依旧不容乐观,食品安全风险不容忽视。

2. 乳品市场监督抽查

"三聚氰胺"事件后,国家加大对乳制品的抽查力度,2009～2011 年国家质检总局共抽查 565 个批次产品,其中 7 个批次不合格。国家质检总局 2009～2011 年乳品抽查情况见表 4.9。

表 4.9　国家质检总局 2009～2011 年乳品抽查情况

年份	产品	抽查数量	不合格情况
2009	婴幼儿配方粉	58 批次	无
2010	灭菌乳	120 批次	无
2011	液态乳	200 批次	不合格 2 个批次,问题是黄曲霉毒素超标
	乳粉	60 批次	不合格 1 个批次,问题是大肠菌群超标
	婴幼儿配方粉	54 批次	3 个批次不合格,生物素、菌落总数超标、α-亚麻酸低于标准值
	灭菌乳	73 批次	1 个批次,蛋白质低于标准值

3. 乳品生产链质量安全因素

影响乳制品质量安全的因素主要包括环境污染、兽药和饲料添加剂残留、有害微生物以及人为因素等。这些不安全因素贯穿于整个乳业之中,涉及从原料乳、加工过程、储藏、运输、销售到消费者购买后至食用前的各个环节[8,9]。

1) 原料乳的生产过程中不安全因素

在养殖环节中的奶牛乳房炎,在原料乳的收购环节,奶站的挤奶操作不规范,牛奶检测环节技术手段落后,对挤奶、储奶、运奶的设备冲洗不彻底及冷藏设施落后等均会造成牛奶质量的降低。奶牛的饲料安全问题是乳品安全的另一源头。其中饲料中有害物质及农药的残留,其他辅料的理化、微生物指标如达不到相应的标准,也会存在乳制品安全性隐患,特别是各种食品添加剂的质量与添加量,应引起注意。

2) 乳品加工过程的不安全因素

乳制品加工过程是制约乳业安全的重要因素。乳品企业在加工过程中,如果不注意管道、加工器具、设备的清洗、消毒,就会影响产品的质量。同时在生产加工环节中生产设备和工艺管理水平是否先进,新产品配方设计是否符合国家相关标准,甚至包装材料的污染也会致使牛奶制品的品质乃至安全性都难以达到高品质牛奶国际认证标准。每一种乳制品都有特定的工艺过程,整个工艺过程的每一环节都将直接或间接对最终产品质量产生影响。加工过程的主要环节有:原料乳储藏、配料、杀菌(灭菌)、灌装或包装。

3) 乳品储藏、运输、销售环节的不安全因素

由于乳品的易腐性和不耐储藏性,其在储藏、运输、销售过程中,成品可能发生物理化学变化、微生物变化,所以除了超高温处理的产品和奶粉外,其他乳品在流通销售中需要全程的冷藏,如巴氏杀菌奶,运输全程需使用温控冷藏车,销售环节须温控冷藏等,若略有疏忽则严重影响质量。

4.2　国际乳品安全控制技术发展及经验借鉴

4.2.1　国际乳品安全控制技术发展

1. 奶牛养殖环节安全控制技术

奶牛养殖环节的安全控制技术主要包括奶牛的育种技术、饲养技术、疫病防控技术和生产性能测定技术[10]。

1) 奶牛育种技术

自从孟德尔遗传学创立以来,发达国家的动物育种工作在 20 世纪前后开始从经验走向科学,加拿大从 1905 年就开始实施系统的奶牛育种计划。人工授精技术、胚胎移植技术、计算机技术的成功应用为奶牛繁育工作注入了强大的动力,推动了奶牛育种科学不断发展。近年来,遗传标记辅助育种、转基因技术、克隆技术等高新生物技术的研究取得突破性进展,给奶牛育种工作带来了新的希望。

2) 奶牛饲养技术

科学的营养调控、良好的饲养管理是确保奶牛健康和高效生产最关键的因素,直接影响饲料利用率、牛奶生产成本、奶牛使用寿命和原料乳的质量,决定奶牛能否发挥其最佳生产性能。因此奶业发达国家十分重视奶牛饲养技术的研究,依靠科学的饲养、先进的营养调控和饲养管理手段实现对饲料的高效利用,不断提高奶牛生产水平。

3) 奶牛的疫病防控技术

国外奶业发达国家,奶牛养殖历史悠久,集约化程度高,饲养管理人员专业素质好,饲养管理水平高,疾病发生率低,社会化服务体系完备,技术成熟度好,对疾病研究起步早且持续不断。如美国对奶牛乳房炎的研究有上百年的历史、对牛结核病的根除计划从 1917 年就已开始。经济发达国家,以其强大的经济做后盾,对待患病牛只采取高淘汰、高扑杀的办法,有益于彻底消除传染源;在传染病的诊断技术和疫苗研究方面投入大量资金,利用先进的技术手段开展研究;在奶牛常见病防治方面研究形成了大量专用药剂和成熟的综合防控技术,成功地控制了许多传染病。

4) 奶牛生产性能测定(DHI)技术现状及发展趋势

奶牛生产性能测定(dairy herd improvement,DHI)是世界上奶业发达国家普遍用来管理和提高奶牛生产水平的一项综合技术,它可以了解牛群个体信息和群体水平,是经过实践证明的最有效的量化奶牛生产管理工具。它可以为奶牛良种繁育提供可靠依据、为奶牛饲养、兽医防治、改善日粮结构、科学制定管理计划提供指导,为原料乳第三方监督检验的实施奠定基础。DHI 体系在国外发展了一百多年,其应用效果很明显。世界上奶业发达国家,如美国、加拿大等早已实施了这个方案。这些国家的实践证明实施 DHI 体系测定是发展高效奶牛业的关键[11]。

以下分别介绍了以色列和美国 DHI 技术应用情况。

(1) 以色列 DHI 技术应用现状。

以色列是世界上奶牛单产水平最高的国家,2000～2010 年其奶牛平均年单产一直呈现上升趋势,从 9480 kg 增加至 10 340 kg。以色列纯种荷斯坦品系的培育和较高的单产水平与其 DHI 工作是密切相关的。以色列 DHI 测定工作开始于1934 年,参加牛群数为 12 个,1984 年,为满足育种工作的强烈需要,以色列 ICBA 建立 DHI 测试中心,配置了最先进的红外检测设备,可以检测乳脂、乳蛋白、乳糖、体细胞。加入测试的牛场数逐年增加,以色列的 DHI 测试进入高峰是在 1988 年,全国有 373 个牧场参加,截止到 2011 以色列有 90% 的牛,670 个牧场 107 117 头牛加入 DHI 测试。1934～2011 年,以色列奶牛 DHI 测定情况见表 4.10。

表 4.10　以色列奶牛 DHI 测定 1934～2011 年概况

年份	牛群数	牛只数/头	每头牛产奶量/kg	乳脂肪率/%	乳蛋白率/%
1934	12	1 029	3 690	3.69	
1939	31	2 878	3 847	3.61	
1944	69	5 303	4 227	3.55	
1949	88	8 733	4 044	3.51	
1954	198	14 337	4 197	3.55	
1959	181	16 917	5 347	3.48	
1964	202	24 013	5 694	3.27	
1969	212	34 132	6 271	3.25	
1974	214	47 161	6 833	3.22	
1979	212	61 947	7 855	3.26	
1984	205	66 000	8 734	3.29	
1989	479	72 645	9 092	3.17	3.00
1994	802	92 175	9 748	3.10	2.96
1999	916	98 485	10 469	3.26	3.07
2004	775	99 537	10 668	3.57	3.10
2008	688	103 895	11 461	3.52	3.16
2009	680	83 556	11 945	3.51	3.13
2010	671	101 393	11 991	3.53	3.15
2011	670	107 117	12 175	3.54	3.18

注:数据来自以色列奶业年鉴 2011

以色列地处非洲、亚洲及欧洲的交接处,人口745万,国土面积21 500平方千米,但仅有20％国土面积可用作土地。很多因素限制着农业及畜牧业的发展,但以色列通过建立奶牛社会化服务体系,包括DHI测定中心、奶牛乳房保健中心、饲料配送中心等服务机构,为奶业的发展提供可靠保障,使其奶业取得牛奶总产量为127万吨/年,人均消费量172 kg/年,牛奶总产值21.29亿美元/年,牛奶总产值占农业总产值的16.5％的优异成绩。通过其"奶牛心脏"——DHI中心的高效服务,2011年奶牛年单产达12 175 kg,乳脂肪率达3.54％,乳蛋白率3.18％,体细胞数从1995年428 000/mL降至2011年的219 000/mL。提供的原料乳中,细菌数＜10 000/mL的占54.61％,10 001/mL＜细菌数＜50 000/mL的占44.63％,超过50 000/mL的仅占0.76％。

(2)美国DHI应用现状。

美国是世界上最早开展奶牛生产性能测定的国家,从1883年就开始对奶牛个体产奶量进行记录。1923年美国巴比考克研究所开始测定牛奶中的乳脂率(主要为了防止牛奶加水的行为),从而开启了乳成分测定的历史。其后随着育种及牛场生产管理的需要而逐渐开始了乳蛋白率、体细胞数、尿素氮等指标的测定。在数据记录形式上,经历了手工记录、计算机记录和现在的网络平台记录等阶段。在数据利用上,美国DHI数据自1928年就开始用于公牛的遗传评定。在最初相当长的一段时间,DHI主要为育种及科研服务,因此得到政府的资金支持。随着DHI的发展及成熟,DHI更加侧重于对奶牛场生产的服务和奶业的可持续发展,奶牛场通过参加测定获得了巨大的经济效益。直到1993年,随着市场化程度提高,各测定中心为了争夺市场份额,在为奶牛场服务上展开了激烈的竞争,促进了DHI在奶牛场管理应用方面的迅猛发展。

20世纪60年代中期,农场主组建了全国性的DHIA(全国DHI委员会),并把教育、培训也融入到该项目中。经过了几十年的演变、改进、扩展,最后才有了现在的DHI项目。在美国,从1989年到2004年底,每年参加DHI的母牛都占总头数的45％以上,数量在400万以上,到2012年,参测牛群数19 687,参测牛只为4 414 231头,平均单产10 459 kg,1996～2012年参测概况见表4.11。

表4.11　美国奶牛DHI测定1996～2012年概况

年份	牛群数	牛只数/头	每头牛产奶量/kg	乳脂肪率/％	乳蛋白率/％
1996	39 734	4 238 891	8 577.84	3.72	3.23
1997	36 821	4 165 865	8 860.881	3.70	3.22
1998	36 038	4 255 727	8 842.283	3.69	3.22
1999	34 968	4 370 759	9 281.359	3.70	3.24
2000	33 457	4 457 121	9 446.919	3.70	3.14

续表

年份	牛群数	牛只数/头	每头牛产奶量/kg	乳脂肪率/%	乳蛋白率/%
2001	31 001	4 391 799	9 455.537	3.68	3.08
2002	29 167	4 412 866	9 621.097	3.69	3.07
2003	27 739	4 331 143	9 632.437	3.69	3.07
2004	26 180	4 245 910	9 638.788	3.69	3.09
2005	25 096	4 214 003	9 912.756	3.68	3.07
2006	24 536	4 292 565	10 006.65	3.70	3.08
2007	23 557	4 338 693	10 048.83	3.69	3.09
2008	23 013	4 478 447	10 066.52	3.70	3.10
2009	22 063	4 469 906	10 103.26	3.69	3.09
2010	20 873	4 349 798	10 217.57	3.67	3.09
2011	20 364	4 414 429	10 289.24	3.72	3.10
2012	19 687	4 414 231	10 459.33	3.73	3.11

2. 乳品加工技术

1）乳品基础科学技术

数学、物理、化学、生物化学、物理化学和微生物学等乳品科学领域最基本的基础科学都有了飞速发展,但也不能满足乳品领域探求未知和解决现有问题的需要。当前乳品加工技术科学领域的新兴科学包括食品物性学、胶体和界面科学、分子生物学、流学、营养学和胃肠内科学等,在奶产品加工中的应用和发展,突破了传统认识问题的方法,从新角度来研究乳和乳制品,为乳品科技研究开拓了广阔的领域,使乳品科技产生了几何级数般的进步。

2）乳品高新技术开发

随着乳品科技的发展,多项高新技术得到开发并实施应用[12]。在世界范围内,在乳品行业得到广泛应用的高新技术有:生物技术、膜分离技术、高压杀菌技术、微胶囊技术、挤压蒸煮技术、超巴氏杀菌技术、超高温杀菌技术、冷杀菌技术、超临界流体萃取技术、数字模拟和计算机化技术、激光散射分析技术、同位素示踪生物有效性分析技术等。

3）新产品开发技术

随世界市场的需求,研究开发新产品,特别是高附加值、高科技含量的绿色食品,集营养、保健、医疗于一体的新型乳制品已势在必行。目前,发达国家乳制品趋向于多品种、多系列、多口味;液体乳、干酪和断奶食品种类繁多,低脂、低胆固醇、高蛋白、发酵制品及功能性乳制品猛增。主要新产品开发为:免疫乳开发、牛初乳开发、干酪的开发、发酵乳的开发、乳清的开发、干酪素和酪蛋白的开发、生物活性物质酪蛋白磷酸肽的开发、功能性乳粉的开发等。

3. 乳品生产全过程安全控制技术

1) 乳品微生物检测技术现状与趋势

乳品微生物检测技术对乳品的质量安全、营养健康及疾病预防具有重要作用，其方法由传统的培养方法向分子水平迈进。目前，超声波技术、生物传感器和高效毛细管电泳分析技术已被应用于乳品检测及在线检测，在线检测具有测量快速、操作简单、测量设备成本低和信号的可控性等特点。实行全程实时监控是未来微生物检测的发展方向，在线技术的研发和应用是未来乳品微生物检测技术的发展方向。

2) 质量安全管理体系现状与趋势

以 HACCP、GMP 和 SSOP 为基础的乳品质量管理体系在国外发达国家普遍应用，甚至通过法律手段强制实施。美国国家州际奶运输协会（National Conference on Interstate Milk Shipments，NCIMS）发动了乳品企业自愿参与的乳制品 HACCP 计划，使 HACCP 和《A 级巴氏杀菌奶条例》（PMO）一样给消费者提供相同的安全保障。加拿大食品检查局为了推动 HACCP 的发展应用开展了"食品安全提高计划（FSEP）"，计划中鼓励在联邦注册的乳制品企业建立 HACCP 体系，目前 324 家乳品企业中的 52 家参加了该计划，并通过审核。此外，新西兰、日本、澳大利亚和阿根廷的乳品工业也采取了 HACCP 管理体系，将其应用到生产系统中。

3) 乳品风险评估现状与趋势

对乳品中污染物进行风险评估是保障乳品安全的重要手段，它有助于了解所面临问题的严重程度，为制定污染物限量标准提供数据，同时通过定量评估可以为乳品风险预防指引方向，为制定乳品安全控制措施提供依据，降低乳品安全事故的发生。目前所研究和开展应用的是对乳品中化学性危害、物理性危害、乳品加工技术及食品添加剂的风险进行评估[13]。例如，2009 年 Rossetti 等按照欧盟对益生菌的安全资格认定的方法对意大利格拉纳帕塔诺奶酪乳清发酵剂中的主要菌种进行了安全性评估。半衰期为 8d 的碘-131 是核污染中最常见的一种放射性元素，美国 FDA 规定牛奶中碘-131 的限定值为 170 Bq/kg，2011 年 3 月日本福岛核泄露造成其周边地区生产的牛奶检测出核辐射高于正常水平。目前，乳中的核辐射尚没有系统的风险评估研究报告。此外，应用评估技术还可以分析发现转基因牛和非转基因牛生产的乳品并没有生物化学组成上的明显差异。香港特区政府食物环境卫生署与食物安全中心曾于 2010 年进行了食物中纳米材料的风险评估，涉及乳制品。乳品安全风险评估是保障乳品安全的重要工具之一，是实现"从牧场到餐桌"全程安全质量控制的重要基础。乳品风险评估将在乳品生物性危害、化学性危害、新资源食品和乳品新工艺等方面的应用越来越多。

4) 乳品追溯系统的现状与趋势

追溯是指对某一活动或进程的历史进行跟踪或详细分析的能力,包括跟踪和溯源。对于乳品而言,跟踪是指从牛羊饲料种植开始到消费者购买成品乳品的全程跟踪乳品轨迹能力。溯源是指从消费者已购买到手中的或者在超市或其他销售终端摆售的各种类型的乳及乳制品或含有乳成分的成品食品回溯到其养殖和生产阶段状况的能力。目前,在乳制品方面建立完整的安全可追溯系统的国家较少,其中瑞士较早在干酪方面实行地理位置信息追溯,主要记录各国干酪名称,追溯干酪的产地;意大利首先在乳品行业的 UHT 乳中建立全程可追溯系统,同 HACCP 体系结合更好地保证产品质量安全;丹麦也开始建立乳制品行业的可追溯系统,实现"农场到餐桌"的链条追溯。乳品追溯的方法有 RFID 技术、二维码、GSP 定位技术,这些技术均需要与企业的 ERP 系统相结合,采用信息化手段实现全程追溯。

4.2.2　世界主要国家和地区乳品安全控制概况

奶业发达国家通过完善的乳品质量安全法规以及完备的质量安全监管机构来完成乳品安全的监管,此外完善的奶业服务体系也为乳品的安全做出重要贡献。

1. 美国乳品安全监管及控制

美国食品和药物管理局(FDA)负责全国的乳制品质量安全,与农业部、行业协会等以签订合作备忘录形式进行分工合作。奶牛场、奶罐车和乳品生产企业等乳制品从业者在投入运行前,需先获得各州监管部门颁发的营业执照(生产许可),州农业部门全面负责对奶牛场的监管。此外,美国农业部的动植物健康检疫局(APHIS)和 FDA 的兽医中心(CVM)还负责对动物疫病、兽药及兽药残留控制。尽管不是法规强制,大多数奶牛养殖场均达到 PMO 要求并获得美国官方"A 级"乳类认证。

州政府的农业部门(少部分州为卫生部门)负责对设立在本州生产企业的监管,监管人员每三个月监管一次,经 FDA 培训的州评级人员(state rating officer,SRO)每两年监管一次。FDA 的区域办公室也可能对乳制品企业和奶牛养殖场进行监管。婴儿配方乳品生产企业由 FDA 直接监管,每年会进行一次全面检查,州政府可能或者不进行监管。

美国乳品相关法律主要有《联邦食品、药品和化妆品法案》,其第 350 节规定了乳品生产过程质量控制、营养成分要求、防止掺杂、记录保存、产品检测项目等方面的原则性要求。乳品相关联邦法规,由 FDA 负责发布实施,主要有 21 CRF 106、107、 110 和 113。其中:106 规定了婴儿配方奶粉中营养成分控制、终产品营养成分评估、配方变更、产品编码、记录保存等要求;107 规定了婴儿配方奶粉营养成分最低限量、营养标签的格式和必须包含项目、冲调和饮用方式指南、产品召回等要求;110(《现行良好操作规范》)规定了一般食品生产企业需遵循的设施、物料、人员、卫生、生产方法等软硬件要求;113 即《低酸罐头食品法规》,主要针对液态巴氏杀菌乳。

美国国家州际奶运输协会(NCIMS)由美国官方和乳制品相关的协会等组成,通过制订和实施《A 级巴氏杀菌奶条例》(Pasteurized Milk Ordinance,PMO),开展州与州之间的乳品贸易。企业缴纳费用后,可获得美国农业部农业市场局的"A级"奶制品认证。美国绝大部分奶牛养殖场和婴儿配方奶粉企业均获得 A 级认证并列入州际运输的乳品(IMS)企业名单,并在美国食品和药物管理局网站上公布。

2. 丹麦乳品安全监管及控制

丹麦对乳及乳制品实施"从农场到餐桌(from farm to fork)"的全过程监管。根据欧盟 852/2004 法规及丹麦本国食品法的要求,兽医和食品管理局(DVFA)对食品生产经营单位实施注册制度。对不同类别食品的生产经营者分别实施备案和注册的管理。丹麦所有生产经营者都要向地方兽医与食品管理中心递交申请,地方办公室根据其生产经营行为的风险实施备案或注册。

1) 农场的管理

(1) 备案:DVFA 要求所有牛、绵羊、山羊和猪的农场都必须在中央农业注册系统(Central Husbandry Register,CRH)中注册,输入农场地址,饲养员和农场主的姓名、地址、联系方式,动物种类、存栏数,临床兽医的姓名、地址、联系方式,种群建立及终止时间,动物疾病及用药情况,当地兽医主管部门,动物耳标等信息,此后将收到确认信函,获得一个唯一的 6 位备案编号,农场中的每个种群也都有一个与备案编号相关联的代号。在种群取消后的 6 个月之内所有者必须在 CRH 中注销该种群的相关信息。CRH 中所有信息对农场主和公众公开。申请者不需要递交额外的申请书,只需要与当地的 CRH 办公室联系并在 CRH 中输入上述信息进行备案,DVFA 在准予备案之前不对其进行现场检查,在申请人获得备案资格并开始生产经营活动后的 14 天或者一个月之内对其现场检查;对于风险程度较高及中等的企业,将会在 14 天之内实施现场检查;风险程度较低的企业,将在 1 个月之内实施现场检查。农场中牛群信息发生变化(如牛犊出生、牛只购进或售出、疾病发生等)都必须在发生后的 3 天之内上传到 CRH 系统中。

(2) 兽药管理:丹麦对兽药使用实施严格的处方体系,所有奶牛用药必须通过合同兽医处方开药,其中:85% 的兽药由农场根据处方从药店购买给动物摄入,10% 由兽医在诊疗时直接用于动物,5% 的兽药通过饲料添加用于动物治疗。药店在售出兽药时,系统即会自动上报药品售出信息。丹麦禁止使用激素类药物。对于兽药的停药期有着严格的规定。从 2001 年开始,丹麦建立兽药使用监控系统

VETSTAR,境内每家农场每头牛用药信息都必须及时上传到系统中,DVFA、丹麦农业和食品委员会(DAFC)及农场主均可通过电子记录查看用药情况,农场的合同兽医对农场实施一年二次的疫病防控。

（3）官方监管:DVFA 对奶牛场的监管由地方兽医与食品管理中心具体负责,官方兽医到农场进行监督管理有如下四种情况:①农场所产原乳的体细胞数增加;②农场被列入当年的官方 CKL 抽样计划中;③常规检查,每年 DVFA 会抽取 5%的农场进行常规检查;④当出现突发情况的时候。官方常规监管的内容包括:动物健康检查,一般卫生状况的检查,设备的清洗,储奶罐的温度,书面材料检查,如兽药的使用、运输温度记录、乳品质量顾问的报告等。

2）乳品生产企业的管理

（1）DVFA 对乳品生产企业的准入管理即注册。乳品生产企业须在生产开始之前向地方办公室(FCOs)提交申请;申请后需接受 DVFA 对资料的审核和现场检查。未获得 DVFA 注册资格的企业不能进行任何生产经营活动。如果企业的厂房设计和设施设备等基础条件符合要求,将获得 DVFA 授权的有条件许可进入试生产阶段,在此期间企业对建立在 HACCP 基础上的自控体系进行修改完善。条件许可期一般为 3 个月,3 个月后 DVFA 将对企业再次进行现场检查,如果企业有明显改进但仍不能完全符合要求,条件许可期将再延长 3 个月。3 个月后 DVFA 将对企业进行第三次现场检查,如果完全符合要求,企业将获得最终许可及 DVFA 颁发的注册证书(certificate of manufacture and auto-control)。如果延长的 3 个月后企业仍不能符合要求,DVFA 将不准予最终注册许可,企业必须停止生产经营。丹麦未规定注册证书的有效期限,企业须每年接受 FCOs 的检查,一旦被发现不符合要求,注册许可将被取消。

（2）DVFA 对乳品企业的监管:DVFA 对食品企业的监管可分为三类,分别是常规监管、专项行动、抽样和检测。其中常规监管包括固定频次的定期监管、针对导致处罚或者消费者投诉行为的追加监管、注册许可后监管以及针对出口第三国产品的检查等。

（3）DVFA 对乳品企业的风险分级管理——"笑脸计划（Smiley Project）"。DVFA 将食品生产经营过程的风险因素归纳为 7 类:①与食品种类和消费者食用方式相关的微生物风险;②食品种类及加工方式;③用于降低微生物风险的处理措施;④某些特定风险;⑤初级产品的化学危害;⑥加工过程的化学危害;⑦与消费群相关的风险,如过敏原。DVFA 根据上述 7 个风险因子和一个与生产季节性有关的校正因子对食品生产经营单位进行风险分级,按照风险从低到高分为 5 个级别,分别是非常低、低、中等、高、非常高,每一个级别的企业都有一个对应的标准监管频率。其中乳制品企业风险级别为非常高,对应的标准监管频率为 5 次/年。

DVFA 将监管结果从好到差分为 1～4 级,分别是未发现问题、给予警告、责令停产并罚款、撤销注册许可或移送司法部门。每一级采用不同的表情符号标识，"笑脸"代表1级，因此这套评价体系也被称为"笑脸计划"。在最近的四次检查中均获得"笑脸"并且在上一年度的所有检查中也均获得"笑脸"的企业评为优秀企业，优秀企业的监管频率少于其对应的基础监管频率，但一年不得少于一次。例如，被评为优秀的乳品厂，监管频率在5次/年的基础上减少为3次/年，如在这一年中继续保持"笑脸"，则监管频率可以减少为2次/年。上述检查报告均在丹麦官方网站上公开。

（4）DVFA对乳品企业的定期监管：DVFA根据欧盟有关食品法规的要求，将食品企业的检查要点归纳为12个方面，包括卫生、自控体系、检查报告的公开、员工的卫生培训、标签标识信息、许可、特殊标识及ID识别、产品标准、添加剂、化学污染物、包装及其他等，要求在一年的定期监管中必须全部覆盖上述12个方面。此外在每次的定期监管中必须包括对卫生方面的检查，每年必须对危害分析、HACCP计划以及一些有代表性的关键控制点进行审核。

（5）DVFA对乳品企业的专项检查：DVFA根据上一年度各种检查中发现的不符合项，以及风险分析小组对风险的评估结果，由领导层在每年的年初制定专项行动计划，用以确保其管辖范围内的所有领域都符合法律法规的要求。专项检查以风险较高或发现问题较多的领域作为关注重点，并在检查过程中分析查找造成不符合的原因，同时将检查行动及结果向媒体公布。

2013年，DVFA制定了15个专项行动计划，其中关于食品的12个、关于饲料的3个。例如，进口食品专项行动，包括水果及蔬菜的进口和贸易、肉的标志和处理，有机食品可追溯性，饲料的标签等。

3）监控及抽样

DVFA针对乳及乳制品的药残、重金属、环境污染物和霉菌毒素等物质制定了两个年度抽样计划，一个是主要针对欧盟法规EC 96/23所规定的禁用药残留监控计划（National Residue Control Plan，NRCP）；另一个是主要关注微生物标准验证、抗菌药、驱虫剂和非甾体类抗炎药物、有机氯化合物[二氧(杂)芑和多氯化联(二)苯]、霉菌毒素项目抽样检测的计划。此外，DAFC还制定了一个主要针对有机磷化合物（杀虫剂）、化学元素（重金属）等物质的补充计划。

NRCP由DVFA下属兽医部的动物福利和兽药处负责实施。每年4月份DVFA会筹备来年的NRCP，动物福利和兽医处会将初定的计划发送给相关的常规实验室，常规实验室会根据计划为每组分析物任命项目经理，同时根据DVFA的计划和企业产能情况设计和准备的抽样方案。在本年度的12月1日前，相关常规实验室会将抽样方案回复至动物福利和兽医处。为了和最新的产能数据相适应，该计划在第二年的3月份会进行一次调整。抽样方案会涉及取样指南，每个抽样方案都被分配给常规实验室的员工，他们对抽样方案的设计以及分析工作的进度有充分的发言权。这样详细的方案管理有助于对 NRCP 的计划和执行情况的控制。抽样方案是通过取样单位常用的电子文档系统辅助管理的,它的界面是与实验室信息管理系统(LIMS)相连通的。取样工作由分布在全国各地的 DVFA 的地方办公室进行。DVFA 下设的地方兽医与食品管理中心负责 NRCP 中乳品的抽样,常规实验室负责监督样品的收集和输送,当样品传递逾期时,会发出预警。常规实验室还负责检查采样条件是否符合抽样指南的要求,并在计划实施过程中,向 DVFA 提交计划执行进展的季度报告。国家参考实验室和常规实验室之间会就 NRCP 的执行情况召开定期会议。

丹麦每年会对约 15 000 个动物和动物产品样品中的有毒有害物质残留量进行分析。这些样本中约有 300 个样品来自散装牛奶。这些散装牛奶样品采自农场的储奶罐中,它通常包含该农场的一天所产的牛奶。在这 300 个散装牛奶样品中,大约 200 个样本会进行兽药和禁用物质的分析检测,而约有 100 个样品会检测包括二噁英和多氯联苯、重金属、黄曲霉毒素 M_1、含氯杀虫剂等物质在内的污染物残留。在 2012 年的 NRCP 中,有 210 个样品检测了氯霉素、氨苯砜、抗生素(66种)、苯并咪唑(7 种)、非甾体抗炎药(26 种)等兽药和禁用物质项目。通常情况下,样品如果出现了阳性结果,DVFA 将会采取一系列的后续分析和跟踪措施如补充抽样等。

4) 丹麦乳品法律法规体系

丹麦对奶牛养殖、挤奶、收奶、加工、运输等各个环节都有管理要求,有原乳和成品的微生物及理化等指标的各种标准。欧盟的规章、指令和决议是丹麦乳及乳制品法律法规的基础,丹麦现行执行的有关乳制品安全卫生的法规主要有以下几个方面。

乳制品生产企业卫生控制法规:178/2002、852/2004、853/2004、882/2004、2002/99/EC;食品微生物标准和操作准则法规:2073/2004;活动物兽医卫生控制法规:89/662/EEC;活动物疫情疫病控制法规:82/894/EEC;农兽药批准、注册和登记管理法规:726/2004/EC;活动物追溯识别法规:92/102;动物福利法规:93/119/EC;加工用水法规:98/83/EC;饲料卫生要求法规:183/2005;官方兽医资格认定法规:2003/422、2003/85。除上述欧盟法规外,丹麦针对乳及乳制品建立了两个国家层面的指南,分别是《牛奶生产国家指南》和《乳品加工国家指南》。《乳品加工国家指南》第一版始于 1993 年,截至 2013 年历经 4 次修订。其主要作用是协助法规条例和某些特定要求以及 ISO 22000 的实施;将欧盟规章原则转化为实施指导方针;为危害分析和关键环节控制点及食品安全管理提供解释性材料等。同时,DAFC 也制定了两个针对乳制品生产企业的指南,分别是《牛奶生产商良好操作规范指南》和《乳品厂指南》。此外,在官方监管方面,DVFA 还单独制定了牛奶监管指南。

3. 荷兰乳品安全监管及控制

1) 荷兰乳品管理机构

荷兰乳品监管主要有部级的主管机构和具体监管机构负责。其中,荷兰经济事务部(EZ):负责从农场到屠宰厂,动物饲料、动物福利、食品生产领域、出口政策制定和监督等。下设新食品与消费品安全管理局(NVWA)和乳及乳制品监督管理局(COKZ)具体管理。荷兰卫生、福利和体育部(VWS)负责食品产品标准、标签、流通领域,奶牛养殖场政策制定和监督等。

荷兰新食品与消费品安全管理局(NVWA),负责食品法规符合性的监管和出口出证(偏重动物健康、疫病、兽药使用等方面的证书),NVWA除了能够对整个食品链进行监管外,还负责食品批发、零售和餐馆的安全卫生;负责国家残留监控计划的制定与实施、动物和动物产品的检验出证、动物疾病的监控、食品生产企业注册、边境卫生检疫控制等职能,同时还具有工作领域内的风险评估和风险沟通职责。

荷兰乳及乳制品监督管理局(COKZ),经荷兰经济事务部(EZ)以及卫生、福利和体育部(VWS)授权,负责乳及乳制品、禽蛋类产品的监督管理,接受NVWA的监督。该机构具体负责整个乳品和禽蛋行业的安全卫生质量控制事宜,包括企业注册审批、后续监管、残留监管计划实施以及产品抽样检测等。下设三个部门,分别负责政策管理、出口出证管理和运营管理等。运营管理部门下设两个工作组,一组负责原料乳的生产和运输监管;另一组负责加工厂的检验监管,负责全荷兰325家乳制品加工企业以及450家农场内传统奶酪作坊的检验监管工作。

动物健康服务中心(GD),主要在活动物的健康、卫生方面发挥作用,如具体开展奶牛的健康证明和动物疫病的监测工作,负责政府负责管理的畜禽动物I&R系统。第三方检测和认证机构(QLIP),由荷兰乳制品加工协会、奶农协会以及乳业贸易联合会等出资建立,是荷兰一家独立的,仅在乳品行业范围内从事第三方检测和认证的机构。该机构具体负责原料乳及乳制品的检测,乳品企业的体系认证,以及接受乳品企业委托派员对奶牛场实施审核等工作。QLIP需接受国家参考实验室荷兰食品安全研究所(RIKILT)和荷兰乳及乳制品监督管理局(COKZ)的双重监管。

荷兰乳品委员会(PZ),是根据荷兰1954年发布的商品法律成立的,成员由乳品从业人员、各相关行业协会组织负责人以及政府代表组成,是隶属于荷兰经济事务部的一个法定组织。该机构负责乳品从农场到零售整个食品链的所有环节,具体执行欧盟和荷兰本国有关乳业市场管理、原料乳的价格支付以及乳品质量的法律法规,是被政府认可负责起草和制定荷兰乳业相关法规的机构。

荷兰食品安全研究所(RIKILT)和荷兰国家公共卫生及环境研究所(RIVM),

分别隶属于经济事务部和卫生、福利和体育部,负责监督和验证 COKZ 和其他实验室的活动,负责新检测技术的开发应用等。同时,国家参考实验室还具体负责由 NVWA 抽取的原料乳和乳制品样品的检测工作。

2）荷兰乳品法律法规

欧盟的法规、指令和决议是荷兰立法的依据和基础,荷兰现执行的乳及乳制品主要法规有:饲料管理方面(EC)No 183/2005,兽药生产和使用 90/167/EEC、96/22/EEC、96/23/EEC、2001/82/EEC、(EC)No 726/2004,食品卫生要求(EC)No 852/2004、853/2004、854/2004、882/2004、178/2002、2073/2005、1662/2006,婴幼儿食品 92/52/EEC、2006/141/EC、2006/142/EC 等。

3）乳品生产管理情况

初级生产环节主要包括奶牛健康管理、饲料安全管理、农场管理和原料乳安全卫生质量控制等方面。每个农场都必须聘请经 COKZ 认可的兽医负责日常兽医检查,每月一次。NVWA 的兽医根据计划对农场奶牛进行健康监测。牛奶生产仅限于那些无疫病的健康奶牛。荷兰对每头奶牛都实行身份认证(Identification)和注册(Registration)管理,简称 I&R 管理体系。奶牛的所有健康记录被存放在耳标中。荷兰的奶牛大都采取以放牧为主、补饲为辅的饲养管理方式。只有那些具有良好操作规范(GMP)认证证书的饲料企业才被允许向奶牛饲养场提供混合饲料。荷兰每个农场基本都有自己唯一定向供应原料乳的乳品企业(或合作社)。乳品企业需按 COKZ 的要求对每个定向农场制定统一的质量手册,用以确保欧盟法规和荷兰乳业法律法规要求在农场得到落实。乳品企业通过聘用有 GMP、HACCP、英国零售商协会(BRC)、ISO 22000 等审核资质的检查员(如 QLIP 的检查员),根据要求对每家合同农场每两年实施一次全面审核 COKZ 在检查乳品企业时检查验证企业对定点农场的检查实施情况。

乳品生产加工环节,荷兰共有 75 家企业直接从原料乳的生产加工乳制品,还有 250 家加工厂以乳制品为原料进行二次加工,包括奶酪的熟化整形、分割和包装企业。所有乳制品企业在生产加工前必须获得 COKZ 的注册。其企业的申请、评审和审批模式与我国出口食品企业备案相似。企业批准决定由 COKZ 提交给 VWS 的部长做出,COKZ 同时抄送 NVWA。COKZ 对乳品企业的审核记录和审核报告通过网络上传总部,同时传递给 NVWA。

4. 新西兰乳品安全监管及控制

1）新西兰乳品安全质量的立法保障

新西兰乳品生产涉及的主要法规包括《动物产品法》、《食品法》、《农业化合物和兽药法》、《生物安全法》、《动物福利法》以及《兽医法》等。《食品法》主要适用于在新西兰国内生产和销售的食品,执行澳大利亚新西兰食品标准法典,该法也对进口食品提出了管理要求和执行标准。《农业化合物和兽药法》对农场在兽药、农业化合物、肥料和动物饲料等的使用方面做出了规定。该法还规定了进口、制造、销售农业化合物和兽药,初级农产品贸易,以及动物福利的要求。《生物安全法》对进出境动植物检疫方面的要求做出了规定,同时也规定某些生物兽药(疫苗和血清)进口控制的要求。《兽医法》规定了兽医的登记和管理要求。《动物产品法》目的是保护人类和动物健康以及促进出口贸易。该法要求实施的风险管理体系对奶牛的喂养、牛奶的收集、加工、包装、储存、运输及出口等进行了明确规定。《动物福利法》旨在防止虐待动物。

(1) 风险管理计划(risk manager programs,RMP)。根据《动物产品法》的要求,对动物源性产品的出口从初级生产到储存运输的各个环节均规定实施风险管理计划的要求。RMP 以 HACCP 为核心,要求企业需建立以危害分析和预防控制措施为核心的食品安全卫生控制体系。RMP 也强调出口企业需要识别和控制本企业各种食品的安全危害,将食品安全危害消除或使其降低到可接受的水平。

(2) 动物产品标准、工艺技术参数和出口要求。根据《动物产品法》,新西兰主管部门为乳制品加工、不合格生乳或乳制品的处理、原料生乳接收等关键生产工艺及产品设置了一系列产品标准和相关工艺技术参数,以使乳品加工销售符合其预期用途。相关标准和技术参数均以公告、指南和表格的形式予以对外公布。

2) 新西兰乳业安全质量管理模式、机构设置及监督

(1) 新西兰乳业管理模式。由《动物产品法》确定的新西兰乳业管理模式呈正三角形,从上到下依次为新西兰初级产业部(MPI),官方认可机构(Recognized Agency,RA)和乳品生产企业。

MPI 在顶端负责通过制定相关的乳品生产加工、产品检验等相关规定和标准来提供乳业安全质量保证,通过系统评审团队(system audit team,SAT)来监督 MPI 自身、RA 以及企业的具体行为规范,以确保整个监管体系的有效运行。MPI 制定的各项规定和标准评定的具体实施工作,由 RA 来完成,RA 的主要任务是评估企业 RMP 符合性和有效性,验证乳品企业是否持续符合 RMP 和出口要求,代 MPI 履行具体评审职责,是新西兰乳业系统的主要责任人,MPI 官方人员可直接认可 RA 的结果,签署带有符合性声明的出口认证证书。乳品生产企业,包括乳畜农场、乳制品加工厂、乳品储存运输企业,则要强制实施 MPI 规定各种管理规定,包括 RMP、产品安全标准及加工要求、溯源管理等,并有责任接受 RA 的审核,为消费者提供符合标准、标签真实可靠、安全健康的乳品产品。

(2) 官方主管机构。新西兰初级产业部(MPI)是官方主管机构,该部门由原新西兰食品安全局(NZFSA)、农林部、渔业部合并组成,原来各部门的相关法律、管理体系、人员等均未变化。根据《动物产品法》,MPI 的职责是通过制定相关的管理规定(包括标准、规范、公告、指南等),对乳制品及其生产流通进行监督管理。

这些管理规定覆盖从农场到餐桌的整个过程,既有针对乳品企业的要求,也有关于乳制品品牌和标识的规定,还包括了乳制品产品标准和质量标准,以及乳制品出口标准和乳制品风险管理项目等。

MPI 的市场保证司(Market Assure)是负责推荐企业对外国注册对应部门,该部门下设市场准入部门和市场保证部门,市场保证部门负责识别和满足我国进口注册要求,通过该部门的标准部门制定相关要求、RA 负责组织实施评审,确保新西兰乳品企业了解并符合其他国家相关要求。在此基础上,由市场准入部门与出口乳品企业联系,发布具体申请在外国注册的程序和实施要求,接受符合条件的企业申请,具体负责对外注册推荐工作的相关协调与联络。

(3) 官方认可机构。新西兰于 20 世纪 90 中期确定调整期乳业监督管理模式,即政府负责制定管理规定、实施宏观指导与开展整体监督,具体的企业符合性评审和验证由政府认可的、具备相应资质和技术能力的市场化第三方机构来实施。这一新的监管模式在 1999 年《动物产品法》中正式予以确定。其官方认可机构是从事企业 RMP 符合性评审和验证的机构以及从事乳品检测的认可实验室。

(4) 对乳业的官方监督。MPI 市场保证司下设系统评审团队(SAT),负责对整个动物产品监管模式设置的适宜性、实施的符合性和运行的有效性进行系统评审与监督,其评审对象包括 MPI 自身、RA 及其人员以及出口企业。SAT 评审员具有《动物产品法》赋予的监督权力,可以不受制约地进入 RA 以及企业现场进行评审,可以调阅所有评审报告和相关资料。

SAT 的工作职责主要有以下几个方面:①在 MPI 内部协调负责市场准入和标准设置等部门之间的关系,反映业界对出口政策和标准的意见建议,与各方合作发展改进现有的出口准入策略。②负责与认可机构共同开展对 RA 的评估工作,验证 RA 的工作开展情况,同时负责对 RMP 验证人员开展能力评估工作。③负责对各类违反相关法律法规的行为实施调查并提出检控。④根据《动物产品法》赋予的监督权力,进入企业现场实施各类监督管理行动。

SAT 目前共有 10 名工作人员,其中负责乳业的工作人员 3 名。SAT 每年制定常规工作计划,包括到企业现场审核、见证 RA 的验证过程、到 RA 总部与认可人员面谈、查阅相关文件记录等。每名乳品方面的系统审核员平均每年访问或检查 20 余家企业,对于企业的问题 SAT 可直接要求企业改正并责令 RA 进行跟踪验证。对于 MPI 措施或标准方面不适宜的问题,SAT 直接与 MPI 相关部门及主管人员反映,并提出改进意见或建议,确保整个系统有效运行和持续改进。对于 RA 的评估工作,SAT 并不全面定期评估第三方,但会通过参与年度机构评定、与机构人员面谈和见证审核等方式,实时收集和整理各类信息,综合判定是否启动对第三方机构的全面评估工作。

MPI 还组织监测奶制品微生物和特性标准参数的行动计划(简称 IVP)。实施 IVP 的目的是保证新西兰监管系统能够提供安全的奶制品,确认加工厂采样和测试程序能够识别不合格的产品,识别不能满足预期标准的个别加工厂或运营商,为乳业生产和管理提供预警信息。IVP 由 MPI 认可的验证人员实施。通常情况下每个乳品季(6 月 1 日至次年 5 月 31 日),验证人员到出口生产厂采集 300 个样本,具体采样由工厂人员在验证人员的监督下进行。所有样品都被送到 MPI 指定的实验室进行检测。IVP 重点关注病原体,并侧重对婴幼儿乳制品的采样。监测的微生物指标有基础指标以及根据产品的特点制定的特殊指标。2012 年及以前 IVP 监测的微生物指标有:沙门氏菌、单核李斯特菌、弯曲杆菌、凝固酶阴性葡萄球菌、大肠杆菌、蜡样芽孢杆菌(婴幼儿配方产品)、阪崎肠杆菌(婴幼儿配方奶粉,0~6 个月)。2013 年,"恒天然肉毒梭状芽孢杆菌事件(WPC80)"后,该计划又新增了指标,包括总大肠菌群、菌落总数、亚硫酸盐还原梭状芽孢杆菌,同时将蜡样芽孢杆菌的检测扩展到所有产品。

NCCP 是指监测农场和产品化学污染物含量的行动计划。实施 NCCP 的目的是评估原料奶农场遵守良好农业规范的要求,确保乳制品能够满足出口国市场要求,同时确保整个监管体系的有效性。该计划包括随机监控,有针对性的普查和定期调查。NCCP 由 MPI 授权新西兰国有企业 Asurequality 有限公司具体实施。据有关统计,2013~2014 年生产季,共采样 310 个原料奶样品,28 个随机牛初乳样品,对样品进行了超过 500 种化合物的检测。MPI 制定的抽样计划以及年度报告公布在 MPI 网站。

5. 澳大利亚乳品安全及监管

澳大利亚所有乳制品企业执行统一的规范,将奶农、生产企业、政府和州立管理机构有机地联系到了一起,把产业流程分为牧场前、牧场、运输、加工、仓储和销售六个阶段。

(1)牧场前阶段:为了从根源控制质量安全,将动物、水、饲料、农兽药和化肥 5个可能对乳制品质量安全产生重大影响的项目进行分类监管。各州都制定了相关法律,禁止喂食有风险的动物原料;对进口饲料进行评估,确定潜在风险,制定国家监管级别政策。

(2)牧场阶段:澳大利亚使用国家家畜鉴定系统(NLIS)管理用于生产乳肉制品的牲畜。该系统包含澳官方对于所有牛只进行的电子标记并记录他们从诞生到被宰杀的所有细节、记录所有牲畜的兽医治疗情况和所有牧场的用药和治理情况。所有牧场在得到许可证之前都必须依据《食品标准法》来制定"食品安全计划(FSP)",审核员将会定期对奶牛场的 FSP 进行检查,此阶段的核心是污染物的控制、挤奶厅和挤奶过程的卫生控制、水源的质量、清洁和消毒、可追溯性和记录以及人员的资格等。根据澳法律,所有动物在离开出生地之前都必须永久佩戴电子身份识别设备(RFID);动物出售时必须提供国家厂商声明(NVD),说明该动物的健康与残留物状态信息;国家数据库集中存放动物迁移记录与捕捉到的 NVD。

（3）运输阶段:所有负责原料乳的运营商同样需要制定 FSP,并取得 SRA 审批通过的证明文件。

（4）加工阶段:生产企业在得到许可证之前同样需要先制定 FSP,并取得证明文件,SRA 负责为各个州生产内销产品的乳品制造商注册并发放许可证。出口生产企业则应在获得州政府许可证的基础上,向农业部申请出口注册资格。参与生产的奶制品被认为是高风险的,SRA 及农业部每年至少审核两次。SRA 监管审核发现任何关键不符合（涉及食品安全或出口资格），必须在 24 小时内通知农业部。根据情节采取暂停出口注册,禁止出口的特定批次奶制品,增加审核频率以及增加出口产品抽检频率等措施。

（5）仓储阶段:同样要先制定 FSP,并取得 SRA 审批许可证。如涉及产品出口,企业还需在澳大利亚农业部进行注册。

（6）销售阶段:所有和乳品相关的生产企业、批发商、分销商和进口商都必须具备依据澳大利亚新西兰食品局的食品召回协议制定的书面召回计划,并每年模拟召回演练一次,出口产品需要经过由澳大利亚的检验和认证。

4.2.3　世界主要国家和地区乳品安全控制经验借鉴

乳品行业是一个比较特殊的行业,产业链长、环节多,从奶牛养殖、原料乳采购到制成终产品,涉及农牧业、食品加工业和分销物流等,任何一个环节出现质量安全问题都会影响乳制品的质量安全,并最终影响到消费者的食用安全。从美国、丹麦、新西兰等乳业发达国家的经验来看,我国乳品安全可以从乳品安全监管和乳品安全技术支撑着手。

1. 乳品安全监管可借鉴的经验

1）健全乳制品质量安全监管体系

乳制品的质量安全涉及供应链的多个环节,我国乳制品安全监管体系包括了农业部、卫计委、工业和信息化部、食药总局、质检总局等多个政府部门。目前,该监管体系的运行存在监管职责过于分散、部门分工不明确等问题,缺乏一个高效的协调机制,看似谁都在管,实质谁都不认真管。为了能有效地行使监管职能,需要建立一个权威的覆盖农场到工厂的乳制品质量安全监管机构,以及一个负责对市售乳制品质量安全监督检查的部门。目前,《食品安全法》正在修订阶段,可以考虑修订乳品的监管体系。

2）完善乳制品质量安全的法律法规

建立乳品行业的专项法律法规体系,将现有的相关法律法规进行修订,形成从监管到行业可执行的乳品专项法律法规体系。

3）规范乳品检验机构管理

乳制品法律法规为乳制品安全提供依据,通过建立完善的乳制品质量检验检测体系,才能让标准落到实处,才能获取必要的信息,对乳制品质量进行有效的监管。建立层次合理、布局广泛的检测网点,并进一步完善乳制品供应链中自我检测和政府部门监督抽查相结合的检验检测体系。对奶牛饲养、乳制品生产、加工过程和储运销售各个环节安全状况进行检测,尤其是对乳制品中的污染物质和残留物进行检测。借检验检测机构改革的大潮,积极探索完善乳品质量安全检测的公共服务体系,要对乳品检测实验室进行认证认可,授权进行质量安全检测,保证权威性、公正性。

4）完善监督检查机制,落实主体法律责任

严格监督检查是乳品行业发达国家质量安全监管最主要、最经常的手段,其目的在于确保有关法律法规和技术标准得到遵守。监督检查涉及牧场、乳品加工以及乳品销售等环节,我国此项工作还相对薄弱。对于检查发现的违法乳品,应采取强制措施,禁止从事乳品生产活动。检查过程中要逐渐强化企业的主体责任和意识。

2. 乳品安全控制技术支撑可借鉴的经验

1）加大对乳品高产增效技术的投入

制约我国乳品行业发展的重要因素是原料乳的生产环节,由于我国奶牛养殖起步较晚,技术相对落后,虽在育种、饲养、疫病防治等领域取得长足发展,但还不能满足乳品消费的需要。尤其是奶牛单产水平还比较低,严重制约我国乳品的发展,应加大对增产增效技术的研究和应用转化,促使乳业转型发展。

2）大力推广从农场到餐桌的全程质量控制技术

综观各发达国家的乳制品质量管理,不难发现一个共同点就是都建立了从农场到餐桌的全程质量控制。在农场环节,奶牛的健康、饲养管理、饲料、兽药、奶牛生活环境的无污染、挤奶环节的消毒杀菌、原料奶的低温储存、原料奶的抽样检测、低温运输、加工环节的 HACCP 系统、乳制品的批发零售等都在质量控制之列。如美国 FDA 就通过 PMO 和国家州际奶运输协会(NCIMS)的运行机制,与美国卫生部、各州和县级乳制品监管部门以及各地乳制品行业等单位密切合作,共同监管乳制品从农场牛奶收购、运输容器、工厂加工、批发零售,最后到消费餐桌等各环节的质量控制,以保障乳制品的卫生与纯净。为了加强对生产的全过程监管,从 20 世纪 80 年代起,美国开始逐步推行 HACCP 管理,强调预防为主的食品安全管理理念。在荷兰乳业的生产链上同样存在着一条质量保证和监督链(KKM)。荷兰不仅要求最终产品必须达到各项标准,而且在产业链的各个环节也必须严格按照质量控制标准去组织生产。为此,荷兰乳业对奶牛、饲料、牧场、牛奶检测、乳制品加工、最终产品等都制定有严格的书面标准。其他欧盟国家以及日本、韩国乳制品的质量管理也基本涵盖了从农场到餐桌的各个环节。

3) 建立乳制品质量安全信息的可追溯系统

由于乳制品生产流通环节之间的联系比较脆弱,建立有效的信息获取、管理与交换是成功实施食品安全跟踪与追溯的关键。借鉴欧盟等发达国家的经验,利用现代信息技术给每件商品标上号码、保存相关记录,从而可以对其各环节进行追溯,一旦发生事故,可以查明源头并有助于对问题产品的召回。加强企业乳制品安全档案建设,推行乳制品安全分类监管,建立乳制品生产经营主体数据库,广泛收集乳制品生产经营主体准入信息、乳制品安全监管信息、消费者申诉举报信息,做到掌握情况,监管有效。

4.3　我国乳品安全控制技术发展现状与问题

4.3.1　我国乳品安全控制技术发展现状

1. 奶牛养殖环节

中国的奶牛养殖环节技术的发展,虽取得了一定的成绩,但相比国外发达国家还具有一定的差距。国外 1 头良种公牛年产冻精平均为 2.5 万~5 万份,中国平均只有 1.0 万~1.5 万份。人工受精(AI)育种起步晚,加上缺乏有效的组织体系,导致中国至今未能全面地实施。胚胎移植相关药物与设备的开发方面,还存在依赖国外的问题;胚胎移植术的大规模应用,还存在技术人才缺乏的问题。奶牛常用饲料的营养价值评定方面,尚未涉及氨基酸、微量元素、维生素等关键养分,也没有建立比较完整的奶牛专用饲料数据库,这为先进奶牛饲养标准的执行造成了比较严重的障碍。奶牛专用安全营养调控添加剂的研究开发刚刚起步,缺乏具有与国外同类产品竞争实力的奶牛营养调控产品。中国奶业发展优势区域已经在向先进国家的技术水平看齐,北京、上海等地的规模化牛场实现了现代化技术的推广应用,奶牛自动化管理、精料饲喂量精确控制、全混合日粮饲喂技术(TMR)、机械化饲养等技术已经深入实践,接近国际发达国家先进水平,饲草种质资源丰富,但开发利用不足。疫病防控多是打一枪换一个地方,缺乏延续性,经费支持力度也相对不足,往往因经费不能延续,研究工作不能按其自身的规律循序渐进逐步深入,难以触及研究对象的本质,也难以保障研究梯队的稳定。

我国奶牛生产性能测定(DHI)工作最早开始于 1992 年的中日技术合作天津奶业发展项目。1994 年,"中国-加拿大奶牛育种综合项目"正式启动,次年分别在西安、上海、杭州三地建立了牛奶监测中心,开始实施 DHI 测试,后来北京也加入其中。1999 年中国奶业协会成立了"全国生产性能测定工作委员会"专门负责组织开展全国范围内的奶牛生产性能测定工作 。

　　2005 年中国奶业协会建立了中国奶牛数据中心,专门帮助各地分析处理奶牛生产性能测定数据。2006 年国家奶牛良种补贴工程中,更是对全国 8 个省、直辖市的 9 万头奶牛参加生产性能测定给予国家财政专项补贴,建立了试点项目。2008 年,农业部为贯彻落实《国务院关于促进奶业持续健康发展的意见》(国发〔2007〕31 号文件)中关于"切实做好良种登记和奶牛生产性能测定等基础性工作"的要求,结合我国奶业生产现状的实际需要,与财政部联合下发《农业部办公厅 财政部办公厅关于下达 2008 年奶牛生产性能测定项目实施方案的通知》(农办财〔2008〕150 号)文件,在北京、天津、河北、山西、内蒙古、辽宁、黑龙江、上海、江苏、山东、河南、广东、云南、陕西、宁夏和新疆 16 个省(自治区、直辖市)以及黑龙江农垦总局和新疆生产建设兵团等 18 个项目区率先启动了奶牛生产性能测定项目,在项目区组织为养殖场(户)提供奶牛生产性能免费测定,指导养殖者科学管理牛群,加快奶牛生产性能测定技术在全国的推广应用,提高我国奶牛饲养管理水平,建立我国高产母牛核心群,自主培育种公牛,增加奶牛单产和养殖效益,促进奶业持续健康发展[14]。项目补贴范围从 2008 年底的 18 个地区扩大到了北京、天津、河北、山西、内蒙古、辽宁、黑龙江、上海、江苏、山东、河南、广东、云南、陕西、宁夏、新疆、湖南、湖北 18 个省(自治区、直辖市)以及黑龙江农垦总局和新疆生产建设兵团 20 个项目区,2012 年扩展到 23 个项目区。截止到 2012 年,全国参加 DHI 测定牛只数为 525 714 头,占全国存栏数量的 3.5%,与国外发达国家相比相差甚远。1995~2012 年我国奶牛生产性能测定变化如图 4.12 所示。2007~2012 年全国奶牛生产性能测定情况见表 4.12。

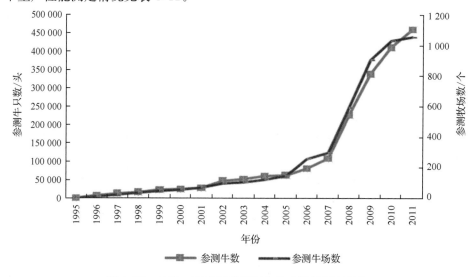

图 4.12　1995~2012 年我国奶牛生产性能测定变化

表 4.12　2007～2012 年全国奶牛生产性能测定情况

年份	牛场数/个	牛只数/头	平均乳脂肪/%	平均乳蛋白/%	平均体细胞/(千个/mL)
2007	334	123 883	3.74	3.17	537.9
2008	592	244 855	3.64	3.28	610.1
2009	905	351 787	3.70	3.25	604.4
2010	1 034	414 056	3.68	3.25	467.23
2011	1 059	461 668	3.66	3.28	435.33
2012	1 043	525 714	3.71	3.26	397

2. 乳品加工与高新技术现状

随着世界科学技术的急速发展,以及知识经济的到来,基础科学及高新技术不断渗透到乳制品加工行业中,并得到发展。乳制品产业的发展带动膜分离技术、高压杀菌技术、生物工程技术、超高温杀菌与无菌包装技术、流变学分析技术、数字模拟和计算机化技术、激光散射分析技术、显微镜分析等高新技术在乳制品加工中应用,对提高乳业加工水平、提高产品质量、进行产品精深加工,增加生产保健乳品、功能性乳品、鲜乳制品、风味乳制品等,开创新的消费市场,具有重要的推进作用。在乳品安全卫生检验方面,中国鲜乳检测质量标准、乳制品的质量标准与国际乳品标准存在较大的差距。乳业的化学方法检测、物理方法检测和微生物快速检测设备研制也远远落后于乳业发达国家。

3. 质量安全控制技术现状

乳品安全追溯技术、乳成分的鉴别技术、乳成分及微生物快速检测技术、乳品安全风险评估技术、乳品质量安全风险预警技术的开发与应用,较大程度上提高了乳品的质量安全水平。在生鲜乳运输、巴氏杀菌乳及发酵乳的运输环节使用了GPS 追踪定位系统及冷藏车运输,保证在流通环节的安全,但由于我国冷链运输应用较晚,还有待于改善。

4. 乳品标准及法规

频发的乳品安全事件,催使各项防控措施出台,其中较突出的是乳品安全标准和法规的体系的修订。《中华人民共和国食品安全法》(以下简称《食品安全法》)的实施为我国乳品安全标准带来了深刻的变化。《食品安全法》第 22 条规定"国务院卫生行政部门应当对现行的食用农产品安全标准、食品卫生标准、食品质量标准和有关食品的行业标准中强制执行的标准予以整合,统一发布为食品安全国家标准"。截至 2009 年底,我国以往的乳品相关标准共 160 余项,存在部分交叉、重复、矛盾,以及重要指标缺失等问题。为了规范乳品的生产经营,保障乳品质量安全和消费者健康,根据《食品安全法》《乳品质量安全监督管理条例》和《奶业整顿和振兴规划纲要》的规定,由卫生部牵头会同各相关部门对乳品标准进行整合、完善和修订,统一公布为乳品食品安全国家标准,包含乳品产品标准(生乳、婴幼儿食品、乳制品等,共15项)、生产规范标准(2项)和检验方法标准(共49项)[15]。至此,我国初步形成了一个较为完善的乳品标准体系,以此来规范和指导奶牛养殖、乳品生产加工和流通。此外,还有乳品行业标准66项,是对国家标准的补充,乳品行业标准主要是农业标准和商检标准,农业标准主要为绿色乳品和无公害乳品标准,商检标准是关于乳品的进出口检验标准。建立和完善我国乳品标准体系的主要目的是为了保证乳品的质量和安全,乳品的质量标准和安全标准构成了我国乳品标准体系的重要组成部分。

4.3.2 我国乳品安全控制技术存在的问题

虽然我国乳品行业取得了巨大的成绩,但是在发展过程中也出现了许多问题,表现在养殖利润的降低,部分奶牛养殖场尤其是散养的亏损严重;生鲜牛乳收购环节秩序混乱,抢奶、倒奶等事件不断出现;乳制品加工能力有限;乳品质量安全事故时有发生等方面。尤其是"三聚氰胺"事件,对我国乳品行业造成了重大的损害,使整个乳品行业陷入巨大的危机中,公众消费信心严重受挫,行业和国家形象受到极大危害。导致上述问题的根本原因是:奶牛良种覆盖率低,养殖方式落后,使得牛奶产量低、质量差;原料奶定价机制不合理,致使利益分配不均衡,导致人为掺杂使假现象频发。这些问题给奶业稳定健康发展带来严峻挑战的同时,也为我国奶业发展添置了巨大的障碍。

乳品的安全是生产出来的,完善的质量安全控制技术支持,对于解决乳品安全问题至关重要,但我国在奶牛养殖和乳品加工过程中还存在许多问题,是我国乳品安全所必须面临的且要解决的。

1. 奶牛生产性能测定(DHI)技术

DHI技术是奶业发展的一项利器,我国从项目引进到现在经历了20年的发展,在测定状况和牧场应用中取得了一定的成绩,但与应用较完善的发达国家相比,还相差甚远,存在较大的发展空间。

1)技术层面

(1)组织形式及流程不利于DHI开展。

我国DHI实施的组织形式是中国奶业协会在农业部畜牧业司和全国畜牧总站的指导下,与各地生产性能测定中心合作,对数据进行汇总、整理、分析,为行政管理部门和养殖者提供系统、准确和有效的信息服务。而各地的生产性能测定中

心基本上隶属于当地畜牧局管理,或挂靠在大型牧业公司。人员配备和工作流程
视具体的情况而定,DHI 报告的解读和后期技术支撑工作资源不足。测定的流程
基本包括三个步骤:采样、测定及数据处理,采样由牧场自行完成,中心取回样品或
牧场自行送样到实验室。

美国 DHI 测定机构由全国 DHI 委员会(DHIA)统一管理,下设理事会,理事
会成员由奶牛场经营者、乳品加工企业、育种机构、科研单位等的代表构成。由于
理事会拥有来自奶牛生产各个环节的代表,所以有利于协调多方利益,特别是奶牛
场与乳品加工厂的利益。牛奶收购普遍按质论价,乳成分好、体细胞数低的优质牛
奶能获得较高的价格。当牛奶生产方和收购方有争议时,DHI 报告还可以作为第
三方检测报告。以色列 DHI 机构由奶牛育种协会下设的社会化服务体系管理,可
以为奶牛提供高效的 DHI 测定服务。

(2) DHI 实验室建设。

我国共有 DHI 实验室 23 家,实验室配备乳成分分析仪、体细胞测定仪(FOSS
和本特利),设备配备数量对各中心的测定数量配置。实验室样品分析人员、数据
处理人员、报告解读及后期技术支持人员随各中心的业务情况而设置。目前实验
室设备的维护费用比较高,项目资金支持不能满足日常需要。

(3) DHI 数据准确性保障。

我国 DHI 实验室采用每月用标样进行仪器的比对、校准,为 DHI 数据准确性
做保障,但由于采样的不统一,造成样品不能真实反映实际情况。国外的测定实验
室大都进行 ISO 17025 认证,且采样人员由 DHI 实验室派出,这样能够保障样品
的代表性和测定数据的准确性。

(4) 数据库建设及数据积累。

我国 DHI 工作开展较晚,且数据收集处理系统使用较晚,对于牛只基本资料
收集不全,系谱不全,不能很好进行数据使用工作。国外 DHI 工作历史悠久,数据
库建设相对完善,数据处理系统较方便。

(5) DHI 技术科研投入不足。

美国麦迪逊 DHI 中心和麦迪逊大学动物科技学院联合研发 DHI 技术相关产
品,其他测定中心也和当地大学等科研机构联合研发,旨在提高 DHI 工作的效率
和服务水平。DHI 中心和实验室的推广部门不断深入牛场,调研牛场的需求及
DHI 工作各个环节需要进一步解决的问题,将问题提供给科研机构,由其进行研
究,并获得能够解决实际问题的研究结果。如为降低一天三次采样工作的劳动强
度,早在 20 世纪 80 年代就研究制定了一次采样和三次采样(全天混合样)之间的
校正系数,并不断优化,制定出了不同的采样方案。目前,在美国和加拿大 90% 以
上的牛场使用一天一次或三次采样方案,极大地减轻了牛场采样工作的繁重性,提
高了劳动效率。根据奶牛场的需求,DHI 中心和研究机构研发出了牛群遗传分

析、乳房健康分析和繁殖管理分析等多种类型的报告,并为牛场提供特制报告。DHI的测定内容是随着技术可行性、奶牛育种者的需要而不断扩展和完善的,比如在20世纪70年代增加了乳蛋白率性状,80年代增加了体细胞数性状,现在也测试MUN(尿素氮)和收集繁殖性状、健康性状等数据,以便为牛场提供更优质服务。同时,也有相关机构研发并提供细菌学分析、副结核检测和遗传缺陷检测等服务,从而不断满足牛场的需求,为DHI赋予了新的内容。我国在此方面的研究投入较少或相对较晚。

(6) DHI报告解读及后期技术服务不足。

我国DHI中心多数只提供DHI分析报告,发送给牧场,牧场只关心体细胞数据,而在其他方面应用较少,而技术人员的后期服务基本不提供。美国从报告内容设计开始,科研人员就注重DHI报告对牛场的指导意义及实用性。DHI数据处理中心技术服务专家负责帮助参测牛场解读报告,并提出指导意见。牛场主或管理人员对DHI报告基本也能做出科学详尽的解释和分析,并依据DHI报告提供的信息,及时采取一定的措施对牛场进行科学管理。对一些难以解决的技术问题,牛场主会及时请营养师、兽医师等专业人员帮助解决。牛场主参加DHI工作的最大收获主要有两个方面:一是通过体细胞数控制住了乳房炎;二是通过乳成分检测调整日粮配方,提高了奶牛生产效率及牛场经济效益。

2) 管理层面

(1) DHI制度支持。

我国针对DHI工作的实施,制定了农业部发布为行业标准(NY/T 1450—2007),2007年12月1日实施。标准的制定为在全国范围内科学、公平、公正地开展奶牛生产性能测定奠定了基础。同年中国奶业协会和全国畜牧总站联合出版《中国荷斯坦奶牛生产性能测定科普手册》,用于宣传和推广奶牛生产性能测定科普知识。但各中心对于测定实施过程中的工作规范和指南相对较少。美国则针对此项工作制定了工作指南。

(2) DHI资金支持。

目前,我国农业部每年用于DHI支持的专项经费为2000万,按每头牛一年需要费用为70元,则可开展测定的牛只数为285 714头。美国和加拿大DHI发展历程,政府始终在参与支持,直至其成熟,美国的资助长达83年,而且资助额度巨大。DHI作为一项公益性事业,各国政府均对其进行了长期的资助。DHI在我国刚刚起步,在目前开展中存在一些问题,如牛场认识不足、整体参测规模小、服务体系尚未完善,硬件设施还有待提高,网络平台尚未形成,软件管理有待进一步开发和提高。在全国建立一个高效的DHI运行机制和组织形式还需要相当长一段时间的艰苦工作,而提高牛场对DHI的认识,科学有效地应用DHI去发现问题和改进管理也需要长时间的大量工作才能实现。因此,国家和地方政府必须坚定长期政策支持的决心,加大对 DHI 工作的支持力度。

（3）DHI 实施的相关政策影响。

我国原料乳的价格由乳品加工企业采购时定价,牧场没有话语权,利益分配不均衡造成奶农的积极性不高。美国、加拿大原料乳的收购标准规定拒收体细胞数超过 40 万个/mL 的牛奶;高乳脂率、蛋白率,低体细胞数的优质牛奶能获得较高的价格。通过 DHI 工作很容易监控牛奶成分,且 DHI 是唯一能控制牛奶体细胞数的方法。如果我国牛奶收购能够按质论价且实施原料乳的第三方检测机制,将会极大提高参测牛场的积极性,促进 DHI 事业快速发展。

2. 危害分析与关键控制点(HACCP)技术

HACCP(Hazard Analysis Critical Control Point)是危害分析与关键控制点的简称。它作为一种科学的、系统的方法,应用在从初级生产至最终消费过程中,通过对特定危害及其控制措施进行确定和评价,从而确保食品的安全。HACCP 在国际上被认为是控制由食品引起疾病的最经济的方法,并就此获得 FAO/WHO 食品法典委员会(CAC)的认同。它强调企业本身的作用,与一般传统的监督方法相比较,其重点在于预防而不是依赖于对最终产品的测试,具有较高的经济效益和社会效益。被国际权威机构认可为控制由食品引起的疾病的最有效的方法。

现在许多乳制品生产消费大国都将 HACCP 引入到乳制品行业中,运用 HACCP 原理和指导方针来进行危害确认和分析,并完成 HACCP 程序,从而保证制造、运输和储存的乳制品是安全的,以满足所有内销、出口以及特殊市场的要求,是否通过 HACCP 体系认证成为了乳制品贸易中不可或缺的环节。

通过在乳制品生产过程中建立 HACCP 体系,可以实现下列目标:第一,可以判定生产过程中的危害因素,并针对其引起因素采取相应的预防措施,对产品生产的各环节都可起到保护作用;第二,可把技术集中用于主要问题和切实可行的预防措施上,从而减少企业和监督机构人力、物力和财力的支出;第三,可替代传统的操作,制定了系统防止乳制品污染的方法;第四,可减少乳制品的原始危害性,降低乳制品生产的成本,可有预见性地确定危害,防止出现乳制品污染、中毒等不良事件。

目前所引进的 HACCP 模式并不完全适合于中国,经过多年的应用实践表明,直接引用国外现成的 HACCP 模式,存在着一定的缺陷,主要表现在以下几个方面。第一,现有引进的 HACCP 模式不适应于中国食品生产加工企业大量劳动密集型的加工特点;第二,现有引进的 HACCP 模式不适应于中国食品原料的生产方式;第三,现有引进的 HACCP 模式不适应于中国消费者的消费方式;第四,由于上述原因,导致了现有引进的 HACCP 模式不适应于中国现存的食品安全危害的发生特点。从 1997 年始,除了 CAC 外,欧盟、加拿大、澳大利亚、新西兰、日本、韩国等也正式认可采用 HACCP 体系。他们或直接引用美国的 HACCP 模式,或根据

HACCP 原理,建立符合本国实际的食品加工安全控制模式。因此我国也应该在 HACCP 原理的基础上,结合本国的实际,建立自己的食品加工安全控制模式。

4.4　我国乳品安全控制技术发展战略建议

4.4.1　推广奶牛生产性能测定(DHI)技术、系统建设生态型乳业安全技术服务工程

　　DHI(Dairy Herd Improvement)含义是奶牛群体改良,国际上通常用以表示奶牛生产性能测定体系。DHI 每月一次统一采集每头泌乳牛的牛乳样品,进行产奶量、乳成分以及体细胞等多项指标的测定,汇总分析测定数据来评价牛群的状况,发现问题并制定解决措施,逐步提高牛群的生产能力。DHI 测定是奶牛牛群遗传改良工程的基础工作,是奶牛科技体系的核心技术。DHI 测定技术诞生于 1906 年,经过 100 多年的发展,发达国家奶业的发展进程中起着非常重要的作用,并且其精髓"能测量、才能管理;能管理,才能提高"被国外奶牛场管理人员所认可,从而促使该项技术在世界范围内得到广泛应用。

　　DHI 测定技术可作为牛场管理者制定管理计划的依据,还可以帮助牛场建立计算机网络管理系统。不同管理人员可根据测定报告,定期对一定阶段内的工作进行交流总结,共同商讨解决方案,既避免解决问题的狭隘性,又加强了部门间的沟通与交流,使每位管理人员都能积极参与到管理中。DHI 测定技术帮助管理者对不同层面的信息进行分析,找出差距,改善管理;帮助管理者分析牛场资源的投入与所获得的回报是否合理,寻找问题并分析经济效益下降的原因。在牛场具体工作中,DHI 技术可以用于体细胞数的测定及控制、调整乳脂肪率和乳蛋白率、调整日粮配方结构和泌乳的持续能力分析等。DHI 测定以其科学的数据为核心,在完善奶牛生产记录体系、提高原料乳质量、指导牛场兽医防治、改善日粮配方提高饲料效率、推进牛群遗传改良以及制定科学的管理计划等方面有着重要的意义。

　　经过近 20 年的发展,我国 DHI 取得了一定的成绩,但较发达国家相比,相差甚远,有着比较好的发展空间。该项技术如果能广泛推广应用,势必对我国乳业的发展起到关键作用。

　　1. 人才队伍建设

　　通过调研发现,在 DHI 实施过程中,受人员因素影响主要体现在 4 个方面:牧场养殖技术人员、DHI 采样及测定人员、DHI 报告分析人员、牧场技术指导人员。可通过国家高等院校、职业技术学院的专业人员培养、就业引导,使更多的专业人员从事牧场管理、奶牛样品的分析、DHI 数据的分析、奶牛饲养、疫病防控及育种等工作,为完成遗传计划和提升我国乳品产量和质量安全水平奠定基础。另外,制

定行业专家的服务机制,使专家的技术力量得以充分发挥。

2. 拓宽经费支持力度

每年 2000 万的 DHI 测定项目支持,远远不够发展该项工作,拓宽经费支持渠道是必要的。可考虑整合奶牛相关项目的资金支持、DHI 测试中心自主收费加国家测定补贴、大型乳品企业要求自己的牧场或生鲜乳供货商参加 DHI 测定(以奶价形式补贴测定费用)、冻精的供应商或牧草供应商提供补贴、各中心与世界相关组织开展合作项目获取经费支持等。增加、整合 DHI 相关科研经费的投入。

3. 产业环境

DHI 测定并不是孤立的工作,应与奶牛养殖产业相结合,真正的将测定结果与奶牛的养殖、育种、疫病防治结合起来,从培养农场主了解 DHI、使用 DHI 到依赖甚至离不开 DHI 需要一个过程。目前国内某些地区的认识仅局限于测定,测定结果无人关注,也不连续,相应兽医服务体系、养殖技术支撑服务体系还没有与该工作结合在一起,这就需要国家提供一种稳定的行业机制,完善相应的配套服务支持体系,将这项基础工作做好。

原料乳第三方检测及论质定价机制也是影响该项工作推广的关键要素。可考虑试点运行原料乳第三方检测及论质定价机制。上海模式给该项工作的进行提供了经验,各省要结合自己区域特点实施。关于乳品行业产业政策的落实和实施,是该项工作强有力保障。

4. 建设生态型乳业安全服务技术工程

生态型奶业将是未来乳业发展的方向和重点,其是以奶牛为核心的一项系统工程。该工程涵盖了饲草物料的种植、收获和处理,奶牛的饲养及管理和乳制品加工的全过程。在该过程中使用了多项先进的食品安全生产技术、常规工艺与管理,进行组装、集成、配套,使乳品企业实现生态化运营和循环经济发展,达到人类乳品消费安全、生活幸福的目标。

4.4.2　大力应用危害分析与关键控制点(HACCP)技术,全程保障乳品的质量安全

(1) 加大立法力度,建立完善的标准体系,加强乳制品食品安全各环节的管理。加强食品安全工作,加快乳制品立法和制度建设工作,完善管理机构设置,是提升我国农业产业竞争力的重要举措。所有乳制品企业都要依法从事生产经营活动,使用的原料、辅料、添加剂、投入品必须符合法律法规和国家强制性标准。要以国家强制性标准引导企业全面加强乳制品质量管理,围绕提高产品质量增强自主

创新能力,加快企业的技术进步。

(2)建立健全乳制品加工业从业人员培训体系。加强乳制品加工企业质量安全相关人员的培训是 HACCP 体系有效实施的组织基础,系统的培训已经成为我国乳制品加工业发展及保证 HACCP 体系有效实施的重要因素。企业应当建立自上至下的全员培训计划,重视对全体员工的培训,帮助企业员工全面理解 HACCP 体系的内涵,提高对 HACCP 重要性的认识,加强培训和严格管理应是解决当前问题的有效方法。

(3)加强深加工乳制品关键控制条件研究。随着高附加值乳制品出口越来越受重视,加强深加工乳制品关键控制条件研究也迫在眉睫。我国乳制品在开发利用方面仍然较弱,品种主要集中在纯牛奶、奶粉、酸奶且存在极大的浪费。国内企业应积极捕捉国际乳制品市场的新动态,借鉴各国的做法和经验,一改传统的那种单靠奶粉及其制品出口的做法,开发生产出口相应的深加工乳制品食品,并在研究深加工过程中的关键控制条件基础上,及时实施行之有效的 HACCP 计划,保证深加工乳制品的安全质量。

(4)建立完善的食品安全体系监督制度,做到各尽其责。食品监控人员要负责对原料奶中芽孢菌、抗生素、致病菌、灌装间微生物等进行监控检测,超过内控标准的,应立即采取纠正措施将危害消除;同时要掌握原料奶中掺杂使假的各种行为,有效控制"潜规则"的现象发生。品控员要负责对生产过程的各工序执行状况进行监督检查,遇到问题及时解决。要按照要求在生产过程中进行有代表性的采样监督。完善记录保持制度,生产现场品控人员员要对生产状况进行检查并记录,包括各工序操作的执行情况、车间现场卫生状况、设备管道的卫生消毒和运行状况、操作工人的卫生状况如工作服装、口罩、手套等的消毒情况;从原料到产品的质量状况。只有不断完善、落实监督制度,才能保证乳制品加工生产链的稳定性和安全性,从而保障 HACCP 计划的有效实施。

(5)结合 GMP、SSOP、食品防护计划等基础计划,完善 HACCP 体系建设。GMP、SSOP、食品防护计划等基础计划对包括"关键控制点"在内的整个加工过程进行控制,而 HACCP 计划属于"点控制"方法,将注意力集中在可能发生严重危害的一个或几个工序上。近年来,GMP、SSOP 和 HACCP 的研究、应用较为深入,而发展较晚的食品防护计划并未广泛应用起来。食品防护计划和 HACCP 计划所针对食品的安全性是密切相关的,但所针对的引起食品安全问题的原因是各有侧重的,食品防护计划可能影响食品安全,范围更广,目的是防止蓄意污染和破坏,而HACCP 计划仅限于确保食品消费的安全,强调的是针对一些偶然的、食品意外污染的危害。食品防护计划、GMP、SSOP 和 HACCP 计划都是企业食品安全体系的一个组成部分,如何有效结合起来,使乳制品企业食品安全体系起到更大的作用,是今后乳制品行业质量管理方面应关注的重点之一。

参 考 文 献

[1] 中国奶业协会. 中国奶业发展战略研究. 北京：中国农业出版社,2005

[2] 孔祥智. 双重危机下的中国奶业发展. 北京：中国农业科学技术出版社,2010

[3] 刘成果. 中国奶业年鉴 2011. 北京：中国农业出版社,2012

[4] 刘成果. 中国奶业年鉴 2010. 北京：中国农业出版社,2011

[5] 国家统计局. 中国统计年鉴 2012. 北京：中国统计出版社,2012

[6] 郝晓燕, 乔光华. 中国乳业产业安全研究. 北京：经济科学出版社,2011

[7] 王海, 沈秋光, 邹明晖, 等. 各国乳品的生乳标准分析比对. 乳业科学与技术, 2011,(6)：293-295

[8] 贾敬敦, 王喆. 中国奶业质量安全控制体系. 北京：中国农业科学技术出版社,2008

[9] 王加启, 赵圣国. 我国牛奶质量安全的现状、问题和对策. 中国奶牛, 2009,(11)：3-7

[10] 科学技术部农村与社会发展司, 中国农村技术开发中心. 中国奶业科技发展战略. 北京：中国农业出版社,2006

[11] 全国畜牧总站, 中国奶业协会. 奶牛生产性能测定科普读物. 北京：中国农业出版社,2007

[12] 王戬, 李延辉. 现代食品工程高新技术在乳品工业中的应用. 食品研究与开发, 2007,(5)：152-154

[13] 游春苹, 任婧, 孙克杰. 乳品安全风险评估的研究进展. 食品工业科技, 2012,(14)：408-412

[14] 贾玉珍. DHI 体系检测与提高奶牛生产性能的应用研究：[硕士论文]. 长春：吉林大学,2005

[15] 幸汐媛, 李江华. 我国乳品标准体系现状. 乳业科学与技术, 2011,(6)：278-283

第5章 我国水产品安全技术水平评估与发展战略研究

水产品是海淡水经济动植物及其加工品。包括鲜、冷、冻、干、盐腌或盐渍的鱼类、软体动物类、甲壳动物类等水生动、植物产品。水产品行业按类别可划分为：鲜活品、冷冻品、干制品、腌制品、罐制品、鱼糜及鱼糜制品六大类。发展水产品加工业对于改善膳食结构及营养结构，提高国民生活和健康水平具有重要意义。

2012 年全国水产品总产量达到 5907.68 万吨，比上年增长 5.43%，是 1978 年的 11 倍，连续 23 年位居世界首位，占全球水产品产量的三分之一以上，为城乡居民膳食营养提供了三分之一的优质动物蛋白质。2012 年我国水产品出口量 380.12 万吨，水产品出口额占农产品出口总额的比重达到 30%，连续 13 年位居国内大宗农产品出口首位，水产品对外贸易顺差 109.85 亿美元，首次突破百亿大关[1]。

5.1 我国水产品产业发展现状及安全形势分析

5.1.1 我国水产品产业发展现状

1. 我国水产养殖现状

由图 5.1 和图 5.2 可以看出我国自改革开放以来，水产养殖业得到快速发展，

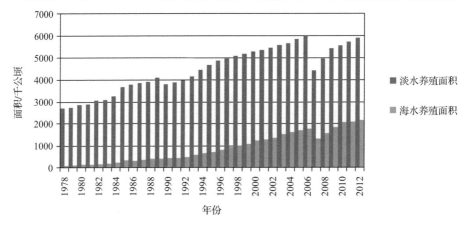

图 5.1 我国淡水养殖和海水养殖面积

资料来源：中国统计年鉴

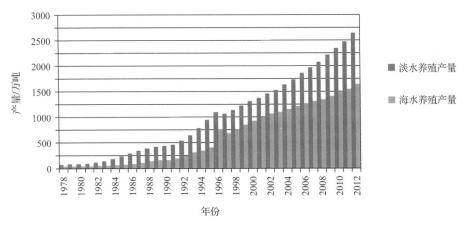

图 5.2 我国淡水养殖和海水养殖产量
资料来源:中国统计年鉴

水产养殖面积、产量稳步增长(1997～2006 年水产品数据根据农业普查结果进行了修订)。水产品总产量呈现逐年递增的态势,至 2012 年,水产品总量达到5907.68 万吨,连续 23 年居世界第一,占世界水产品总量的 38%,为城乡居民膳食营养提供了三分之一的优质动物蛋白质。我国养殖水产品总量世界第一,是唯一一个养殖水产品总量超过捕捞总量的渔业国。2012 年,养殖水产品总量达4288.36 万吨,占世界养殖总量的 61.4%。

但是,伴随着渔业的快速发展,水产品的生产加工过程中也出现了很多问题,对水产品的安全构成了严重的威胁。存在问题主要有:①环境污染日趋严重,导致水产养殖品食用不安全;②由渔药残留引发的水产品质量安全问题备受社会各界关注;③养殖种质退化,病害泛滥;④养殖规模普遍较小,质量安全监管成本高。

尤其在渔药使用和管理中存在很大问题。渔用药物残留超标问题,主要包括两个方面内容:①含禁用药;②水产品上市时,许可使用的渔用药物含量超标。有的残留药物可危害人体健康,有的会使病原微生物产生耐药性,威胁公共安全。为此,世界各国政府对水产品药物残留都有严格的限制。渔药在水产动物病害防治方面取得了积极的效果,但长期以来,我国渔药的管理和研究隶属于兽药范畴。渔业部门无权参与管理,而兽药、技术监督部门因专业技术不熟悉等原因而显得力不从心,导致渔药生产与经营的质量监督管理工作远远跟不上渔药生产的发展。渔药滥用而引起的水产品安全事件已成为影响水产养殖业可持续发展的瓶颈,我国水产品出口屡遭“绿色壁垒”打击,如欧盟的“封关”和日本的“肯定列表制度”等一系列事件引起了社会的普遍关注。此外,氯霉素、孔雀石绿等违禁药物的违法使用也对人类健康和生态环境产生严重威胁,成为屡受公众和媒体关注的社会问题[2-5]。

2. 我国水产品生产加工现状

2011 年,我国水产品加工总量为 1783 万吨,全国有各类水产加工企业 9611 家,加工能力达到 2429 万吨/年(图 5.3 和图 5.4)。与此同时,我国水产加工业的整体实力明显提高。2011 年,我国水产加工企业新产品价值 2688.05 亿元。

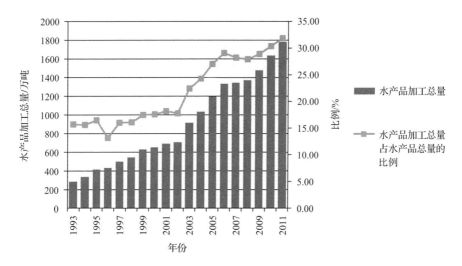

图 5.3 我国水产品加工总量和所占水产品总量的比例

资料来源:中国渔业统计年鉴

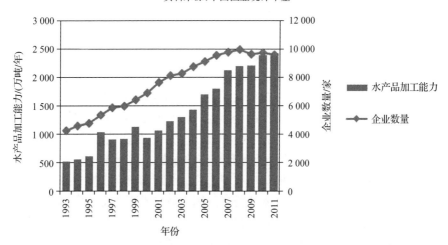

图 5.4 我国水产品加工企业数量和水产品加工能力

资料来源:中国渔业统计年鉴

存在主要问题有:①加工能力薄弱,在国际市场上,我国水产品几乎只能作为原料和半成品出口,不仅售价低,而且由于缺乏市场竞争力,与渔业大国的地位不相称;②国内水产品加工设备应用总体比较落后,有50%还处于20世纪80年代的世界平均水平,40%左右处于20世纪90年代水平,只有不到10%装备达到目前世界先进水平;③水产品质量标准体系不完善,现行标准中有许多可操作性和指导性不强,产品中的安全卫生指标较少,各种产品的标准指标雷同,感官指标中描述性的语言过多,缺乏量化指标[5]。

3. 我国水产品进出口现状

1993~2012年,我国水产品进出口总量和进出口总额如图5.5所示。2012年我国水产品进出口总量792.5万吨,进出口总额269.81亿美元,成为世界最大的水产品贸易国。其中,出口总量380.12万吨,同比下降2.84%;出口总额189.83亿美元,同比增长6.69%(图5.6)。水产品继续位居大宗农产品出口首位。水产

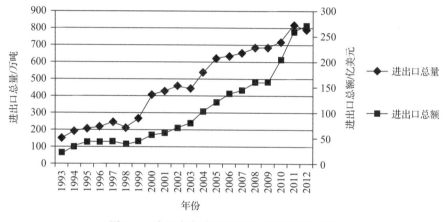

图5.5　我国水产品进出口总量和进出口总额
资料来源:中国渔业统计年鉴

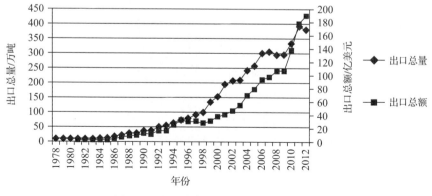

图5.6　我国水产品出口总量和出口总额
资料来源:中国渔业统计年鉴

品出口连续 11 年居世界第一。2012 年出口额达到 189.83 亿美元,占世界水产品国际贸易出口总额的 12.2%。水产品贸易顺差世界第一。2012 年首次突破百亿美元大关,达到 109.87 亿美元。水产品国际贸易总额世界第一。2012 年水产品进出口总额达到 269.81 亿美元[1]。

但面临的主要问题有以下两点。

(1) 国际贸易壁垒制约水产品出口。利用技术标准设置壁垒是目前发达国家限制发展中国家产品进口的最基本形式,以水产品质量不符合人类健康为由而行使技术贸易壁垒是近几年的主流。技术性贸易壁垒主要从食品添加剂限量、农药残留、兽药残留、微生物限量和其他污染物限量等几个方面对水产品的质量安全加以限制。对中国实行技术壁垒最多的是欧盟、美国、日本,这些国家和地区采取技术壁垒的主要方法是增加检疫项目、提高检验标准等。目前,我国水产品行业已成为遭受国外技术性贸易壁垒最多的产业。由附表 22 统计各国法律法规标准可以看出,世界各国对于限量控制食品添加剂、农药、兽药、微生物和其他污染物的具体标准有一定的差异,我国的标准不论在控制的种类还是限量上都不同程度的弱于欧盟、美国、日本等国,为我国水产品的出口贸易带来不少的麻烦。

(2) 反倾销措施影响水产品贸易增长。我国水产品出口目标市场过于集中,价格较低,出口贸易增长迅速,这非常容易引起目标市场国的反倾销制裁。虾类产品在美国遭遇反倾销制裁,对我国的水产出口敲响了警钟。低价格也将一直是我国水产品占领国际市场的主要手段,我国水产品出口贸易很可能再次遭到类似的反倾销制裁,这成为影响我国水产品出口贸易持续快速增长的重要隐患[3,6]。

4. 我国水产品食用消费现状

1978~2012 年,我国水产品产量和人均占有量如图 5.7 所示。对中国水产流

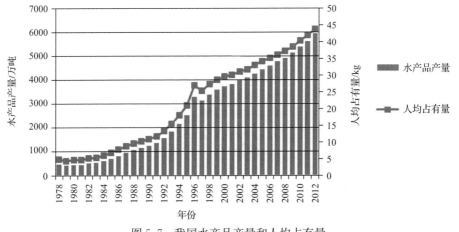

图 5.7 我国水产品产量和人均占有量

资料来源:中国统计年鉴

通与加工协会 2009~2011 年每周对外公布的水产品信息周报进行跟踪,统计其公布的水产品质量安全事件,数据结果显示,这 3 年间,水产品质量安全事件共发生 398 次,其中,渔药残留相关安全事件 182 次,约占 46%;微生物相关安全事件共 79 次,约占 20%;食品添加剂与违法食品添加剂相关水产品安全事件共 51 次,分别约占 10% 和 3%;有毒有害污染物、农药及其他水产品安全事件分别为 47 次、30 次、9 次,分别约占 12%、7%、2%[6,7](图 5.8)。

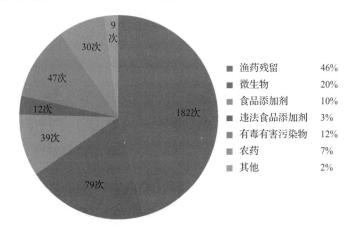

图 5.8　2009~2011 年我国水产品质量安全事件

资料来源:中国水产流通与加工协会

5. 水产品从"苗种—池塘—餐桌"产业链各环节现状

产业链的发展强调相关的行为主体要相互协调、相互合作。我国水产养殖产业的发展正处于初级阶段,在产业链内部的各个部门之间的合作意识缺乏,产业链的断止现象时有存在。目前,主要存在以下问题[8-12]:①养殖池塘基础设施薄弱,抵御高低温、洪水、干旱等自然灾害的能力较弱,影响养殖发展后劲;②良种繁育体系不健全,良种覆盖率不高,良种苗生产和供应不稳定;③健康养殖进展缓慢,产品质量有待提高;④产业化发展不平衡、产业化程度不高;⑤深加工水平还有待提升;⑥国内外市场发展不平衡。

5.1.2　我国水产品安全现状

1. 我国水产品产业与世界的差距

我国是水产品生产和消费大国,水产品生产和加工在国民经济中占有重要地位。按当年价格计算,2012 年,全社会渔业经济总产值 17 321.88 亿元;其中渔业产值 9048.75 亿元,占农业总产值的 9.73%。同时也是世界上最大的水产养殖国,年养殖产量占世界养殖总产量的 60% 以上[13]。但与其他渔业强国相比,在以下方面存在差距。

1) 养殖种质退化严重,病害泛滥;亟须加强水产养殖中的基础研究,加大渔业优质养殖品种的培育及筛选,开展重大病害及其综合防治技术研究

自 1992 年中国对虾流行病爆发以来,水产养殖品病害一直不断,并且蔓延到其他养殖虾类和贝类养殖生物,使养殖业蒙受了重大的损失。同时我国几种大众化养殖品种青、草、鲢、鳙"四大家鱼"种质退化也十分严重。水产种苗问题已成为我国水产养殖业向高效、持续发展的主要制约问题。由于对水产重大病害病理缺乏系统研究,渔业生产抵御病害的能力很低,加上因水域污染和养殖生态失衡,使病害成为制约我国渔业发展的又一"瓶颈"。

2) 水产养殖中因选址、养殖不规范不合理对生态环境造成很大影响,对养殖水体自身生态环境及周边地区生态环境污染严重

因养殖水域水环境恶化而引发的病害及污染已经对水产养殖业带来极大的危害,成为我国水产养殖业可持续发展中最为头疼的问题。

(1) 养殖过程中因营养物造成的污染。残饵是养殖产生自身污染的主要原因之一。大量残饵的产生会导致近岸、湖泊等水域发生富营养化,赤潮或藻类水华大面积发生,甚至改变底栖动物区系或对水生生物产生毒性。

(2) 药物滥用造成的污染。在水产养殖中广泛滥用各种化学消毒剂、抗生素、激素、疫苗等化学药品。在养殖防病中,曾使用过近 500 种中西药。养殖水域药物残留的增加造成沉积物中生物群落量和质的改变,造成生态系统中物质循环和能量流动的不畅。部分农药不易分解,对近海渔业资源特别是对近海水生物的产卵场和索饵场造成了严重危害,直接影响了自然水生动物的生长。

(3) 底泥富集造成的污染。水产养殖底泥中 C、N、P 的含量和耗氧量比周围水体沉积物中的含量要明显高出很多,水产养殖改变了底泥质的运输和沉积方式及溶氧状态。

(4) 水产养殖对海岸带生态环境造成的污染。包括:直接填埋优良产卵场、采苗场、育肥场和增养殖场所;改变了局部水域的流场和水交换条件,使局部水域的生态结构和生态平衡发生变化;改变了近岸生物的生活环境、习惯等,甚至对它们的生存造成威胁。

(5) 水产养殖对野生鱼群造成的污染。集约化养殖尤其是网箱养殖对养殖区自然鱼群的影响存在着正反两个方面。一方面,提高了鱼类的补充率,养殖场附近的鱼类的平均大小也比其他沿海区的鱼类要大。另一方面,某些养殖鱼类特有的病害,由于没有保护性的措施,也可能会感染野生种群,造成这些种类数量的减少,甚至导致某些种类的消亡。养殖鱼类逃逸也可能对生物多样性造成影响。另外,采用鲜活饵料也会对天然渔业资源造成危害。养殖引进种也有可能对生物多样性造成影响。

（6）水产养殖与赤潮形成的关系。研究表明,赤潮发生与水产养殖有正的关联性,与海水养殖污染密切相关。据从各个时期赤潮发生的次数可以看出,随着我国水产养殖的持续发展,养殖规模的不断扩大,赤潮发生的次数越来越多。

3) 由于养殖环境及水产品食品质量安全研究和检测滞后,养殖的水产品存在质量安全问题

（1）药物残留超标。在养殖过程中使用添加含有激素或者腐烂变质的饲料以降低成本;滥用抗生素、激素等药物防治水产动物疾病;捕捞前不执行渔药的休药、停药制度;水产品生产、销售和加工过程中,存在使用孔雀石绿、氯霉素等不良行为;违规使用饲料、药物、水质改良剂、消毒剂、保鲜剂、防腐剂等投入品;使用具有禁药成分而未列入禁药清单的渔药,导致药物残留超标。目前水产品中出现残留问题的主要有喹诺酮类、磺胺类、呋喃类,以及其他部分抗生素类及某些激素等。

（2）环境污染引起的质量问题。随着工业、交通运输业的发展,工业"三废"（废气、废水、废渣）不经处理或处理不彻底任意排入水体,其中有害化学物质通过食物链与生物富集作用,给水产食品造成严重污染。其中,工业污水中有毒重金属、有机物的半衰期长,水生生物的富集作用强,是主要污染物。水产品还可以通过水中的汞、镉、铜、锌、铅、砷等重金属进行蓄积而危害人体健康。例如,2007 年太湖无锡水域暴发的蓝藻污染事件,导致了严重的饮用水危机,也带来了水产食品安全隐患。广泛使用农药使空气、水、土壤受到污染,并使许多水生动植物体内残留农药。

4) 水产品加工业与发达国家相比,仍存在有很多不足

主要体现在水产品的加工资源严重衰退、基础研究薄弱、加工与综合利用率比较低、加工产品品种少、附加值低、装备落后、质量管理和标准体系不健全等方面。

（1）水产品加工资源面临严重衰退,可用于加工的资源下降问题将成为制约中国水产加 工业发展的重要因素。

（2）水产品加工基础研究薄弱,科技成果转化率低。

我国水产品加工领域基础起步较晚,应用研究和高技术研究较为薄弱,学科间的相互渗透不够,缺乏自主技术创新,成果转化率低。据测算水产品加工科技成果转化率不足 30%,而发达国家科研成果转化率一般为 70%。由于在水产品加工技术研究方面投入较少,无法从事系统深入的研究,缺少适应于支撑水产品加工业快速发展的技术支撑和科技储备。

（3）水产品加工企业装备和技术落后,缺乏规模效益和竞争优势。

大多数企业总体水平也较低,一是技术装备水平低;二是企业生产技术水平低,多数企业生产能耗和物耗偏高,生产效率低,产品质量差、档次低,加工成本高;三是社会化生产组织和管理技术水平低。

（4）淡水水产加工业严重落后于养殖业的发展。

淡水鱼中加工除了烤鳗、豆豉鲮鱼罐头、罗非鱼片和克氏虾已形成一定的产业规模外，其他产品的加工数量低，淡水鱼加工企业都呈现加工规模小、产品种类少、技术含量低、管理落后和产品研发滞后等现象。这严重制约了淡水鱼业的发展。

（5）水产精深加工比例较低，海洋药物开展研究薄弱。

中国目前水产品加工仍以粗加工为主，精深加工产品的比例不高。水产品加工后尚有约 390 万吨的废弃物尚未得到充分的利用，如何利用是体现加工水平的一个重要方面。

海洋药物的开发极有发展潜力，然而海洋药物的研究是一项涉及多学科、跨行业的系统工程。从目前海洋药物现状来看，由于存在人才缺乏，尤其是药物学、医学方面的人才，学科综合研究能力薄弱，加之由于药物研究投入大、周期长、成本高、风险大，导致新药开发滞后。

（6）质量保证、标准控制体系与风险评估技术亟待完善。

我国水产品加工业的质量标准体系、检验监测体系、食品安全控制体系及质量认证建设相对滞后，在发达国家已普遍接受的 SSOP、GMP、HACCP 等质量管理与控制体系及标准，在我国只在一些出口型或大型企业开始实施，很多企业对 HACCP 体系的内涵和意义认识不够。

5）从业人员质量意识淡薄，需加大培训

一是养殖人员缺乏相关科学知识，不考虑质量安全问题；高密度养殖造成水体污染、鱼病严重。二是加工和销售人员随意或超标使用食品保鲜剂、着色剂、防腐剂、消毒剂、抗生素以获得较好的感官品质，达到保鲜防腐的目的。三是渔药生产和销售人员任意夸大药物适应性和疗效，商品标识不明确，误导养殖者用药或过量用药，造成药物残留严重。四是执法人员专业技术水平不高，管理职权紊乱，责任心不强，监管不力，缺乏有效的管理机制和惩戒机制[6]。

6）渔业管理及监管存在问题

（1）渔业投入品管理有漏洞。

一是苗种生产。为了保证水产苗种的产品质量，《中华人民共和国渔业法》（以下简称《渔业法》）设立了天然苗种专项（特许）捕捞许可证制度、人工繁育水产苗种生产许可证制度、水产苗种进出口审批制度和转基因水产苗种安全评价制度等。但是一些生产企业对优质水产种苗的生产和开发重视不够，对当地种质保护不力，苗种生产近亲繁殖，造成原种不纯、良种不良；水产苗种的引种、育种、开发和推广无序；无质量保障的种苗跨国、跨省、跨区域引进，未经检验检疫的种苗传播异地疫病的现象时有发生，使水产品品质下降。二是饲料生产。有的渔用饲料厂家不按国家和行业标准生产，使用含有霉菌、二噁英等有害物质的饲料原料，使用腐败变质饲料原料，饲料中添加抗生素、激素、类激素、镇静剂等；饲料加工不规范，小作坊式饲料加工没有取缔。三是渔药生产。有的渔药未经药理、毒性试验就直接投放市场,有的渔药生产厂家的药物疗效宣传不实,误导了渔业生产经营者;有的渔药含有禁用渔药成分,使用中产生药物残留超标;渔业生产者使用渔药不规范,有的滥用渔药,有的仍使用禁用药物。

(2) 检测设施不配套。

国家加强了省、市水产品质量检测体系的建设,但由于点多面广、投入不足,许多监测指标因资金、技术、设备、仪器等原因无法检测,影响了水产品质量监督检测工作的正常开展。此外,国内没有普及水产品质量安全的现场检测仪器,县、乡二级没有配备水产品定性检测设施,生产者不重视水产品检疫工作。

(3) 监管体系不完善。

涉及水产品安全的职能部门太多,管理分工不明确,宣传不力,水产品质量安全监管体系不健全,对渔业投入品、水产品的市场监管乏力。水产监管部门缺乏行之有效的预警、监督、管理和惩戒机制。我国水产品的安全信用体系尚未建成,制假、造假、售假使低劣水产品流入市场、流向餐桌。

(4) 质量保证制度不健全,水产品标准体系建设需完善。

我国先后颁布实施了《渔业法》、《水产养殖质量安全管理规定》、《农产品质量安全法》和《食品安全法》等法律法规。目前,全国共颁布出台涉及渔业的法律法规、规章和规范性文件 600 多部,覆盖了渔业资源调查、环境监测、水产健康养殖、病害防控、水产品质量安全、渔业装备与工程、渔业信息化与发展战略等方面。一方面,现有标准执行不力;另一方面,执行的标准太多,水产从业者往往不知如何选择,国家已禁用的渔药常常被检出。此外,我国许多水产品标准已超过修订期,新标准与发达国家差距较大,标准的制定与实施存在脱节现象,水产品质量安全保证体系没有形成。

2. 近年来我国发生的主要水产品食品安全事件

随着近年来人们生活水平的提高,对食品的要求也越来越高。近年来发生的一些水产品安全事件,引起了社会各阶层的广泛关注。水产品质量安全事件的发生,主要有以下几个原因:①水产品在养殖、流通过程中因环境因素导致其微生物、毒素、药物残留超标;②加工或食用方法不当,引起食物中毒;③药物滥用导致残留量超标,对人体造成危害;④不法商人通过非法渠道降低成本,以牟取暴利;⑤使用违规手段处理产品,造成人为污染;⑥环境恶化,水产品在生长过程中受到严重污染;⑦行业竞争激烈,假冒产品以次充优;⑧监管不力,质量不合格的水产品流入市场。

报告整理了近十年来水产品安全事件的数据,并列举出其中一些主要的事件,进行了分类比较。

1）食物中毒事件

（1）贝类毒素中毒事件。

2004 年 7 月,宁夏发生一起食用贝类致贝毒素食物中毒事故,41 人中毒,1 人死亡。

（2）小龙虾致横纹肌溶解症。

2010 年 7 月下旬至 8 月底,南京出现了 23 例因食用龙虾而引发横纹肌溶解症的病例。有专家指出由残留在龙虾脏器内的兽用抗生素和吊白块螯合产生新的毒素,消费者选择不恰当的食用方法后,引发横纹肌溶解症。

2）药物残留事件

（1）大闸蟹事件。

2001 年,香港媒体报道内地"大闸蟹"养殖中使用了氯霉素、促生长剂、激素等,致使香港河蟹消费量一周内锐减 70%。

2006 年 10 月,台湾媒体称从内地采购的大闸蟹验出含致癌物质硝基呋喃代谢物。

（2）氯霉素虾事件。

2001 年,欧盟因中国对虾、虾仁检出氯霉素,遂对中国对虾等水产品实施严格检查,提出了虾的氯霉素污染新规定。

（3）鳗鱼"恩诺沙星"事件。

2003 年 7 月 15 日,日本静冈卫生部门因从原产于中国的冷冻鳗鱼中检出抗生素"恩诺沙星",发出警示并要求立即回收已售出的 8210 kg 冷冻鳗鱼。该起事件在国际水产领域对中国水产造成了不良影响。

（4）孔雀石绿事件。

2005 年 7 月,香港抽查的包括罐头鲮鱼、鲮鱼肉及鳗鱼制品,发现均含有孔雀石绿。2005 年 11 月,香港对鹰金钱牌金奖豆豉鲮鱼和甘竹牌豆豉鲮鱼等 3 个食物样本被查出含有致癌物孔雀石绿。

（5）多宝鱼事件。

2006 年 11 月,上海检出多宝鱼中大量使用违禁药物。有硝基呋喃类药物、孔雀石绿以及抗生素药。

（6）桂花鱼事件。

2006 年 11 月,香港对 15 个桂花鱼样本进行化验,结果发现 11 个样本含有孔雀石绿。

（7）斑点叉尾鮰鱼事件。

2007 年 4 月,美国从中国叉尾鮰鱼产品中检出氟喹诺酮药物残留,从而停售所有从中国进口的叉尾鱼片。2007 年 6 月,美国 FDA 报告认为,自 2006 年 10 月 1 日至 2007 年 5 月 31 日间,美国共检测中国进口养殖叉尾鮰鱼、绀鱼、虾、鲮鱼、鳗鱼等 5 个品种 89 个货样,其中 22 个货样检出药残,药残范围是:孔雀石绿、氟喹诺酮、龙胆紫、恩诺沙星、硝基呋喃、氯霉素等。

(8) 福尔马林银鱼事件。

2008 年 10 月,无锡市农贸市场所售太湖银鱼经采样检测,首次发现含有大量甲醛成分。

2011 年 4 月,青岛市在一民房内查获大量"问题银鱼"。现场共查获小银鱼1.6 t,福尔马林 100 kg。

(9) 水银刀鱼事件。

2010 年 4 月 9 日,江阴发现 3 条刀鱼体内掺有不明物,经鉴定为水银。注入水银不仅使刀鱼增加重量卖出更高的价格,还可以让死刀鱼看起来更有光泽。

3)"口水油"沸腾鱼事件

2006 年 8 月,南京某沸腾鱼乡将掺有客人的口水、收桌扫进去的剩渣、纸巾,甚至还有烟头的油,简单过滤后再给人吃的"口水油"沸腾鱼事件。据报道,这样重复用油可以为饭店一个月节省数万元的成本。

4)北京福寿螺事件

2006 年 6 月,北京因凉拌螺肉(又称香香嘴螺肉)中含有广州管圆线虫的幼虫,造成 138 人患广州管圆线虫病。

5)注胶虾事件

2012 年 2 月,于天津王顶堤水产批发市场发现的事件。往虾头、虾的腹部注射明胶。这样既能增加虾的重量,还可以避免虾头出现凹陷、塌瘪等现象。

6)"鳕鱼"事件

2012 年 4 月央视调查称,国内市场所售鳕鱼,可能均为油鱼。

5.2　发达国家食品安全控制技术体系和安全管理经验

5.2.1　合理的法律法规和标准体系,严格的监管监督体制

日本是渔业大国。对于日本国民而言,水产品是生活中不可或缺的重要食品,在他们的生活中,每天摄取总热量的 5%、摄取总蛋白质的 20%、摄取总动物性蛋白质的 40%来自水产品。日本政府于 2003 年 5 月 23 日出台了《食品安全基本法》,明确了在食品安全监管方面,中央政府的职责是"综合制定并实施确保食品安全的政策和措施";地方公共团体的职责是"适当分担政府的任务,制定并实施必要的政策和措施";生产、加工、流通和销售业者的职责是"具有'有责任和义务确保食品质量安全'的意识,并实施必要的措施,同时应向政府提供准确的信息";消费者的职责是"掌握并理解食品质量安全的知识,同时要充分利用政府提供的表明个人

意见的机会"。该法还明确了对国内流通及进口食品质量监督管理的程序及处罚。在法律的赋权下,政府负责有关可追溯体系的标准或法规的制定和完善,并投入相当的预算,借助 DNA 技术,及 RFID 无线识别技术等现代技术手段,最先从肉牛开始建立可追溯体系,随后陆续普及到其他农林水产品。日本由于 2007 年 4 月 1 日起实施了经 8 次修改的行《饲料安全法》。该法不仅规定了受法律约束的饲料种类,其中包括鱼、真鲷、银鲑、鲤鱼、鳗鱼、虹鳟、香鱼、牙鲆、河鲀、竹筴鱼、鲈鱼等养殖鱼类的饲料,还对一些具体的内容进行了详细的规定,如"生产、进口、销售饲料和饲料添加剂,应作相应的记录并保存 8 年","饲料使用者应记录使用时间、使用场所、施用对象、饲料名称、使用量、购买该饲料的时间及生产厂家的名称和地址"等。"肯定列表制度(positive list system)"是日本为加强食品(包括可食用农产品)中农业化学品(包括农药、兽药和饲料添加剂)残留管理而制定的一项新制度。该制度要求:食品中农业化学品含量不得超过最大残留限量标准;对于未制订最大残留限量标准的农业化学品,其在食品中的含量不得超过"一律标准",即 0.01 mg/kg。该制度于 2006 年 5 月 29 日起执行。

　　欧盟委员会专门制定水产品投放市场的卫生条件的规定,即 91/493/EC 指令,要求向欧盟市场输出的水产品加工企业必须获得欧盟注册。欧盟对进口水产品的质量要求日益严格,而且必须从原料生产开始,保证生产过程的各个环节均达到质量要求,从而保证终端产品的质量,即建立一个完整的质量保证体系,全面推行 HACCP 制度。

5.2.2　大力推广规范体系

　　泰国渔业局是为出口企业提供水产品检验和质量保证服务的主要机构。世界上很多进口国家都已认可泰国渔业局的水产品检验服务,尤其是欧盟、加拿大、澳大利亚、新西兰、美国和日本等国家和地区。1991 年,泰国渔业局在泰国实施了自愿性的 HACCP 水产品检验项目。该项目包括渔业 HACCP 前期试验的实施、审议检验程序及对检验员和企业进行 HACCP 培训;加工企业通过进行设备检验、关键控制点的控制、记录的审议和质量项目的有效确认来实施 HACCP 项目的最后控制。1996 年,该项目通过农业部立法程序对已审批的水产品加工企业进行强制性执行。已审批的加工企业必须有已执行 HACCP 检验计划,报渔业局备案、确认,并不断和更新 HACCP 检验步骤。目前,所有渔业局审批的加工企业均实施了 HACCP 管理计划。由于 HACCP 在泰国渔业行业食品安全管理体系中的快速发展,渔业局的作用也随之变化。除检验良好的操作规范、卫生和其他法规要求是否已经达到之外,水产品检验员还必须承担新的职责,这些职责包括 HACCP 计划和 HACCP 实施系统的有效确认和认证。为了与国际准则接轨同时符合主要进口国

家的要求,渔业局开展实施 HACCP 审核程序。从 1998 年起,泰国开始致力于
HACCP 审核、政策和程序的制定、程序手册、指南和评估标准等方面的工作。为
了对企业进行有关 HACCP 计划的设计、文件和必备项目的准备,以及项目的实施
和维持方面的指导。渔业局制定和出版了:《HACCP 的政策和实施步骤》《HAC-
CP 文件资料的手册或指南》《评估程序指南》《危害、控制、临界值和加工标准指
南》。目前许多有政府机关、大学和私人的 HACCP 咨询公司可提供 HACCP 培
训。渔业局在检验过程中所起提供指导作用表现为:清楚地解释与他们的检验工
作有关的健康和安全标准、常规准则或使用要求;提供指导 HACCP 计划实施的参
考;提供关于评估程序和违规项目鉴定等方面的细节和理由,即一些相关要求、问
题性质、客观凭证,但不是如何纠错;确证企业对 HACCP 的理解;提倡应用 HAC-
CP 的全部 7 条原则;按照良好的审核规范进行评估。

美国规定,对其出口的水产品企业必须建立 HACCP 体系,否则其产品不得进
入美国市场。中国进入美国市场的水产品首先通过国家检验检疫机构评审,取得
输美产品的 HACCP 的验证证书,并经美国食品和药物管理局(FDA)备案后才能
进入美国市场。

5.2.3　建立水产品质量安全可追溯制度和风险评估制度

20 世纪 80 年代末食品安全领域引入了风险分析方法,通过联合国粮农组织
(FAO)、世界卫生组织(WHO)、食品法典委员会(CAC)的推动,逐渐建立食品风
险分析的原则和标准体系,风险分析技术已成为评价食物链中危害与人体健康风
险相关性的首选方法,而风险评估则是风险分析框架中的科学核心。国际食品卫
生法典委员会(CCFH)先后委托 FAO/WHO 微生物风险评估联合专家委员会
(JEMRA)对特定食品/致病菌组合进行风险评估,目前,JEMRA 已经完成的水产
品中有海产品中的副溶血性弧菌、生牡蛎中的创伤弧菌等一系列的评估报告。美
国 FDA 在 2000 年完成了对生食牡蛎致病性副溶血性弧菌公共卫生影响的定量风
险评估,2000 年对水产品中食源性单增李斯特菌公共卫生相对风险进行定量
评估[12-15]。

日本的《食品安全基本法》明确了为确保食品安全,食品质量安全相关政策措
施的制定和监督管理应采用"风险分析"手段,在本法案中,明确地规定了食品的成
分规格、药物残留标准、食品的标识标准、有关食品生产设施标准、管理运营标准等
标准设定的框架,同时明确了中央政府对进口食品的监督检查框架及各都道府县
政府对国内食品生产、加工、流通、销售业者的设施监督检查的框架。目前,日本已
分别就贝类(牡蛎和扇贝)、养殖鱼类和紫菜制定了不同的质量安全可追溯操作规
程。其中最先试行可追溯体系的是水产养殖业。同时与 GAP(良好农业规范)、

HACCP 和 ISO 22000 食品安全管理国际标准等规定的实施有机结合,并不断加以完善。虽然要全面控制水产品的质量安全依然要面临很多困难,但日本还是希望在养殖鱼类经验积累的基础上,将可追溯体系普及到天然鱼类。

5.2.4　科学的预警体系

美国食品安全管理体系一直以科学、全面和系统的特点而著称。其中预警体系为美国食品安全管理体系的基石。美国食品安全预警体系的组成机构主要分为食品安全预警信息管理和发布机构及食品安全预警监测和研究机构。这两类机构有机结合,共同担负着食品安全预警的职责。美国食品安全预警体系中有较强大的食品安全预警信息管理和发布机构的支撑,能将食品安全预警信息快速及时地通报消费者和各相关机构,主要由食品和药物管理局(FDA)、农业部食品安全检验局(FSIS)、疾病控制预防中心(CDC)、环境保护署(EPA)、美国联邦公民信息中心(FCIC)几个部门组成。FDA 负责除肉、家禽、蛋制品之外的食品掺假、不安全因素隐患、标签夸大宣传等食品安全管理工作,发布除 FSIS 管辖之外的食品召回、预警信息;FSIS 主管肉、家禽、蛋制品的安全,主要管理和发布这些产品的预警信息和召回通报;CDC 是负责传染病防治最主要的部门,在食品安全预警体系中主要负责食源性疾病的预警信息发布和管理;EPA 负责农药和水的管理,主要管理和发布有关农药、水的食品安全预警信息;FCIC 作为消费者保护机构,发布与消费者密切相关的食品安全预警信息,主要是联邦机构和生产厂家的召回信息。美国各食品安全监测和研究机构拥有强大的监测网络和先进的实验室,其中食品安全与应用营养学中心(CFSAN)、农业部食品安全检验局(FSIS)是美国的两大食品安全监测和研究机构。主要采用三套监测网工具系统对食源性疾病进行检测,即脉冲凝胶电泳 DNA 指纹图谱检测网系统(Pulse Net),国家抗生素耐药性监测网系统(NARMS)和食源性疾病主动监测网系统(Food Net)。同时对于常规食品安全的预警也非常灵敏。

全球最具有代表性的预警系统是欧盟食品和饲料快速预警系统(RASFF)。该预警系统首次区分"预警"和"信息",设定了两种通报类型:信息通报和预警通报。

5.2.5　强大的科研技术力量和先进的检测平台

美国食品管理机构非常重视科学技术力量,不仅拥有顶尖水平的科学家对前沿问题进行研究,而且组织外部一些优秀的专家,通过合作研究等各种形式,使之为食品安全管理工作服务,例如建立一系列咨询委员会、专家顾问团,召开研讨会。同时也与国际组织保持密切联系,并从中分享最新的科学进展。

5.3　我国水产业食品安全控制技术存在的问题

5.3.1　我国水产品安全技术存在的差距分析

2012 年,我国水产品总产量 5907.68 万吨,其中水产品养殖产量 4288.36 万吨,捕捞产量 1619.32 万吨;全国水产养殖面积 808.84 万公顷,其中,海水养殖面积 218.09 万公顷,淡水养殖面积 590.75 万公顷,连续 23 年位居世界首位,占全球水产品产量的三分之一以上,为城乡居民膳食营养提供了三分之一的优质动物蛋白质。但在保证水产品安全上与水产发达国家相比,尚存在较大差距。

1. 水产养殖环节

1) 生物技术在水产中应用的监管

尽管当代生物技术与生物工程在水产养殖上的应用有着广阔的前景,但是,从食品安全的角度出发,转基因药物和转基因动物的安全性均已受到怀疑。国内已经在鲫、鲤、团头鲂、大马哈鱼等品种中转基因成功,由于水域环境的特殊性(流动、不易掌控)。对生物技术在水产品中的安全评价,包括引入 DNA、基因产品的分析等方面必须建立科学、完善的监测和检测体系,必须重视并研究可能产生的负面影响。

2) 渔药的使用、监管和基础研究

水产品内药物残留是指在水产品的任何食用部分中渔药的原型化合物或(和)其代谢产物,并包括与药物本体有关杂质在其组织、器官中的蓄积、贮存或以其他方式保留的现象。滥用抗生素、激素等药物防治水产动物疾病;捕捞前不执行渔药的休药、停药制度;使用具有禁药成分而未列入禁药清单的渔药,导致药物残留超标。目前水产品中出现残留问题的主要有喹诺酮类、磺胺类、呋喃类,以及其他部分抗生素类及某些激素等。

渔药在水产动物病害防治方面取得了积极的效果,较为有效地控制了水产病害的流行,减少了由病害引起的经济损失,提高了养殖效率。但长期以来,我国渔药的管理和研究隶属于兽药范畴。渔业部门无权参与管理,而兽药、技术监督部门因专业技术不熟悉等原因而显得力不从心,导致渔药生产与经营的质量监督管理工作远远跟不上渔药生产的发展。长期以来,渔药隶属于兽药(2000 年以前),相关研究方法(如药物残留检测技术标准)、政策法规长期借鉴畜牧养殖品种。而水产品可食用组织更为复杂(除肌肉、肝胰腺、精巢等),不同种类即使同种组织差异也巨大(如对虾、鳖、鳗鱼的肌肉等),水产动物用药为群体概念(而畜牧/畜禽动物为个体概念),水产动物养殖模式多样及环境条件更为复杂等因素决定了水产品安全相关技术及管理政策不能照搬畜牧动物。

渔药滥用而引起的水产品安全事件已成为影响水产养殖业可持续发展的瓶颈,我国水产品出口屡遭"绿色壁垒"打击,如欧盟的"封关"和日本的"肯定列表制度"等一系列事件引起了社会的普遍关注。此外,氯霉素、孔雀石绿等违禁药物的违法使用也对人类健康和生态环境产生严重威胁,成为屡受公众和媒体关注的社会问题。

基础研究薄弱:某些水产动物病害防治的防控存在技术空白是造成药物滥用的重要原因之一。典型事例为:由于目前缺乏防治水霉病害的有效药物,导致部分养殖从业者仍然违规使用禁用药物孔雀石绿防治鱼类水霉病。其他诸如寄生虫一类的水产动物病害也由于病原生物学研究基础匮乏等原因缺乏有效的防控手段,"病急乱投医"的心态促使养殖从业者滥用药物的概率增大。相比畜牧动物,水产养殖动物种类极其繁多,其中占水产养殖总产量74%和总经济价值63%的水产养殖品种高达20多种。且其中一部分为中国特有,如小龙虾、中华绒螯蟹等;另一部分为近年来外来引进的,如大菱鲆。由于品种众多及消费流行更迭速度快,众多品种的基础背景研究薄弱甚至几乎为空白,这是造成水产品质量安全脆弱的根本原因。以关系药物安全使用的药物代谢动力学基础研究为例,现有的水产动物药代动力学研究与我国水产养殖规模及用药规模极不相称,已有的技术资料还不到生产上所需求的10%。另一方面,由于缺乏安全判定的基础数据资料(无国外借鉴)也使得安全技术资料匮乏。

3) 渔业饲料投入品的管理

(1) 粗放式水产养殖方式导致资源环境恶化。据统计,我国水产养殖每年直接用于投喂的野杂鱼400万~500万吨,另有3000万吨以饲料原料的方式投喂。粗放式的生产方式打破了自然生态的食物链,破坏了自然资源,特别是养殖动物"高营养的美餐"消耗了我国近一半的海洋捕捞产量,浪费了大量的经济幼鱼和一些珍贵水生物种,而养殖产品并没有因此提高身价,相反却受到环境污染、养殖病害的困扰,最终以药残、品质等问题受到国内外水产品加工、消费市场的冷遇。

(2) 我国水产饲料生产数量、质量、品种、价格都难以满足水产养殖业发展的需要。主要表现为:饲料企业生产规模小、起点低。专业化程度不高,科技含量低。

(3) 监管失控,水产饲料质量较差。有的渔用饲料厂家不按国家和行业标准生产,使用含有霉菌、二噁英等有害物质的饲料原料,使用腐败变质饲料原料,饲料中添加抗生素、激素、类激素、镇静剂等。

2. 水产品生产加工环节

1) 水产加工资源面临严重衰退

可用于加工的资源下降问题将成为制约中国水产加工业发展的重要因素。

2）基础研究薄弱,科技成果转化率低

据测算水产品加工科技成果转化率不足 30%,而发达国家科研成果转化率一般为 70%。由于在水产品加工技术研究方面投入较少,无法从事系统深入的研究,缺少适应于支撑水产品加工业快速发展的技术支撑和科技储备。

3）加工企业装备和技术落后,缺乏规模效益和竞争优势

大多数企业总体水平也较低,技术装备水平低,设备陈旧老化,可靠性差,生产自动化程度不高;企业生产技术水平低,企业生产能耗和物耗偏高,生产效率低,产品质量差、档次低,加工成本高;社会化生产组织和管理技术水平低,为生产所需的多层次管理人才短缺,现代化管理手段的开发应用层次低,缺乏先进的生产组织和管理系统的优化配置。

4）淡水水产加工业严重落后于养殖业的发展

淡水鱼中加工除了烤鳗、豆豉鲮鱼罐头、罗非鱼片和克氏虾已形成一定的产业规模外,其他产品的加工数量较低,淡水鱼加工企业都呈现加工规模小、产品种类少、技术含量低、管理落后和产品研发滞后等现象。这严重制约了淡水鱼业的发展。

5）水产精深加工比例较低

目前水产品加工仍以粗加工为主,精深加工产品的比例不高。水产品加工后尚有约 390 万吨的废弃物尚未得到充分的利用。

6）质量标准体系、检验监测体系、食品安全控制体系及质量认证建设相对滞后

在发达国家已普遍接受的 SSOP、GMP、HACCP 等质量管理与控制体系及标准,在我国只在一些出口型或大型企业开始实施,很多企业对 HACCP 体系的内涵和意义认识不够。

3. 食用消费环节

1）限用药物残留问题

在我国,大部分省份的水产品药物残留合格率维持在较高水平,但个别品种的合格率较低。在贝类产品中,重金属残留和有毒有害物质超标,也是一个亟待解决的问题。

含致病微生物与寄生虫感染的不合格产品:水产品中的生物性危害主要是致病菌和寄生虫。某些鱼类、螺类、虾蟹中存在寄生虫,并且富集了副溶血性弧菌等致病菌。

2）鱼类中的致敏原的标示

含致敏原的水生生物常见的有虾、龙虾、蟹和其他贝类,成人比儿童过敏率高,可发生特异性皮肤炎症及毒性反应,手、脸表现红色水肿,但一般不会死亡。

3) 水产品食用方法不当

在常见的水产品质量安全事件中,有一些水产品本身带有毒素但只要食用方法正确就不会产生中毒,最典型的就是食用河豚和织纹螺中毒。

4. 水产品标准及法规

1) 许多标准标龄过长

国际组织和发达国家一般以 5 年为周期,而目前现行的不少标准至少有了 5 年的标龄。

2) 标准技术指标与国际标准存在一定差距

针对水产品中的农药和兽药残留以及添加剂限量标准,我国对水产品安全卫生质量及检验检疫标准,与发达国家差距较大,水产品安全卫生标准的国际标准采标率仍较低。其中日本"肯定列表制度"涉及水产品中药品的标准达 134 种,且限量很低;美国也有四十多项,而我国只有对 27 种药品开展检测;有关水产品中添加剂限量标准与发达国家相比采标率更低,只对 22 种添加剂明确要求,且很笼统,远没有欧盟针对不同的水产品明确要求的不同标准。农业部发布了 140 多种兽药的最高残留限量规定,但只有 50 多种兽药的检测方法,并且绝大多数尚未进行全面的风险性评估;鱼药标准参考兽药标准。

3) 对国际上关注的新污染物限量指标缺乏深入研究

如对致泻性贝类毒素、麻痹性贝类毒素展青霉素的限量指标等。

4) 目前尚未形成一套较完整的既符合我国国情又能与国际接轨的食品安全标体系

2009 年 6 月 1 日,实施《中华人民共和国食品安全法》,目前基本形成了以《食品安全法》为核心,各相关专业法律为支撑,与环境保护、产品质量、进出口商品动植物检验检疫等法律相衔接的综合性食品安全法律体系。《食品安全法》修订工作列入国务院 2013 年立法计划。需建立(修订)食品召回、退市食品处置、食品安全可追溯、突发食品安全事件应急处置、食品安全事故调查处理、食品安全风险监测评估、食源性疾病报告、食品从业人员管理、食品安全诚信等方面的行政法规和规章。

5.3.2　我国水产品质量安全原因分析

在食品安全概念的理解上,国际社会已经基本形成共识,即食品的种植、养殖、加工、包装、储藏、运输、销售、消费等活动符合国家强制标准和要求,不存在可能损害或威胁人体健康的有毒有害物质致消费者病亡或者危及消费者及其后代的隐患。主要原因有以下几个方面[2,3,5,6,8-10,16-20]。

1. 自然环境因素引起的水产品质量安全问题

自然环境方面对水产品食品安全的影响主要是在水污染方面。有的近海沿岸重金属离子含量超标,有的微生物超标,有的有毒有害物质超标,近海水域富营养化较为普遍。因此,水产品安全受到很大威胁。尤其是很多海洋生物对某些低含量物质具有富集作用,导致有些水产品有害物质大大超标,造成水产食品安全隐患。

1) 养殖业造成的源头污染,主要表现为药物残留超标

药物残留超标是影响我国水产品安全质量的主要原因,涉及水产品的多个环节。在养殖过程中使用添加含有激素或者腐烂变质的饲料以降低成本;滥用抗生素、激素等药物防治水产动物疾病;捕捞前不执行渔药的休药、停药制度;水产品生产、销售和加工过程中,存在使用孔雀石绿、氯霉素等不良行为;违规使用饲料、药物、水质改良剂、消毒剂、保鲜剂、防腐剂等投入品;使用具有禁药成分而未列入禁药清单的渔药,导致药物残留超标。目前水产品中出现残留问题的主要有喹诺酮类、磺胺类、呋喃类,以及其他部分抗生素类及某些激素等。

2) 养殖环境受到工业化的污染

农田施肥及城市生活污水排放,导致大量氮、磷物质进入水体,在一些舒缓的水体中,短时间内可导致富营养化,严重影响沿湖城市和乡村居民的饮水安全和食品安全。

同时,我国农村工业化的发展势头迅猛,工业化过程中也出现了很严重的环境污染问题,很多工厂和企业在选址、建设和生产的过程中,向周围排放了超出大自然所能承受的废气、固体废物和废水、粉尘等,对当地的社会环境造成严重的污染。生产环境的污染最具有危害性的是重金属污染,重金属污染指由重金属或其化合物造成的环境污染,主要由采矿、废气排放、污水灌溉和使用重金属制品等人为因素所致。据分析,重金属污染以镉污染较为严重,其次是汞、铅等,污染物多为粮食作物。多数金属在体内有蓄积性,半衰期较长,能产生急性和慢性毒性反应,可能还会有致畸、致癌和致突变的潜在危害。

某些药物(农药、生活、生产污染物)对养殖动物的潜在安全性。该部分内容未见公开报道或引发大规模的卫生安全事件,但急需重视。例如,稻田养蟹中聚酯类农药对蟹类和虾类;渔业养殖网箱防腐剂、生产污染物对鱼类的安全性等。

3) 富集致病微生物与寄生虫感染

水产品中的生物性危害主要是致病菌和寄生虫。某些水产品中存在寄生虫,并且富集了甲肝病毒、副溶血性弧菌、霍乱弧菌等致病菌。

由食源性微生物污染产生的疾病,已成为目前危害中国公民健康的最重要因素之一。按照卫生部提供的统计数字,我国最近几年的食品安全问题呈现上升趋势。

4）毒性物质中毒

主要有海参毒素甙、淡水鱼胆汁的氰甙、组胺、胆盐中毒、裸鲤、鲶鱼、鳇鱼和石斑鱼等鱼卵毒素中毒，食用鲨鱼和鳕鱼的肝脏过量中毒，河豚毒素、石房蛤毒素、肉毒鱼毒素、螺类毒素、海兔毒素、西加毒素中毒等。因食用水产品食品而引起的过敏性食物中毒事件，因加工或烹调方法不科学导致的中毒事件常有报道，同时放射性物质对水产品的污染与危害引起了各国关注。

5）微生态制剂潜在安全性

目前，我国水产用微生态制剂产品用量大、产值高、涉及范围广，涉及养殖品种众多。但目前，我国水产用微生态制剂既无技术标准，也无监管，且产业技术门槛较低。由此引发的水产品质量安全事件已有报道，由微生态制剂引起的水产品潜在安全性问题应引起我们的充分关注。

2. 生产流通过程中引起的水产品质量安全问题

1）在加工生产过程造成的食品安全问题

超量使用、滥用食品添加剂和非法添加物造成的食品安全问题；生产加工企业未能严格按照工艺要求操作，微生物杀灭不完全，导致食品残留病原微生物或在生产、储藏过程中发生微生物腐败而造成的食品安全问题；应用新原料、新技术、新工艺所带来的食品安全问题，主要是保健食品原料的安全性问题、转基因食品的安全性问题、辐照食品的安全性问题等也已引起学术界的普遍关注。

2）流通环节引起的食品安全问题

目前在食品安全的保障体系中，流通领域是个薄弱的环节，仓储、储运、货柜达不到标准，致使许多原本合格的产品，在流通环节变成不合格，甚至成为腐败变质的食品。要保证水产品在运输途中的安全，必须严格控制运输中运输车的温度，防治因微生物的污染而导致水产品腐败变质，达到目的地后应加强仓库的管理，防止水产品的二次污染。

3）传统的批发市场和农贸市场造成的食品安全问题

由于检测农药残留量等会影响农产品的进场流量，因此有些小批发市场在检测上就比较放松，甚至没有安全检测。缺乏有效的管理手段和机制，批发市场无法堵住问题农产品的进入。而个体经营销售为主要形式的农贸市场，因销售场所简陋、卫生条件不具备，初级农产品极易腐败变质，要想杜绝假冒伪劣商品就更不可能了，使农产品安全成为问题。

3. 监管因素引起的水产品质量安全问题

政府作为食品安全法律以及食品安全标准的制定者、监督执行者，对食品市场起着及时监管、积极引导的作用。由于消费者与食品生产企业的信息不对称，导致了市场失灵现象的发生,公众不能够有效发挥监督作用,政府团体的监督就显得尤其重要。

目前制约我国水产品质量安全监管的主要矛盾在于有限的管理资源与复杂且巨量的监管对象之间的矛盾。目前 200 余种养殖品种和相应的养殖模式、千家万户的养殖者、数百种渔用化学品,排列组合构成了错综复杂的监管需求,而政府的监管资源有限,无法予以覆盖,但任何一个品种、任何一个投入品出问题都有可能引发水产品质量安全事件。

主要体现在:①法律法规、标准缺乏完整性;②食品质量的检测体系、认证体系不完善;③多头管理,职能交叉,权责不统一;④地方政府监管不作为和缺少知识全面的监督管理队伍。

发展现代水产养殖业,解决水产品质量安全问题,必须强化水产养殖生产全程控制能力。应从全国水产养殖业全局着眼,集合各方面的资源,从质量安全管理的最终目标——保证最终产品的数量和质量安全角度考虑,制定总体的战略部署和长远的规划。应当完善监管相关法律法规,建立良好的水产品质量检测体系,参考国际先进经验技术标准对水产品养殖、加工各个过程严格把关,明确各监管部门职能,培养高素质的水产品质量安全控制人才,通过控制品种、缩小监管范围,设立养殖生产准入门槛提高养殖规模,实施标准化养殖,等手段解决上述的矛盾和问题。

水产品质量安全监管要实现“三个转变”:①从抓养殖产品向养殖、捕捞产品并重,着重抓养殖产品的方向转变;②从抓监管责任落实向监管责任、生产者主体责任落实并重,着重抓生产者主体责任落实方向转变;③要从抓监测监管向监测监管、制度创新并重,着重抓制度创新的方向转变。只有这样才能最终把水产品质量安全监管纳入科学监管的轨道。

5.4　提升我国水产品产业安全控制技术水平的对策和建议

5.4.1　加强渔业安全领域的工程建设

2012 年是渔业基础设施建设中央投资力度最大的一年,全年共落实渔业基础设施建设中央投资 89.33 亿元,比 2011 年增加 80.38 亿元,增长了 9 倍。在中央投资强有力的支持带动下,全国渔业基础设施,尤其是渔船装备水平得到明显提升,有近千艘海洋渔船开始实施更新改造。截至 2012 年底,全国共建有国家级水产原良种场 60 个,与 2011 年底相比增长 8.33%;沿海一级以上渔港和内陆重点渔港 169 个,与 2011 年底相比增长 6.96%;创建国家级水产种质资源保护区 368 个,与 2011 年底相比增长 30.50%。

2012 年,共有 7 项急需解决的关键技术研究与示范项目列入国家公益性农业行业科研专项计划,落实资金 1.06 亿元。水产技术推广工作稳步推进,全年共培训渔民 295.34 万人次,有效地促进了水产健康养殖技术的推广普及,尤其是稻田种养技术,得到农民的广泛好评。2012 年,全国渔业科研机构 110 个,水产技术推广机构 14 711 个。渔业科技与推广人员素质不断提高,从事一线科研活动的人员中研究生学位有 1388 人,同比增长 8.44%。技术推广人员中,本科及以上学历 9145 人,同比增长 13.52%。全年发明专利 184 项,同比增长 142.11%。

在此基础上,还需不断加大国家固定资产投资对渔业的支持,加强渔业安全装备、质量监测体系和管理信息化建设,不断提高设施装备现代化水平。在基础工程建设的过程中,要把渔业安全摆在渔业各项工作的首位,作为第一要务,确保不发生重特大渔业安全生产事故,确保不发生重大水产品质量安全、渔业水域生态安全事故,努力建设和谐渔区,打造平安渔业。

5.4.2　加强水产动物安全领域基础研究

长期以来,渔药隶属于兽药(2000 年以前),相关研究方法(如药物残留检测技术标准)、政策法规长期借鉴畜牧养殖品种。而水产品可食用组织更为复杂(除肌肉、肝胰腺、精巢等)、不同种类即使同种组织差异也巨大(如对虾、鳖、鳗鱼的肌肉等)、水产动物用药为群体概念(而畜牧/畜禽动物为个体概念)、水产动物养殖模式多样及环境条件更为复杂等因素决定了水产品安全相关技术及管理政策不能照搬畜牧动物。因此,应加强水产动物药物代谢动力学基础研究。

随着越来越多的水产养殖、加工新技术的应用,水产品中不断发现新的有毒有害物质残留,另外通过对比世界各国水产品安全管理法律法规,发现不同国家对于水产品中有毒有害物质残留的规定都不尽相同,也在一定程度上影响了我国水产品的质量安全和对外贸易。目前的一个重要问题是缺少符合水产品特点的检测技术手段,特别是缺乏在生产、流通环节适用的快速检测技术(非实验室或半实验室条件下使用)作为初筛技术手段。因此需要不断推进技术革新,配合实验室条件下复检技术,发展水产品加工新设备、新技术,构成经济、高效的检测技术体系,为保障水产品质量安全的奠定坚实的基础。

未来水产安全的研究和管理还应重点加强渔药基础理论的研究、加强渔药残留检测监控体系的完善,鼓励生物渔药等新型渔药的发展,推行和完善执业兽医制度,建立和实行渔药处方制度,逐步健全可追溯制度,加强转基因水产品的研究。

针对制约渔业发展的科技瓶颈,科研机构要围绕重点领域、关键环节,加强联合协作,开展科技攻关,力争掌握一批重大关键技术;加强渔业人才队伍建设,完善技术推广服务体系,促进科技成果转化应用[21]。

5.4.3 加强水域污染治理,注重生态养护

进一步调整水域功能规划;严格执行环保法规,完善地方环保政策;整合环保执法力量,理顺水域管理体制;注重技术创新,鼓励决策前的环保介入与决策后的环保监督;加大宣传力度,努力营造全民防治水污染的良好氛围。

扩大增殖品种、数量和范围,提高放流苗种质量。科学评估放流效果,合理推进以海洋牧场建设为主要形式的生态修复行动,因地制宜地开展增养殖礁、生态礁、资源保护礁和游钓休闲礁建设,带动休闲渔业及其他产业发展。促进海洋牧场建设与增殖放流等资源养护措施紧密结合,恢复海底植被,改善海域生态环境。加强水生生物自然保护区、水产种质资源保护区和海洋生态修复示范区建设,有效保护国家重点保护水生野生动物和一批重要水产种质资源、典型湿地及水域生态系统。加强渔业水域生态环境监测体系建设,强化监测能力,加强渔业水域生态环境损害评估,完善和落实好渔业生态补偿制度[22]。

5.4.4 提高水产苗种质量和良种覆盖率,关注转基因技术在水产品中的应用及安全性

苗种是水产养殖生产的物质基础。近年来,随着我国水产原良种体系建设不断完善,苗种数量和质量不断提高,为我国水产养殖业持续快速发展提供了有力保障。建设大宗品种和出口优势品种的遗传育种中心和原良种场,完善现代渔业水产原良种体系,建立符合我国水产养殖生产实际的水产良种繁育体系,提高品种创新能力和供应能力。加大对原种保护、亲本更新、良种选育和推广的支持力度,加快水产原种场和水产良种场建设,提高水产苗种质量和良种覆盖率。

转基因水产品的研究是海洋生物技术研究领域的热点之一。2012 年 12 月 21 日美国食品和药物管理局(FDA)表示,鉴于目前尚未发现转基因鲑鱼会对环境以及人体健康构成威胁,因此将来自 AquaBounty 公司的转基因鲑鱼作为动物食品供人食用是安全的。三文鱼又称鲑鱼、大马哈鱼。普通三文鱼要 30 个月才能成熟,但转基因三文鱼则仅需 16～18 个月。2012 年 12 月,FDA 再发评估报告,参与这份评估草案的还有美国鱼类和野生动物管理局、美国国家海洋渔业局和美国农业部。报告结论称:即使转基因三文鱼可能逃逸、繁殖、建立种群,对大西洋三文鱼或人类利益带来危害的可能性还是非常低。如获批准,"超级三文鱼"将成为全世界第一种获准供消费者食用的动物类转基因食品。尽管我国尚不允许生产转基因水产动物,但国内已经在鲫、鲤、团头鲂、大马哈鱼等品种转基因成功,由于水域环境的特殊性(流动、不易掌控),还需特别说明转基因水产养殖品的潜在安全隐患。

转基因技术在水产上的应用日益多元化、完善化,涉及的对象包括各种海、淡水经济鱼类,海洋贝类及藻类等。转入的目的基因有生长激素基因、抗冻基因、抗

病基因、抗污染基因等。目前国内研究较成功的是转基因鱼。对贝类中蛤、牡蛎、贻贝、鲍等也进行了转基因研究,但对虾类转基因的研究刚刚起步。转基因海带、海藻已逐渐在治理重金属污染、防止赤潮发生、作为廉价饵料和生产疫苗等方面发挥独特的作用。由于水域环境的流通性和水生生物的游动性,转基因水产品的安全性研究显得更为重要。到 2010 年为止,全世界 81% 的大豆、64% 的棉花、29% 的玉米、23% 的油菜都是转基因食品,但转基因动物还没有推广养殖。转基因鱼的生态安全,是科学家必须考虑的重要问题。中国水产科学研究院黑龙江水产所研究员孙效文认为:"可育转基因鱼个体逃逸,势必会与其同种或近缘种之间发生基因交流,而不育的转基因鱼也不能 100% 保证其不育。"转基因鱼要比普通鱼大得多,如果这一鱼种逃入自然界自由生活,它们能轻易取得交配优势,也会与野生鱼竞争食物和空间,从而破坏自然界原本相对稳定的生态平衡。同时转基因过程的每个环节都可能对水产品食用安全性产生影响。虽然许多国家都制定和颁布了有关法规,但这些法规比较抽象,无量化标准,不易执行,而针对转基因水产品安全性的标准基本是空白,因此迫切需要结合水生生物的特点,建立符合我国国情的转基因水产品安全性评价技术指标体系。通过开展转基因水产品风险评估,建立转基因水产品安全评价体系,同时加强水产品安全性管理;根据我国国情,针对水产品的特点,制定和规范转基因水产品管理的相关法律、法规体系已刻不容缓。

5.4.5　倡导健康养殖,提高水产品质量

为实现健康养殖,除加强水产养殖品种的选育工作,培育抗病、抗逆性强的优质品种;同时实行健康养殖模式,开展科学放养外,还需开展高效饲料的开发及科学合理的饲料投喂技术以及健康管理和病害控制技术。

目前要加快我国水产饲料的标准化建设。我国水产饲料整体发展水平低,目前虽已开发了二十几个品种,但开口饲料和其他幼鱼饲料尚未过关,需要进口。因此,许多养殖生产者选择使用小杂鱼,引发了一系列资源环境问题,成为制约水产养殖业发展的关键因素。粗放式水产养殖方式打破了自然生态的食物链,破坏了自然资源,特别是养殖动物"高营养的美餐"消耗了我国近一半的海洋捕捞产量,而养殖产品并没有因此提高身价,相反却受到环境污染、养殖病害的困扰;水产饲料发展水平低制约着养殖业持续健康发展,大大限制了水产养殖效益的发挥;饲料源短缺及浪费加剧了市场供需矛盾;饲料市场竞争无序、监管不力,产品质量安全存在隐患等主要问题。水产饲料是关系到我国水产养殖实现渔业现代化的重要环节,在某种程度上决定着水产养殖产业发展的素质和产品的质量。因此,需加快科技创新步伐,开发高效、安全、环保型水产饲料;加强海洋捕捞资源管理,鼓励推广使用人工配合饲料;进一步优化饲料品种结构,促进绿色饲料、环保饲料的发展;建立健全法规体系,依法促进水产饲料质量的安全水平。

未来实现绿色渔药及解决我国渔药残留问题应重点加强以下方面的工作：

（1）加强渔药基础理论，特别是渔药药理学基础研究，为渔药的安全、合理使用提供依据。建立专业化的渔药药理学实验室，培养专业性领军人才。

（2）加强渔药残留检测监控体系的完善，推进标准化。根据水产养殖产业的发展变化趋势，整理现有的资源，重点针对渔药残留检测技术、渔药安全使用技术规范等空白领域制定和修订水产行业标准或国家标准。加强标准的宣传、推广和执行力度，进一步完善渔药残留检测监控体系。

（3）鼓励生物渔药等新型渔药的发展。生物渔药等新型渔药具有绿色、安全等特点，在水产养殖中具有广泛的应用前景。生物渔药的合理使用可以显著达到改良养殖水体环境、提高水产动物机体免疫力和抑制病原的目的。提高生物渔药的使用比重是保障水产品安全的重要措施。

（4）整合技术资源，组织开展禁用渔药替代制剂的研发，填补水产动物病害防治空白。加强禁用药物的替代制剂研究，以从源头上杜绝违禁使用禁用药物事件的发生。

（5）继续推行和完善执业兽医制度，建立和实行渔药处方制度，逐步健全可追溯制度。根据养殖生产中出现的病害进行正确的分析、诊断，制定合理的处置方案，开举药方，包括处方药和非处方药；建立《水产养殖用药记录》，大力推广健康养殖模式，规范渔药使用，最终提高产品质量和竞争力，增加渔业生产效益。

5.4.6 水产品质量安全溯源监控体系和渔业信息化建设

水产品质量安全溯源监控体系是保证水产品质量安全的重要支撑，不但从根本上解决目前我国水产品因农残药残、重金属污染以及病原微生物污染引起的食品安全事件，而且有效贯通连接了水产品从"池塘到餐桌"的产业链，为生产者、监管者和消费者提供了详实的流通数据。水产品从"池塘到餐桌"需要经过一个较长的链条，在生产者和消费者之间存在着大量的中间环节，涉及消费、零售、批发到生产，比较重要的有生产环节和流通环节。2011 年以来，水产品质量安全追溯体系建设以试点形式在我国沿海省市逐步展开。但仍存产品覆盖范围较小，追溯方式单一；水产品质量追溯查询平台缺乏统一性；法规与技术标准缺失；管理机制缺乏协调性；基础技术研究比较薄弱等问题。为进一步深化水产品质量安全可追溯体系建设，需要扩大产品覆盖范围，丰富追溯查询渠道；建立统一的水产质量可追溯查询平台；建立与完善水产品质量安全可追溯制度的相关法律法规；制定水产品安全可追溯技术标准；探索多种管理模式和 HACCP、GMP、GHP 等质量管理体系结合；建立水产品供应链可追溯制度示范制度以及加强水产品可追溯的基础研究工作。

渔业信息化是指利用现代信息技术和信息系统为渔业产、供、销及相关的管理和服务提供有效的信息支持,并提高渔业的综合生产力和经营管理效率的信息技术手段和发展过程。主要包括:渔业信息技术标准化技术;渔业基础数据库;渔业信息网络建设与开发;地球空间信息科学技术在渔业中的应用;人工智能技术在渔业中的应用。

我国渔业管理信息化建设始于 1986 年,以 MV 系列超级小型机引入渔政管理信息部门开启了信息化建设的序幕,渔政管理、计划项目管理、统计数据处理、科技项目管理信息系统化建设逐步展开。经过 20 多年的建设,逐步发展为以中国渔政管理指挥系统、渔船船位监测系统为代表的集成化信息化,这些项目将渔船管理、执法管理、渔政队伍与设施管理、养殖管理等行政审批管理及动态监测管理现代化上升到一个新的水平。

我国渔业基础数据库在渔业信息积累和数据库建设方面,经过多年的努力,已建成了一些实用数据库和信息系统,其中有的已经推广应用。如中国科学院建设的渔业资源数据库,国家科技部支持建设的渔业与水产科学,中国水产科学研究院淡水渔业研究中心渔业经济与信息中心负责建设并维护的渔业科学数据库,由中国水产科学院信息中心开发设计的水产科技信息查询系统以及集美大学创建的中国渔业科技数据库。

要实现渔业信息化,渔业网络建设是先决条件。目前,我国渔业网站主要有政府机构创办的网站以及各省市渔业主管部门创建的水产网站:如"中华人民共和国农业部渔业局网站"、"东海渔业信息网"等;行业协会和水产机构创办的网站:如中华全国工商业联合会水产业商会主办的"中华水产网"等;教育科研机构创办的网站:如上海海洋大学创办的"中国水产网",中国水产科学研究院信息中心创办的"中国水产科学研究院网"等;企业和民间组织创办的网站:如中国舟山国际水产城创建的"中国渔市"等。

我国地球空间信息科学技术在渔业方面的应用有将近 30 年历史,在该领域中国一直追随国际最新科技的发展趋势。"十一五"期间,在国家"863"计划、支撑计划等支持下,我国空间信息技术及软件产业取得了巨大发展,研发出以 MapGIS、SuperMap、BeyonDB、GeoBean、GeoGlobe、Titan、GeoWay、DPGRID 等为代表的国产自主品牌软件,形成了与国际品牌软件竞争的新态势。目前,由国家海洋环境监测中心与中国科学院遥感应用研究所联合组建成立了我国遥感卫星应用国家工程实验室海洋遥感部;海洋生态综合管理技术实验室开发研制的海洋保护区 3G 无线远程视频监控系统;东海水产研究所的"中国水产科学研究院渔业遥感信息技术重点开放实验室",并取得"东、黄海海域速预报系统"、"大洋金枪鱼渔场分析预报系统"、"海洋渔业数据库系统"、"北太平洋鱿鱼速报系统"成果。

20 世纪 90 年代初期,我国开始开发水产专家系统。目前,国内已研制开发出许多水产养殖专家系统,这些成果已在渔业的科研、生产和管理方面发挥出不同程度的作用。1997 年,国内报道最早的鱼病诊断专家系统——"鱼医生(fish doctor)"是集美大学水产学院研发的。中国农业大学分别开发了鱼病诊断专家系统和基于 Web 的鱼病诊断专家系统。北京市水产科学院研发了鲟鱼、罗非鱼智能化鱼病诊断专家系统,还有江苏捷安信息科技有限公司研制了 J-YBIV 鱼病电脑诊断系统。中国水产科学研究院淡水渔业研究中心开发的基于神经网络的鱼类营养学系统(fish nutriology expert system,FINES)是一个研究鱼类饲料优化配方及科学饲养的系统。我国在水质专家系统方面也做了大量研究。池塘水质管理职能决策支持系统运用环境评价、人工智能、生态系统与模糊数学等理论,研究了池塘水质中各因子的变化规律,建立了评价、预测及预警模型,开发了池塘水质管理职能决策支持系统。中国水产科学研究院黄海水产研究所发明了大菱鲆养殖水质评价的模糊神经网络专家系统的构建方法。我国在海洋渔业领域的应用研究则起步较晚。1997 年,国家"863"计划"海洋渔业遥感信息与资源评估服务系统",运用该专家系统可以对东海主要经济种类,如带鱼、鲐鱼的资源量、可捕量进行评估和预报。

我国渔业信息化发展的主要问题有:①我国目前的数据库数量日益增多,覆盖面广,但存在着数据库规模小,收录范围、资源的深度和广度不够;检索功能不够强大;更新速度慢;用户界面不友好,缺少使用帮助;个性化增值服务少;数据库相对分散,各自为政,数据流通和共享差的问题。②我国目前已经有了内容繁多的各类渔业信息网站,但是,网站建设中仍存缺乏长远规划,可扩展性差,网络安全性差,信息服务功能弱,部分网站信息更新慢,外文网站少,缺乏国际竞争力,对外宣传推广不足。③我国地球空间信息科学技术在渔业方面应用主要是创新性不够,整体水平有待提高;平台应用和开发不足;人才匮乏;缺乏长期和系统的数据积累。④我国的渔业专家系统水平参差不齐,综合水平偏低 ;性能较差,准确性低;应用与开发脱节;推广困难。

为加快我国渔业信息化的发展需开展:

(1) 在渔业基础数据库方面,应全局规划,加大研发力度,提高专业化水平。政府发挥宏观调控能力,鼓励数据库服务企业或研究单位在不损害数据库提供方利益的情况下进行收录,解决收录信息难、更新慢等问题。政府还应该给予扶持,从整体上进行管理和引导,以有效消除低水平重复建设的现象。加大研发力度,提高渔业数据库的标准和规范化,提供增值服务,增强检索能力,提高渔业基础数据库的专业化水平。

(2) 在渔业信息网站方面,应加快渔业信息交流,增强国际竞争力,多语种、全球通用的渔业信息网站势在必行。目前我国需要在国际互联网上设立我国的渔业信息网站,加强与国际信息的交流,参与国际竞争。对外应加大宣传力度,让更多的国外用户了解中国的渔业信息网站,提高渔业的国际知名度。

(3) 在地球空间信息科学技术在渔业应用方面,应统一规划避免重复建设基础数据库、加强平台开发,及时更新系统维护,加强人才队伍建设、长期和系统的数据积累。渔业基础数据库和渔业地理信息系统建设要加大力度,为地理空间信息科学技术在渔业方面的应用奠定基础。加强应用平台的开发,开发出更多及时、准确的渔业应用系统,满足渔业各个方面的需求。及时进行系统维护和更新,使系统功能更加完善,发挥更大作用。加强人才队伍建设,提升队伍的渔业信息专业素质,为地理空间信息科学技术在渔业方面的应用健康发展提供保障。地理空间信息科学技术在渔业方面的应用依赖于数据长期有效的积累,这样才能实现地理空间信息科学技术在渔业方面的应用的创新。

(4)在人工智能技术在渔业中的应用方面,需增强渔业综合知识水平,提高实用性。专家系统的性能水平取决于其拥有的知识质量。专家系统的目的就是将专家知识和经验,应用计算机技术,克服时空限制快速转化为生产力。渔业专家系统的使用一定要与实际情况结合才能更好地在渔业生产实际中发挥作用。

5.4.7 加大宣传和培训力度,切实提高渔业管理人员和水产养殖、经营从业人员的水产品质量安全意识

民以食为天,食以安为先。要在全社会营造一种消费者关注、企业重视、政府监管的良好社会氛围。各级渔业行政主管部门要举办各种类型的培训班,培训重点是法律法规和质量管理知识,系统教育渔业管理人员,使他们成为熟练掌握水产品质量管理法律法规的执法者。要采用多种形式向养殖、经营从业人员宣传水产品安全法律法规,同时要使他们明白,生产经营不合格水产品、有毒有害水产品要承担相应的法律责任,直至终生行业禁入。充分发挥新闻媒体的舆论监督作用,揭露、曝光水产品质量安全方面的违法行为,大力宣传优质水产品和优良品牌。要使生产者、经营者、管理者自觉履行《农产品质量安全法》规定的义务,使消费者吃上放心水产品。

能力建设和培训是提高国家食品安全水平的关键措施,当前国家对食品安全的监管体制正在进行重大改革,政府正加强力度进行监督管理,一些大城市和省会城市也把政府的监管体系延伸到基层乡镇。国家食品安全主管部门应吸取国内外的有益经验,总结以往经验,发挥当前科研院校的力量,制定一个有良好顶层设计的全国食品安全培训计划,对从中央到地方的政府官员、监督员、检测机构、媒体、消费者,按照不同人群分别进行可持续的培训和宣教,使社会各界在食品安全的认识上达成一致,同心协力解决问题。

5.4.8 与国际标准接轨,加快立法进度,完善保障水产品质量安全的规范体系

目前,全国共颁布出台涉及渔业的法律法规、规章和规范性文件 600 多部,覆盖了渔业资源调查、环境监测、水产健康养殖、病害防控、水产品质量安全、渔业装

备与工程、渔业信息化与发展战略等方面,渔业经济活动与管理基本实现了有法可依、有章可循。面对渔业资源不断减少,我国须转变渔业发展方式。《渔业法》明确"以养殖为主,养殖、捕捞、加工并重,因地制宜,各有侧重"的方针,我国渔业发展步入"以养为主"的黄金发展时期。数据显示,2012 年我国养殖水产品产量达 4288.36 万吨,水产品总产量中养捕比例由 1985 年的 44∶56 发展为 73∶27,水产品质量安全水平明显提高。

　　但目前已颁布的相关法律主要针对国内渔业发展现状,不能很好地与国际接轨,适应国际流通的潮流。例如,欧、美、日等发达国家和地区出于保护本国国民身体健康和产业利益的需要,纷纷设置技术贸易壁垒(即绿色壁垒),致使我国水产品出口遭受重大损失。究其原因,除了防止我国出口产品对该国水产业造成冲击之外,也反映出我国在水产品质量安全控制方面存在一定的问题。我国设定的相关标准对于国际普遍关注的限量指标要求过低,导致在出口时不能达到进口国设定的较高的检测标准,不能很好地适应贸易需要,造成不必要的经济损失。因此要积极研究国外相关标准,借鉴先进的水产管理经验,补充我们标准空白,制定完备的法律法规,完善我国的水产品质量安全控制体系,通过推行 ISO 和 HACCP 质量管理体系及水产品质量认证体系等手段。通过附表 22"我国与部分国家水产品中农药、兽药残留限量标准比较"和附表 23"我国与部分国家水产品中主要食品添加剂限量比较",可以看到我国针对水产品中的农药和兽药残留以及添加剂限量标准,与发达国家相比仍有较大差距。因此研究和采用国际标准。按照 WTO 协议中关于食品安全和动植物卫生健康标准的协议,积极研究和采用国际标准,特别是 FAO/WHO 国际食品法典委员会以及日本欧盟美国等发达国家和地区关于水产品的标准,使我国水产品标准尽快采用现有的国际标准、指导原则和建议。同时,加强水产品标准内容、目标、制定速度和管理方面的创新,增加我国标准的科技含量。同时在进行标准研究时,要考虑两个重点方面:一是检测方法的先进性,特别是确证方法的先进性要与国际先进水平靠拢;二是要根据我国国情,积极研究开发快速、准确的筛选方法,以便于及早发现问题,采取措施,及时处理。

　　加过转基因水产品相关立法。2012 年 12 月 21 日美国食品和药物管理局(FDA)表示,鉴于目前尚未发现转基因鲑鱼会对环境以及人体健康构成威胁,因此将来自 AquaBounty 公司的转基因鲑鱼作为动物食品供人食用是安全的。2012 年 12 月,FDA 再发评估报告。如获批准,"超级三文鱼"将成为全世界第一种获准供消费者食用的动物类转基因食品。美国对转基因作物及其产品的政策无论是审批制度、管理法规还是标识制度都十分宽松,其目的在于积极发展和推广转基因技术。与美国不同,欧盟对转基因作物及其产品的政策则是谨慎的。正是这种谨慎的政策,导致目前欧盟地区转基因作物的种植面积相对较小。而相对于欧美,日本对待转基因作物的态度则平和许多,主要缘由是日本的农业资源相对较少,大部分农产品需要进口,过于激进的政策不能有效解决日本的粮食缺乏问题。我国对基因工程的管理与其他国家(地区)不同(欧盟:慎审批,全流程监控;美国:种植易,上餐桌难;日本:严管理,标识明显),实行等级管理制度。在审批制度上,我国目前采用的是研究与试验、生产与加工、经营以及进出口分开管理的体系。这与美国、欧盟、日本均不相同,我国对待转基因作物及产品的审批与美国相比更为细致,控制范围要比欧盟与日本更为广泛。

5.4.9　理顺政府行为,加大水产品质量安全执法力度,依法查处违法生产行为,保障人民吃上放心水产品

各国普遍认为,食品从"农田到餐桌"是一个有机、连续的过程,应该对其实行全程性的管理。而我国食品监管一直采取"分段管理为主,品种管理为辅"的方法,由工商、卫生、海关、公安、质量监督、环保、食品药品监督管理部门等9个部门负责食品生产链条的不同环节,共同监管食品安全。

职能交叉是指监督管理体制上存在多部门间的模糊地带。多头管理和职能模糊交叉使得部门与部门之间的职责不明确,权力责任不统一,造成遇到问题又无人管理的混乱局面。

地方政府的监管不作为表现为地方保护主义,地方各级管制机构在实际操作中难以协调统一,跨地域食品安全管理职能缺失。

参 考 文 献

[1] 农业部渔业局. 中国渔业统计年鉴. 北京:中国农业出版社, 2013

[2] 孙月娥, 李超, 王卫东. 我国水产品质量安全问题及对策研究. 食品科学, 2009, (21):493-498

[3] 万建业, 陈小桥, 汪银焰, 等. 我国水产品质量安全存在的问题与对策. 现代农业科技, 2011, (10): 357-359

[4] 邹国华. 2011. 入世十年与中国的水产品贸易. 中国渔业报, 2011-12-26

[5] 郭文华. 我国水产品加工业的现状与展望. 农产品加工, 2011, (6):10-11

[6] 中国水产流通与加工协会. 水产品信息通报. http://www.cappma.org/huiyuanzhichuang_article_list. php? small_class_id=129

[7] 小远. 中国水产品消费动向统计分析. 渔业致富指南, 2010, (12):17-19

[8] 吴小芳, 胡月明, 徐智勇. 水产品质量安全管理与溯源系统建设与研究. 科技资讯, 2010, (36):228

[9] 邓俊锋, 宋结ании. 水产品市场营销一本通. 郑州:中原农民出版社, 2010

[10] 法制网. 《渔业法》施行25年成就我国渔业发展最好最快时期. http://www.legaldaily.com.cn/index/ content/2011-06/21/content_2754859.htm? node=20908. 2011

[11] 毕士川, 黄冬梅. 我国近海渔业资源可持续发展问题分析与建议. 中国水产, 2005, (4):75-77

[12] 王辉. 我国水产品质量检测体系中存在的问题与对策探讨. 甘肃农业, 2006, (10):100

[13] Hall S J, Delaporte A, Phillips M J, et al. Blue frontiers managing the environmental costs of aquaculture. http://www.worldfishcenter.org/wfcms/HQ/article.aspx? ID=1242. 2011-7

[14] CFSAN/FDA. Draft risk assessment on the public health Impact of *Vibrio parahaemolyticus* in raw

molluscan shellfish. Washington DC：FDA. 2001

［15］CFSAN/FDA. Quantitative risk assessment on the public health impact of pathogenic *Vibrio parahae-molyticus* in raw oysters. Washington DC：FDA. 2005

［16］蒋高中. 20 世纪我国淡水养殖技术发展动因分析. 中国农史，2009，(3)：23-29

［17］宋妍，宋碧玉. 淡水网箱养殖对环境的影响. 水产科学，2006，(1)：42-44

［18］史贤明. 食品安全与卫生学. 北京：中国农业出版社，2003

［19］穆迎春，宋怿，马兵. 国内外水产品质量安全检验检测体系现状分析与对策研究. 中国水产，2008，(8)：19-21

［20］农业部农产品加工业领导小组办公室. 农产品加工重大关键技术筛选研究报告. 北京：中国农业出版社，2006.

［21］牛盾副部长在全国水产品质量安全工作会议上的讲话. http：//www. moa. gov. cn/zwllm/tzgg/tz/201111/t20111114_2408791. htm，2011-11-14

［22］赵兴武. 创建现代渔业发展新格局　建设现代化渔业强国. 农村工作通讯，2013，(15)：34-36

附　　表

附表 1　世界主要国家和地区食品添加剂功能分类

序号	中国	CAC	欧盟	美国	日本
1	酸度调节剂	酸	着色剂	抗结剂和自由流动剂	防腐剂
2	抗结剂	酸度调节剂	防腐剂	抗微生物剂	杀菌剂
3	消泡剂	抗结剂	抗氧化剂	抗氧剂	防霉剂
4	抗氧化剂	消泡剂	乳化剂	着色剂和护色剂	抗氧化剂
5	漂白剂	抗氧化剂	乳化盐	腌制和酸渍剂	漂白剂
6	膨松剂	填充剂	增稠剂	面团增强剂	面粉改良剂
7	胶姆糖基础剂	着色剂	凝胶剂	干燥剂	增稠剂
8	着色剂	护色剂	稳定剂	乳化剂和乳化盐	赋香剂
9	护色剂	乳化剂	增味剂	酶类	防虫剂
10	乳化剂	乳化用盐	酸	固化剂	发色剂
11	酶制剂	固化剂	酸度调节剂	风味增强剂	色调稳定剂
12	增味剂	增味剂	抗结剂	香味料及其辅料	着色剂
13	面粉处理剂	面粉处理剂	改性淀粉	小麦粉处理剂	调味剂
14	被膜剂	发泡剂	甜味剂	成型助剂	酸味剂
15	水分保持剂	凝胶剂	膨松剂	熏蒸剂	甜味剂
16	营养强化剂	上光剂	消泡剂	保湿剂	乳化剂及乳化稳定剂
17	防腐剂	保湿剂	抛光剂	膨松剂	消泡剂
18	稳定剂	防腐剂	面粉处理剂	润滑和脱模剂	保水剂
19	凝固剂	推进剂	固化剂	非营养甜味剂	溶剂及溶剂品质保持剂
20	甜味剂	膨松剂	保湿剂	营养增补剂	疏松剂
21	增稠剂	稳定剂	螯合剂	营养性甜味剂	口香糖基础剂
22	食品用香料	甜味剂	酶制剂	氧化剂和还原剂	被膜剂
23	食品工业助剂	增稠剂	填充剂	pH 调节剂	营养剂
24			推进气体和包装气体	加工助剂	抽提剂
25				气雾推进剂、充气剂和气体	制造食品用助剂
26				螯合剂	过滤助剂
27				溶剂和助溶剂	酿造用剂
28				稳定剂和增稠剂	品质改良剂
29				表面活性剂	豆腐凝固剂及合成酒用剂
30				表面光亮剂	防黏着剂
31				增效剂	
32				组织改进剂	

附表 2 我国食品添加剂和食品配料行业百强企业名单

(第一批共 62 个,按邮编排序)

序号	企业名称	序号	企业名称
1	北京天天维他保健食品有限公司	32	开化县华康药业有限公司
2	北京健力药业有限公司	33	江西南昌聪聪乐食品开发有限公司
3	上海市染料研究所	34	湖南先伟实业有限公司
4	上海孔雀香精香料有限公司	35	武汉有机实业股份有限公司
5	上海健鹰食品科技研究所	36	焦化市立达食品开发有限公司
6	上海爱普公司	37	汤阴县豫鑫有限责任公司
7	上海励成食品工业有限公司	38	漯河市中大天然食品添加有限公司
8	上海康海食品工业研究所	39	南阳市大华食品化学有限公司
9	苏州禾田香料有限公司	40	广州酶制品厂
10	昆山市曼氏香精有限公司	41	美晨集团股份有限公司
11	徐州市豪蓓特香化有限公司	42	广州食品添加剂有限公司
12	南通市东昌化工有限公司	43	广州百花香料股份有限公司
13	山东光大电力集团	44	广州市邦盛白马食品化学有限公司
14	禹城福田药业有限公司	45	广州市泰邦工贸有限公司
15	山东保龄宝生物技术有限公司	46	广州优宝工业有限公司
16	淄博中轩生物制品有限公司	47	广州市番禺新宝食品添加剂有限公司
17	山东天绿原生物工程有限公司	48	汕头市威信企业有限公司
18	烟台佳晶食品工业有限公司	49	深圳冠利达波顿香料有限公司
19	青岛红星化工集团天然色素有限公司	50	方大添加剂(深圳)有限公司
20	山东华仙甜菊股份有限公司	51	金城添加剂(深圳)有限公司
21	平邑万蒙农牧食品有限公司	52	广东省阳江市港阳香化企业有限公司
22	滕州吉田香料有限公司	53	桂林市红星化工总厂
23	天津春发香精香料有限公司	54	贵州侨联香料厂
24	天津天成制药有限公司	55	云南瑞升科技有限公司
25	天津东大化工有限公司	56	新疆天山制药工业有限公司
26	杭州三和食品有限公司	57	山西颐泰恒精细化学有限公司
27	杭州绿晶香料有限公司	58	邯郸市中进天然色素有限公司
28	杭州油脂化工有限公司	59	河北省曲周县天然色素厂
29	杭州瑞霖化工有限公司	60	河北省曲周县晨光天然色素有限公司
30	绍兴县亚美生物化工有限公司	61	永清天成木糖有限公司
31	金陵药业浙江天然制药厂	62	保定味群食品工业有限公司

附表 3　我国食品添加剂标准目录

添加剂品种名称	标准名称	备注
1. 食品添加剂 柠檬酸	GB 1987—2007《食品添加剂 柠檬酸》	
2. 食品添加剂 乳酸	GB 2023—2003《食品添加剂 乳酸》	
3. 食品添加剂 dl-酒石酸	GB 15358—2008《食品添加剂 dl-酒石酸》	
4. 食品添加剂 L(＋)-酒石酸	GB 25545—2010《食品添加剂 L(＋)-酒石酸》	卫生部公告 2010 年第 19 号
5. 食品添加剂 L-苹果酸	GB 13737—2008《食品添加剂 L-苹果酸》	
6. 食品添加剂 DL-苹果酸	GB 25544—2010《食品添加剂 DL-苹果酸》	卫生部公告 2010 年第 19 号
7. 食品添加剂 冰乙酸(冰醋酸)	GB 1903—2008《食品添加剂 冰乙酸(冰醋酸)》	
8. 食品添加剂 冰乙酸(低压羰基化法)	食品添加剂 冰乙酸(低压羰基化法)	卫生部公告 2011 年第 19 号指定标准
9. 食品添加剂 碳酸钾	GB 25588—2010《食品添加剂 碳酸钾》	卫生部公告 2010 年第 19 号
10. 食品添加剂 柠檬酸钾	GB 14889—1994《食品添加剂 柠檬酸钾》	
11. 食品添加剂 柠檬酸钠	GB 6782—2009《食品添加剂 柠檬酸钠》	
12. 食品添加剂 富马酸	GB 25546—2010《食品添加剂 富马酸》	卫生部公告 2010 年第 19 号
13. 食品添加剂 磷酸三钾	GB 25563—2010《食品添加剂 磷酸三钾》	卫生部公告 2010 年第 19 号
14. 食品添加剂 碳酸氢三钠(倍半碳酸钠)	GB 25586—2010《食品添加剂 碳酸氢三钠(倍半碳酸钠)》	卫生部公告 2010 年第 19 号
15. 食品添加剂 盐酸	GB 1897—2008《食品添加剂 盐酸》	
16. 食品添加剂 氢氧化钠	GB 5175—2008《食品添加剂 氢氧化钠》	
17. 食品添加剂 碳酸钠	GB 1886—2008《食品添加剂 碳酸钠》	
18. 食品添加剂 氢氧化钙	GB 25572—2010《食品添加剂 氢氧化钙》	卫生部公告 2010 年第 19 号
19. 食品添加剂 氢氧化钾	GB 25575—2010《食品添加剂 氢氧化钾》	卫生部公告 2010 年第 19 号
20. 食品添加剂 碳酸氢钾	GB 25589—2010《食品添加剂 碳酸氢钾》	卫生部公告 2010 年第 19 号
21. 食品添加剂 磷酸二氢钾	GB 25560—2010《食品添加剂 磷酸二氢钾》	卫生部公告 2010 年第 19 号

续表

添加剂品种名称	标准名称	备注
22. 食品添加剂 磷酸三钠	GB 25565—2010《食品添加剂 磷酸三钠》	卫生部公告 2010 年第 19 号
23. 食品添加剂 磷酸二氢钙	GB 25559—2010《食品添加剂 磷酸二氢钙》	卫生部公告 2010 年第 19 号
24. 食品添加剂 磷酸氢钙	GB 1889—2004《食品添加剂 磷酸氢钙》	
25. 食品添加剂 焦磷酸二氢二钠	GB 25567—2010《食品添加剂 焦磷酸二氢二钠》	卫生部公告 2010 年第 19 号
26. 食品添加剂 焦磷酸钠	GB 25557—2010《食品添加剂 焦磷酸钠》	卫生部公告 2010 年第 19 号
27. 食品添加剂 乳酸钠(溶液)	GB 25537—2010《食品添加剂 乳酸钠(溶液)》	卫生部公告 2010 年第 19 号
28. 食品添加剂 磷酸	GB 3149—2004《食品添加剂 磷酸》	
29. 食品添加剂 六偏磷酸钠	GB 1890—2005《食品添加剂 六偏磷酸钠》	
30. 食品添加剂 硫酸钙	GB 1892—2007《食品添加剂 硫酸钙》	
31. 食品添加剂 乳酸钙	GB 6226—2005《食品添加剂 乳酸钙》	
32. 食品添加剂 L-乳酸钙	GB 25555—2010《食品添加剂 L-乳酸钙》	卫生部公告 2010 年第 19 号
33. 食品添加剂 磷酸三钙	GB 25558—2010《食品添加剂 磷酸三钙》	卫生部公告 2010 年第 19 号
34. 食品添加剂 柠檬酸一钠	食品添加剂 柠檬酸一钠	卫生部公告 2011 年第 8 号指定标准
35. 食品添加剂 乙酸钠	食品添加剂 乙酸钠	卫生部公告 2011 年第 19 号指定标准
36. 食品添加剂 富马酸一钠	食品添加剂 富马酸一钠	卫生部公告 2011 年第 19 号指定标准
37. 食品添加剂 亚铁氰化钾(黄血盐钾)	GB 25581—2010《食品添加剂 亚铁氰化钾(黄血盐钾)》	卫生部公告 2010 年第 19 号
38. 食品添加剂 二氧化硅	GB 25576—2010《食品添加剂 二氧化硅》	卫生部公告 2010 年第 19 号
39. 食品添加剂 硅铝酸钠	GB 25583—2010《食品添加剂 硅铝酸钠》	卫生部公告 2010 年第 19 号
40. 食品添加剂 滑石粉	GB 25578—2010《食品添加剂 滑石粉》	卫生部公告 2010 年第 19 号

添加剂品种名称	标准名称	备注
41. 食品添加剂 微晶纤维素	食品添加剂 微晶纤维素	卫生部公告 2011 年第 8 号指定标准
42. 食品添加剂 硅酸钙	食品添加剂 硅酸钙	卫生部公告 2011 年第 19 号指定标准
43. 食品添加剂 叔丁基-4-羟基茴香醚	GB 1916—2008《食品添加剂 叔丁基-4-羟基茴香醚》	
44. 食品添加剂 二丁基羟基甲苯（BHT）	GB 1900—2010《食品添加剂 二丁基羟基甲苯（BHT）》	卫生部公告 2010 年第 19 号
45. 食品添加剂 没食子酸丙酯	GB 3263—2008《食品添加剂 没食子酸丙酯》	
46. 食品添加剂 茶多酚	QB 2154—1995(2009)《食品添加剂 茶多酚》	
47. 食品添加剂 植酸（肌醇六磷酸）	HG 2683—1995(2007)《食品添加剂 植酸（肌醇六磷酸）》	
48. 食品添加剂 特丁基对苯二酚	GB 26403—2011《食品添加剂 特丁基对苯二酚》	卫生部公告 2011 年第 7 号
49. 食品添加剂 甘草抗氧物	QB 2078—1995(2009)《食品添加剂 甘草抗氧物》	
50. 食品添加剂 抗坏血酸钙	GB 15809—1995《食品添加剂 抗坏血酸钙》	
51. 食品添加剂 抗坏血酸棕榈酸酯	食品添加剂 抗坏血酸棕榈酸酯	卫生部公告 2011 年第 8 号指定标准
52. 食品添加剂 迷迭香提取物	QB/T 2817—2006《食品添加剂 迷迭香提取物》	
53. 食品添加剂 D-异抗坏血酸钠	GB 8273—2008《食品添加剂 D-异抗坏血酸钠》	
54. 食品添加剂 D-异抗坏血酸	GB 22558—2008《食品添加剂 D-异抗坏血酸》	
55. 食品添加剂 抗坏血酸钠	GB 16313—1996《食品添加剂 抗坏血酸钠》	
56. 食品添加剂 维生素 E(dl-α-醋酸生育酚)	GB 14756—2010《食品添加剂 维生素 E(dl-α-醋酸生育酚)》	卫生部公告 2010 年第 19 号
57. 食品添加剂 山梨酸	GB 1905—2000《食品添加剂 山梨酸》	
58. 食品添加剂 山梨酸钾	GB 13736—2008《食品添加剂 山梨酸钾》	
59. 食品添加剂 羟基硬脂精（氧化硬脂精）	食品添加剂 羟基硬脂精（氧化硬脂精）	卫生部公告 2011 年第 8 号指定标准
60. 食品添加剂 二氧化硫	食品添加剂 二氧化硫	卫生部公告 2011 年第 19 号指定标准
61. 食品添加剂 硫代二丙酸二月桂酯	食品添加剂 硫代二丙酸二月桂酯	卫生部公告 2011 年第 8 号指定标准

添加剂品种名称	标准名称	备注
62. 食品添加剂　连二亚硫酸钠（保险粉）	GB 22215—2008《食品添加剂　连二亚硫酸钠（保险粉）》	
63. 食品添加剂　焦亚硫酸钠	GB 1893—2008《食品添加剂　焦亚硫酸钠》	
64. 食品添加剂　无水亚硫酸钠	GB 1894—2005《食品添加剂　无水亚硫酸钠》	
65. 食品添加剂　焦亚硫酸钾	GB 25570—2010《食品添加剂　焦亚硫酸钾》	卫生部公告 2010 年第 19 号
66. 食品添加剂　亚硫酸氢钠	GB 25590—2010《食品添加剂　亚硫酸氢钠》	卫生部公告 2010 年第 19 号
67. 食品添加剂　硫黄	GB 3150—2010《食品添加剂　硫黄》	卫生部公告 2010 年第 19 号
68. 食品添加剂　碳酸氢铵	GB 1888—2008《食品添加剂　碳酸氢铵》	
69. 食品添加剂　酒石酸氢钾	GB 25556—2010《食品添加剂　酒石酸氢钾》	卫生部公告 2010 年第 19 号
70. 食品添加剂　复合膨松剂	GB 25591—2010《食品添加剂　复合膨松剂》	卫生部公告 2010 年第 19 号
71. 食品添加剂　硫酸铝钾	GB 1895—2004《食品添加剂　硫酸铝钾》	
72. 食品添加剂　硫酸铝铵	GB 25592—2010《食品添加剂　硫酸铝铵》	卫生部公告 2010 年第 19 号
73. 食品添加剂　羟丙基淀粉醚	QB 1229—1991(2009)《食品添加剂　羟丙基淀粉醚》	
74. 食品添加剂　山梨糖醇液	GB 7658—2005《食品添加剂　山梨糖醇液》	
75. 食品添加剂　聚葡萄糖	GB 25541—2010《食品添加剂　聚葡萄糖》	卫生部公告 2010 年第 19 号
76. 食品添加剂　碳酸氢钠	GB 1887—2007《食品添加剂　碳酸氢钠》	
77. 食品添加剂　碳酸钙	GB 1898—2007《食品添加剂　碳酸钙》	
78. 食品添加剂　碳酸镁	GB 25587—2010《食品添加剂　碳酸镁》	卫生部公告 2010 年第 19 号
79. 食品添加剂　偶氮甲酰胺	食品添加剂　偶氮甲酰胺	卫生部公告 2011 年第 8 号指定标准
80. 食品添加剂　苋菜红	GB 4479.1—2010《食品添加剂　苋菜红》	卫生部公告 2010 年第 19 号
81. 食品添加剂　苋菜红铝色淀	GB 4479.2—2005《食品添加剂　苋菜红铝色淀》	
82. 食品添加剂　胭脂红	GB 4480.1—2001《食品添加剂　胭脂红》	

添加剂品种名称	标准名称	备注
83. 食品添加剂 胭脂红铝色淀	GB 4480.2—2001《食品添加剂 胭脂红铝色淀》	
84. 食品添加剂 柠檬黄	GB 4481.1—2010《食品添加剂 柠檬黄》	卫生部公告 2010 年第 19 号
85. 食品添加剂 柠檬黄铝色淀	GB 4481.2—2010《食品添加剂 柠檬黄铝色淀》	卫生部公告 2010 年第 19 号
86. 食品添加剂 日落黄	GB 6227.1—2010《食品添加剂 日落黄》	卫生部公告 2010 年第 19 号
87. 食品添加剂 日落黄铝色淀	GB 6227.2—2005《食品添加剂 日落黄铝色淀》	
88. 食品添加剂 亮蓝	GB 7655.1—2005《食品添加剂 亮蓝》	
89. 食品添加剂 亮蓝铝色淀	GB 7655.2—2005《食品添加剂 亮蓝铝色淀》	
90. 食品添加剂 新红	GB 14888.1—2010《食品添加剂 新红》	卫生部公告 2010 年第 19 号
91. 食品添加剂 新红铝色淀	GB 14888.2—2010《食品添加剂 新红铝色淀》	卫生部公告 2010 年第 19 号
92. 食品添加剂 诱惑红	GB 17511.1—2008《食品添加剂 诱惑红》	
93. 食品添加剂 诱惑红铝色淀	GB 17511.2—2008《食品添加剂 诱惑红铝色淀》	
94. 食品添加剂 赤藓红	GB 17512.1—2010《食品添加剂 赤藓红》	卫生部公告 2010 年第 19 号
95. 食品添加剂 赤藓红铝色淀	GB 17512.2—2010《食品添加剂 赤藓红铝色淀》	卫生部公告 2010 年第 19 号
96. 食品添加剂 β-胡萝卜素	GB 8821—2011《食品添加剂 β-胡萝卜素》	卫生部公告 2011 年第 26 号
97. 食品添加剂 天然 β-胡萝卜素	QB 1414—1991(2009)《食品添加剂 天然 β-胡萝卜素》	
98. 食品添加剂 甜菜红	QB/T 3791—1999(2009)《食品添加剂 甜菜红》	
99. 食品添加剂 紫胶红色素	GB 4571—1996《食品添加剂 紫胶红色素》	
100. 食品添加剂 辣椒红	GB 10783—2008《食品添加剂 辣椒红》	
101. 食品添加剂 焦糖色（亚硫酸铵法、氨法、普通法）	GB 8817—2001《食品添加剂 焦糖色（亚硫酸铵法、氨法、普通法）》	
102. 食品添加剂 红米红	GB 25534—2010《食品添加剂 红米红》	卫生部公告 2010 年第 19 号
103. 食品添加剂 栀子黄	GB 7912—2010《食品添加剂 栀子黄》	卫生部公告 2010 年第 19 号

添加剂品种名称		标准名称	备注
104. 食品添加剂 菊花黄		QB 3792—1999(2009)《食品添加剂 菊花黄》	
105. 食品添加剂 黑豆红		QB 3793—1999(2009)《食品添加剂 黑豆红》	
106. 食品添加剂 高粱红		GB 9993—2005《食品添加剂 高粱红》	
107. 食品添加剂 可可壳色素		GB 8818—2008《食品添加剂 可可壳色素》	
108. 食品添加剂 红曲米(粉)		GB 4926—2008《食品添加剂 红曲米(粉)》	
109. 食品添加剂 红曲红		GB 15961—2005《食品添加剂 红曲红》	
110. 食品添加剂 天然苋菜红		QB 1227—1991(2009)《食品添加剂 天然苋菜红》	
111. 食品添加剂 姜黄色素		QB 1415—1991(2009)《食品添加剂 姜黄色素》	
112. 食品添加剂 叶绿素铜钠盐		GB 26406—2011《食品添加剂 叶绿素铜钠盐》	卫生部公告 2011 年第 7 号
113. 食品添加剂 萝卜红		GB 25536—2010《食品添加剂 萝卜红》	卫生部公告 2010 年第 19 号
114. 食品添加剂 二氧化钛		GB 25577—2010《食品添加剂 二氧化钛》	卫生部公告 2010 年第 19 号
115. 食品添加剂 喹啉黄		食品添加剂 喹啉黄	卫生部公告 2011 年第 19 号指定标准
116. 食品添加剂 辣椒橙		食品添加剂 辣椒橙	卫生部公告 2011 年第 19 号指定标准
117. 食品添加剂 番茄红素(合成)		食品添加剂 番茄红素(合成)	卫生部公告 2011 年第 19 号指定标准
118. 食品添加剂 蔗糖脂肪酸酯	食品添加剂 蔗糖脂肪酸酯	GB 8272—2009《食品添加剂 蔗糖脂肪酸酯》	
	食品添加剂 蔗糖脂肪酸酯(丙二醇法)	GB 10617—2005《食品添加剂 蔗糖脂肪酸酯(丙二醇法)》	
	食品添加剂 蔗糖脂肪酸酯(无溶剂法)	QB 2245—1996(2009)《食品添加剂 蔗糖脂肪酸酯(无溶剂法)》	
119. 食品添加剂 酪蛋白酸钠		QB/T 3800—1999(2009)《食品添加剂 酪蛋白酸钠》(原 GB 10797—89)	
120. 食品添加剂 蒸馏单硬脂酸甘油酯		GB 15612—1995《食品添加剂 蒸馏单硬脂酸甘油酯》	

续表

添加剂品种名称	标准名称	备注
121. 食品添加剂 山梨醇酐单硬脂酸酯(司盘60)	GB 13481—2011《食品添加剂 山梨醇酐单硬脂酸酯(司盘60)》	卫生部公告 2011 年第 26 号
122. 食品添加剂 山梨醇酐单油酸酯(司盘80)	GB 13482—2011《食品添加剂 山梨醇酐单油酸酯(司盘80)》	卫生部公告 2011 年第 26 号
123. 食品添加剂 单、双硬脂酸甘油酯	GB 1986—2007《食品添加剂 单、双硬脂酸甘油酯》	
124. 食品添加剂 聚氧乙烯木糖醇酐单硬脂酸酯	QB/T 3790—1999(2009)《食品添加剂 聚氧乙烯木糖醇酐单硬脂酸酯》	
125. 食品添加剂 木糖醇酐单硬脂酸酯	QB/T 3784—1999(2009)《食品添加剂 木糖醇酐单硬脂酸酯》	
126. 食品添加剂 改性大豆磷脂	LS/T 3225—1990《食品添加剂 改性大豆磷脂》(原 GB 12486—90)	
127. 食品添加剂 山梨醇酐单月桂酸酯(司盘20)	GB 25551—2010《食品添加剂 山梨醇酐单月桂酸酯(司盘20)》	卫生部公告 2010 年第 19 号
128. 食品添加剂 山梨醇酐单棕榈酸酯(司盘40)	GB 25552—2010《食品添加剂 山梨醇酐单棕榈酸酯(司盘40)》	卫生部公告 2010 年第 19 号
129. 食品添加剂 双乙酰酒石酸单双甘油酯	GB 25539—2010《食品添加剂 双乙酰酒石酸单双甘油酯》	卫生部公告 2010 年第 19 号
130. 食品添加剂 三聚甘油单硬脂酸酯	GB 13510—1992《食品添加剂 三聚甘油单硬脂酸酯》	
131. 食品添加剂 聚氧乙烯(20)山梨醇酐单硬脂酸酯(吐温60)	GB 25553—2010《食品添加剂 聚氧乙烯(20)山梨醇酐单硬脂酸酯(吐温60)》	卫生部公告 2010 年第 19 号
132. 食品添加剂 聚氧乙烯(20)山梨醇酐单油酸酯(吐温80)	GB 25554—2010《食品添加剂 聚氧乙烯(20)山梨醇酐单油酸酯(吐温80)》	卫生部公告 2010 年第 19 号
133. 食品添加剂 果胶	GB 25533—2010《食品添加剂 果胶》	卫生部公告 2010 年第 19 号
134. 食品添加剂 卡拉胶	GB 15044—2009《食品添加剂 卡拉胶》	
135. 食品添加剂 藻酸丙二醇酯	GB 10616—2004《食品添加剂 藻酸丙二醇酯》	
136. 食品添加剂 松香甘油酯	GB 10287—1988《食品添加剂 松香甘油酯和氢化松香甘油酯》	
137. 食品添加剂 氢化松香甘油酯	食品添加剂 氢化松香甘油酯	卫生部公告 2011 年第 8 号指定标准

添加剂品种名称	标准名称	备注
138. 食品添加剂 乳酸脂肪酸甘油酯	食品添加剂 乳酸脂肪酸甘油酯	卫生部公告 2011 年第 8 号指定标准
139. 食品添加剂 乙酰化单、双甘油脂肪酸酯	食品添加剂 乙酰化单、双甘油脂肪酸酯	卫生部公告 2011 年第 8 号指定标准
140. 食品添加剂 硬脂酸钙	食品添加剂 硬脂酸钙	卫生部公告 2011 年第 8 号指定标准
141. 食品添加剂 硬脂酸镁	食品添加剂 硬脂酸镁	卫生部公告 2011 年第 8 号指定标准
142. 食品添加剂 硬脂酰乳酸钙	食品添加剂 硬脂酰乳酸钙	卫生部公告 2011 年第 8 号指定标准
143. 食品添加剂 硬脂酰乳酸钠	食品添加剂 硬脂酰乳酸钠	卫生部公告 2011 年第 8 号指定标准
144. 食品添加剂 丙二醇脂肪酸酯	食品添加剂 丙二醇脂肪酸酯	卫生部公告 2011 年第 8 号指定标准
145. 食品添加剂 聚甘油脂肪酸酯	食品添加剂 聚甘油脂肪酸酯	卫生部公告 2011 年第 8 号指定标准
146. 食品添加剂 乳糖醇	食品添加剂 乳糖醇	卫生部公告 2011 年第 8 号指定标准
147. 食品添加剂 铵磷脂	食品添加剂 铵磷脂	卫生部公告 2011 年第 19 号指定标准
148. 食品添加剂 聚甘油蓖麻醇酯	食品添加剂 聚甘油蓖麻醇酯	卫生部公告 2011 年第 19 号指定标准
149. 食品添加剂 琥珀酸单甘油酯	食品添加剂 琥珀酸单甘油酯	卫生部公告 2011 年第 19 号指定标准
150. 食品添加剂 乳化硅油	食品添加剂 乳化硅油	卫生部公告 2011 年第 19 号指定标准
151. 食品添加剂 α-淀粉酶制剂	GB 8275—2009《食品添加剂 α-淀粉酶制剂》	
152. 食品添加剂 糖化酶制剂	GB 8276—2006《食品添加剂 糖化酶制剂》	
153. 食品添加剂 果胶酶制剂	QB 1502—1992(2009)《食品添加剂 果胶酶制剂》	
154. 食品添加剂 真菌 α-淀粉酶	QB 2526—2001(2009)《食品添加剂 真菌 α-淀粉酶》	

添加剂品种名称	标准名称	备注
155. 食品添加剂 α-葡萄糖转苷酶	QB 2525—2001(2009)《食品添加剂 α-葡萄糖转苷酶》	
156. 食品添加剂 α-乙酰乳酸脱羧酶制剂	GB 20713—2006《食品添加剂 α-乙酰乳酸脱羧酶制剂》	
157. 食品添加剂 纤维素酶制剂	QB 2583—2003《纤维素酶制剂》	
158. 食品工业用酶制剂	GB 25594—2010《食品工业用酶制剂》	卫生部公告 2010 年第 19 号
159. 食品添加剂 5'-鸟苷酸二钠	QB/T 2846—2007《食品添加剂 5'-鸟苷酸二钠》	
160. 食品添加剂 呈味核苷酸二钠	QB/T 2845—2007《食品添加剂 呈味核苷酸二钠》	
161. 食品添加剂 甘氨酸(氨基乙酸)	GB 25542—2010《食品添加剂 甘氨酸(氨基乙酸)》	卫生部公告 2010 年第 19 号
162. 食品添加剂 L-丙氨酸	GB 25543—2010《食品添加剂 L-丙氨酸》	卫生部公告 2010 年第 19 号
163. 食品添加剂 5'-肌苷酸二钠	食品添加剂 5'-肌苷酸二钠	卫生部公告 2011 年第 19 号指定标准
164. 食品添加剂 5'-尿苷酸二钠	食品添加剂 5'-尿苷酸二钠	卫生部公告 2011 年第 19 号指定标准
165. 食品用石蜡	GB 7189—1994《食品用石蜡》	
166. 食品级白油	GB 4853—2008《食品级白油》	
167. 食品添加剂 吗啉脂肪酸盐果蜡	GB 12489—2010《食品添加剂吗啉脂肪酸盐果蜡》	卫生部公告 2010 年第 19 号
168. 食品添加剂 紫胶(虫胶)	LY 1193—1996《食品添加剂 紫胶(虫胶)》	
169. 食品添加剂 松香季戊四醇酯	食品添加剂 松香季戊四醇酯	卫生部公告 2011 年第 8 号指定标准
170. 食品添加剂 巴西棕榈蜡	食品添加剂 巴西棕榈蜡	卫生部公告 2011 年第 8 号指定标准
171. 食品添加剂 蜂蜡	食品添加剂 蜂蜡	卫生部公告 2011 年第 8 号指定标准
172. 食品添加剂 硬脂酸(十八烷酸)	食品添加剂 硬脂酸(十八烷酸)	卫生部公告 2011 年第 19 号指定标准

添加剂品种名称	标准名称	备注
173. 食品添加剂 三聚磷酸钠	GB 25566—2010《食品添加剂 三聚磷酸钠》	卫生部公告 2010 年第 19 号
174. 食品添加剂 磷酸氢二钾	GB 25561—2010《食品添加剂 磷酸氢二钾》	卫生部公告 2010 年第 19 号
175. 食品添加剂 磷酸二氢铵	GB 25569—2010《食品添加剂 磷酸二氢铵》	卫生部公告 2010 年第 19 号
176. 食品添加剂 磷酸氢二钠	GB 25568—2010《食品添加剂 磷酸氢二钠》	卫生部公告 2010 年第 19 号
177. 食品添加剂 磷酸二氢钠	GB 25564—2010《食品添加剂 磷酸二氢钠》	卫生部公告 2010 年第 19 号
178. 食品添加剂 L-赖氨酸盐酸盐	GB 10794—2009《食品添加剂 L-赖氨酸盐酸盐》	
179. 食品添加剂 牛磺酸	GB 14759—2010《食品添加剂 牛磺酸》	卫生部公告 2010 年第 19 号
180. 食品添加剂 左旋肉碱	GB 17787—1999《食品添加剂 左旋肉碱》	卫生部公告 2011 年第 8 号指定标准
181. 食品添加剂 维生素 A	GB 14750—2010《食品添加剂 维生素 A》	卫生部公告 2010 年第 19 号
182. 食品添加剂 维生素 B_1（盐酸硫胺）	GB 14751—2010《食品添加剂 维生素 B_1（盐酸硫胺）》	卫生部公告 2010 年第 19 号
183. 食品添加剂 维生素 B_2（核黄素）	GB 14752—2010《食品添加剂 维生素 B_2（核黄素）》	卫生部公告 2010 年第 19 号
184. 食品添加剂 维生素 B_6（盐酸吡哆醇）	GB 14753—2010《食品添加剂 维生素 B_6（盐酸吡哆醇）》	卫生部公告 2010 年第 19 号
185. 食品添加剂 维生素 C（抗坏血酸）	GB 14754—2010《食品添加剂 维生素 C（抗坏血酸）》	卫生部公告 2010 年第 19 号
186. 食品添加剂 维生素 D_2（麦角钙化醇）	GB 14755—2010《食品添加剂 维生素 D_2（麦角钙化醇）》	卫生部公告 2010 年第 19 号
187. 食品添加剂 烟酸	GB 14757—2010《食品添加剂 烟酸》	卫生部公告 2010 年第 19 号
188. 食品添加剂 叶酸	GB 15570—2010《食品添加剂 叶酸》	卫生部公告 2010 年第 19 号
189. 食品添加剂 乳酸亚铁	GB 6781—2007《食品添加剂 乳酸亚铁》	

添加剂品种名称	标准名称	备注
190. 食品添加剂 柠檬酸钙	GB 17203—1998《食品添加剂 柠檬酸钙》	
191. 食品添加剂 葡萄糖酸钙	GB 15571—2010《食品添加剂 葡萄糖酸钙》	卫生部公告 2010 年第 19 号
192. 食品添加剂 生物碳酸钙	QB 1413—1999(2009)《食品添加剂 生物碳酸钙》	
193. 食品营养强化剂 煅烧钙	GB 9990—2009《食品营养强化剂 煅烧钙》	
194. 食品添加剂 L-苏糖酸钙	GB 17779—2010《食品添加剂 L-苏糖酸钙》	卫生部公告 2010 年第 19 号
195. 食品添加剂 乙酸钙	GB 15572—1995《食品添加剂 乙酸钙》及第 1 号修改单	
196. 食品添加剂 葡萄糖酸锌	GB 8820—2010《食品添加剂 葡萄糖酸锌》	卫生部公告 2010 年第 19 号
197. 食品添加剂 天然维生素 E	GB 19191—2003《食品添加剂 天然维生素 E》	
	QB 2483—2000(2009)《食品添加剂 天然维生素 E》	
198. 食品添加剂 乙二胺四乙酸铁钠	GB 22557—2008《食品添加剂 乙二胺四乙酸铁钠》	
199. 食品添加剂 胆钙化醇	《中华人民共和国药典》(2010 年版)相应品种 维生素 D_3	卫生部公告 2010 年第 18 号指定标准
200. 食品添加剂 d-α 醋酸生育酚	《中华人民共和国药典》(2010 年版)相应品种 维生素 E	卫生部公告 2010 年第 18 号指定标准
201. 食品添加剂 植物甲萘醌	《中华人民共和国药典》(2010 年版)相应品种 维生素 K_1	卫生部公告 2010 年第 18 号指定标准
202. 食品添加剂 氰钴胺	《中华人民共和国药典》(2010 年版)相应品种 维生素 B_{12}	卫生部公告 2010 年第 18 号指定标准
203. 食品添加剂 烟酰胺	《中华人民共和国药典》(2010 年版)相应品种 烟酰胺	卫生部公告 2010 年第 18 号指定标准
204. 食品添加剂 泛酸钙	《中华人民共和国药典》(2010 年版)相应品种 泛酸钙	卫生部公告 2010 年第 18 号指定标准
205. 食品添加剂 硫酸镁	《中华人民共和国药典》(2010 年版)相应品种 硫酸镁	卫生部公告 2010 年第 18 号指定标准
206. 食品添加剂 氧化镁	《中华人民共和国药典》(2010 年版)相应品种 氧化镁	卫生部公告 2010 年第 18 号指定标准

添加剂品种名称	标准名称	备注
207. 食品添加剂 硫酸亚铁	《中华人民共和国药典》(2010 年版)相应品种 硫酸亚铁	卫生部公告 2010 年 第 18 号指定标准
208. 食品添加剂 富马酸亚铁	《中华人民共和国药典》(2010 年版)相应品种 富马酸亚铁	卫生部公告 2010 年 第 18 号指定标准
209. 食品添加剂 氧化锌	《中华人民共和国药典》(2010 年版)相应品种 氧化锌	卫生部公告 2010 年 第 18 号指定标准
210. 食品添加剂 柠檬酸锌	《中华人民共和国药典》(2010 年版)相应品种 柠檬酸锌	卫生部公告 2010 年 第 18 号指定标准
211. 食品添加剂 碘化钠	《中华人民共和国药典》(2010 年版)相应品种 碘化钠	卫生部公告 2010 年 第 18 号指定标准
212. 食品添加剂 碘化钾	《中华人民共和国药典》(2010 年版)相应品种 碘化钾	卫生部公告 2010 年 第 18 号指定标准
213. 食品添加剂 L-肉碱酒石酸盐	GB 25550—2010《食品添加剂 L-肉碱酒石酸盐》	卫生部公告 2010 年 第 19 号
214. 食用硫酸镁	QB 2555—2002(2009)《食用硫酸镁》	
215. 食品添加剂 二十二碳六烯酸油脂(发酵法)	GB 26400—2011《食品添加剂 二十二碳六烯酸油脂(发酵法)》	卫生部公告 2011 年 第 7 号
216. 食品添加剂 花生四烯酸油脂(发酵法)	GB 26401—2011《食品添加剂 花生四烯酸油脂(发酵法)》	卫生部公告 2011 年 第 7 号
217. 食品添加剂 碘酸钾	GB 26402—2011《食品添加剂 碘酸钾》	卫生部公告 2011 年 第 7 号
218. 食品添加剂 叶黄素	GB 26405—2011《食品添加剂 叶黄素》	卫生部公告 2011 年 第 7 号
219. 食品添加剂 5′-胞苷酸二钠	食品添加剂 5′-胞苷酸二钠	卫生部公告 2011 年 第 8 号指定标准
220. 食品添加剂 5′-腺苷酸	食品添加剂 5′-腺苷酸	卫生部公告 2011 年 第 19 号指定标准
221. 食品添加剂 肌醇	食品添加剂 肌醇	卫生部公告 2011 年 第 19 号指定标准
222. 食品添加剂 L-硒-甲基硒代半胱氨酸	食品添加剂 L-硒-甲基硒代半胱氨酸	卫生部公告 2011 年 第 19 号指定标准
223. 食品添加剂 苯甲酸	GB 1901—2005《食品添加剂 苯甲酸》	
224. 食品添加剂 苯甲酸钠	GB 1902—2005《食品添加剂 苯甲酸钠》	

添加剂品种名称	标准名称	备注
225. 食品添加剂 丙酸钙	GB 25548—2010《食品添加剂 丙酸钙》	卫生部公告 2010 年第 19 号
226. 食品添加剂 丙酸钠	GB 25549—2010《食品添加剂 丙酸钠》	卫生部公告 2010 年第 19 号
227. 食品添加剂 对羟基苯甲酸乙酯	GB 8850—2005《食品添加剂 对羟基苯甲酸乙酯》	
228. 食品添加剂 乙氧基喹	食品添加剂 乙氧基喹	卫生部公告 2011 年第 8 号指定标准
229. 食品添加剂 乳酸链球菌素	QB 2394—2007《食品添加剂 乳酸链球菌素》	
230. 食品添加剂 稳定态二氧化氯溶液	GB 25580—2010《食品添加剂 稳定态二氧化氯溶液》	卫生部公告 2010 年第 19 号
231. 食品添加剂 丙酸	HG 2925—1989(2009)《食品添加剂 丙酸》(原 GB 10615—89)	
232. 食品添加剂 液体二氧化碳	GB 10621—2006《食品添加剂 液体二氧化碳》	
233. 食品添加剂 纳他霉素	GB 25532—2010《食品添加剂 纳他霉素》	卫生部公告 2010 年第 19 号
234. 食品添加剂 双乙酸钠	GB 25538—2010《食品添加剂 双乙酸钠》	卫生部公告 2010 年第 19 号
235. 食品添加剂 脱氢乙酸钠	GB 25547—2010《食品添加剂 脱氢乙酸钠》	卫生部公告 2010 年第 19 号
236. 食品添加剂 硝酸钠	GB 1891—2007《食品添加剂 硝酸钠》	
237. 食品添加剂 亚硝酸钠	GB 1907—2003《食品添加剂 亚硝酸钠》	
238. 食品添加剂 亚硝酸钾	食品添加剂 亚硝酸钾	卫生部公告 2011 年第 19 号指定标准
239. 食品添加剂 对羟基苯甲酸甲酯钠	食品添加剂 对羟基苯甲酸甲酯钠	卫生部公告 2011 年第 19 号指定标准
240. 食品添加剂 二甲基二碳酸盐	食品添加剂 二甲基二碳酸盐	卫生部公告 2011 年第 19 号指定标准
241. 食品添加剂 葡萄糖酸-δ-内酯	GB 7657—2005《食品添加剂 葡萄糖酸-δ-内酯》	
242. 食品添加剂 氯化钙	GB 22214—2008《食品添加剂 氯化钙》	
243. 食品添加剂 氯化镁	GB 25584—2010《食品添加剂 氯化镁》	卫生部公告 2010 年第 19 号

添加剂品种名称	标准名称	备注
244. 食品添加剂　乙二胺四乙酸二钠	食品添加剂　乙二胺四乙酸二钠	卫生部公告 2011 年第 8 号指定标准卫生部公告 2011 年第 19 号指定标准
245. 食品添加剂　环己基氨基磺酸钠(甜蜜素)	GB 12488—2008《食品添加剂　环己基氨基磺酸钠(甜蜜素)》	
246. 食品添加剂　异麦芽酮糖	QB 1581—1992(2009)《食品添加剂　异麦芽酮糖》	
247. 食品添加剂　木糖醇	GB 13509—2005《食品添加剂　木糖醇》	
248. 食品添加剂　甜菊糖甙	GB 8270—1999《食品添加剂　甜菊糖甙》	
249. 食品添加剂　甘草酸一钾盐(甘草甜素单钾盐)	QB 2077—1995(2009)《食品添加剂　甘草酸一钾盐(甘草甜素单钾盐)》	
250. 食品添加剂　乙酰磺胺酸钾	GB 25540—2010《食品添加剂　乙酰磺胺酸钾》	卫生部公告 2010 年第 19 号
251. 食品添加剂　天门冬酰苯丙氨酸甲酯(阿斯巴甜)	GB 22367—2008《食品添加剂　天门冬酰苯丙氨酸甲酯(阿斯巴甜)》	
252. 食品添加剂　赤藓糖醇	GB 26404—2011《食品添加剂　赤藓糖醇》	卫生部公告 2011 年第 7 号
253. 食品添加剂　三氯蔗糖	GB 25531—2010《食品添加剂　三氯蔗糖》	卫生部公告 2010 年第 19 号
254. 食品添加剂　糖精钠	GB 4578—2008《食品添加剂　糖精钠》	
255. 食品添加剂　D-甘露糖醇	食品添加剂　D-甘露糖醇	卫生部公告 2011 年第 8 号指定标准
256. 食品添加剂　阿力甜	食品添加剂　阿力甜	卫生部公告 2011 年第 19 号指定标准
257. 食品添加剂　明胶	GB 6783—1994《食品添加剂　明胶》	
258. 食品添加剂　羧甲基纤维素钠	GB 1904—2005《食品添加剂　羧甲基纤维素钠》	
259. 食品添加剂　褐藻酸钠	GB 1976—2008《食品添加剂　褐藻酸钠》	
260. 食品添加剂　β-环状糊精	QB 1613—1992(2009)《食品添加剂　β-环状糊精》	
261. 食品添加剂　田菁胶	HG/T 2787—1996(2007)《食品添加剂　田菁胶》	
262. 食品添加剂　琼脂(琼胶)	GB 1975—2010《食品添加剂　琼脂(琼胶)》	卫生部公告 2010 年第 19 号

续表

添加剂品种名称	标准名称	备注
263. 食品添加剂 亚麻籽胶	QB 2731—2005《食品添加剂 亚麻籽胶》	
264. 食品添加剂 结冷胶	GB 25535—2010《食品添加剂 结冷胶》	卫生部公告 2010 年第 19 号
265. 食品添加剂 黄原胶	GB 13886—2007《食品添加剂 黄原胶》	
266. 食品添加剂 羟丙基甲基纤维素（HPMC）	食品添加剂 羟丙基甲基纤维素（HPMC）	卫生部公告 2011 年第 8 号指定标准
267. 食品添加剂 刺云实胶	食品添加剂 刺云实胶	卫生部公告 2011 年第 8 号指定标准
268. 食品添加剂 罗望子多糖胶	食品添加剂 罗望子多糖胶	卫生部公告 2011 年第 8 号指定标准
269. 食品添加剂 香兰素	GB 3861—2008《食品添加剂 香兰素》	
270. 食品添加剂 天然薄荷脑	GB 3862—2006《食品添加剂 天然薄荷脑》	
271. 食品添加剂 丁酸乙酯	GB 4349—2006《食品添加剂 丁酸乙酯》	
272. 食品添加剂 冷磨柠檬油	GB 6772—2008《食品添加剂 冷磨柠檬油》	
273. 食品添加剂 乙酸异戊酯	GB 6776—2006《食品添加剂 乙酸异戊酯》	
274. 食品添加剂 茉莉浸膏	GB 6779—2008《食品添加剂 茉莉浸膏》	
275. 食品添加剂 桂花浸膏	GB 6780—2008《食品添加剂 桂花浸膏》	
276. 食品添加剂 己酸乙酯	GB 8315—2008《食品添加剂 己酸乙酯》	
277. 食品添加剂 乳酸乙酯	GB 8317—2006《食品添加剂 乳酸乙酯》	
278. 食品添加剂 生姜（精）油（蒸馏）	GB 8318—2008《食品添加剂 生姜（精）油（蒸馏）》	
279. 食品添加剂 亚洲薄荷素油	GB 8319—2003《食品添加剂 亚洲薄荷素油》	
280. 食品添加剂 桉叶素含量 80％的桉叶油	GB 10351—2008《食品添加剂 桉叶素含量 80％的桉叶油》	
281. 食品添加剂 肉桂油	GB 11958—1989《食品添加剂 肉桂油》	
282. 食品添加剂 香叶（精）油	GB 11959—2008《食品添加剂 香叶（精）油》	
283. 食品添加剂 留兰香油	GB 11960—2008《食品添加剂 留兰香油》	
284. 中国薰衣草（精）油	GB/T 12653—2008《中国薰衣草（精）油》	
285. 食品添加剂 乙基麦芽酚	GB 12487—2010《食品添加剂 乙基麦芽酚》	卫生部公告 2010 年第 19 号
286. 食品添加剂 2-甲基-3-呋喃硫醇	GB 23487—2009《食品添加剂 2-甲基-3-呋喃硫醇》	
287. 食品添加剂 2,3-丁二酮	GB 23488—2009《食品添加剂 2,3-丁二酮》	

续表

添加剂品种名称	标准名称	备注
288. 食品添加剂 大茴香脑（天然）	GB 23489—2009《食品添加剂 大茴香脑（天然）》	
289. 食品添加剂 正丁醇	HG 2926—1989(2009)《食品添加剂 正丁醇》（原 GB 10618—89）	
290. 食品添加剂 麝香草酚	QB/T 1025—2007《麝香草酚》	
291. 食品添加剂 3-环己基丙酸烯丙酯	食品添加剂 3-环己基丙酸烯丙酯	卫生部公告 2011 年第 8 号指定标准
292. 食品添加剂 八角茴香（精）油	QB/T 1120—2010《食品添加剂 八角茴香（精）油》	
293. 食品添加剂 γ-壬内酯	QB/T 1121—2007《食品添加剂 γ-壬内酯》	
294. 食品添加剂 山楂核烟熏香味料Ⅰ号、Ⅱ号	QB/T 1122—2007《食品添加剂 山楂核烟熏香味料Ⅰ号、Ⅱ号》	
295. 食品添加剂 羟基香茅醛	QB/T 1467—2007《羟基香茅醛》	
296. 食品添加剂 丁香酚	QB/T 1509—2007《食品添加剂 丁香酚》	
297. 食品添加剂 复盆子酮	QB/T 1632—2006《复盆子酮》	
298. 食品添加剂 丙酸苄酯	QB/T 1772—2006《丙酸苄酯》	
299. 食品添加剂 丁酸丁酯	QB/T 1774—2006《丁酸丁酯》	
300. 食品添加剂 异戊酸乙酯	QB/T 1776—2006《异戊酸乙酯》	
301. 食品添加剂 苯甲酸乙酯	QB/T 1779—2006《苯甲酸乙酯》	
302. 食品添加剂 苯甲酸苄酯	QB/T 1780—2006《苯甲酸苄酯》	
303. 食品添加剂 肉桂醇	QB/T 1783—2007《肉桂醇》	
304. 食品添加剂 γ-十一内酯（桃醛）	QB/T 1784—2007《γ-十一内酯（桃醛）》	
305. 食品添加剂 草莓醛（杨梅醛）	QB/T 1785—2007《草莓醛（杨梅醛）》	
306. 食品添加剂 乙基香兰素	QB/T 1791—2006《乙基香兰素》	
307. 食品添加剂 枣子酊	QB/T 1953—2007《食品添加剂 枣子酊》	
308. 食品添加剂 丙酸乙酯	QB/T 1954—2007《食品添加剂 丙酸乙酯》	
309. 食品添加剂 庚酸乙酯	QB/T 1955—2007《食品添加剂 庚酸乙酯》	
310. 食品添加剂 甲基环戊烯醇酮	QB/T 2641—2004《食品添加剂 甲基环戊烯醇酮》	
311. 食品添加剂 麦芽酚	QB/T 2642—2004《麦芽酚》	
312. 食品添加剂 97%柠檬醛	QB/T 2643—2004《食品添加剂 97%柠檬醛》	

添加剂品种名称	标准名称	备注
313. 食品添加剂 苯乙醇	QB/T 2644—2004《食品添加剂 苯乙醇》	
314. 食品添加剂 乙酸苄酯	QB/T 2645—2004《食品添加剂 乙酸苄酯》	
315. 食品添加剂 丁酸异戊酯	QB/T 2646—2004《食品添加剂 丁酸异戊酯》	
316. 食品添加剂 异戊酸异戊酯	QB/T 2647—2004《食品添加剂 异戊酸异戊酯》	
317. 食品添加剂 松油醇	QB/T 2651—2004《食品添加剂 松油醇》	
318. 食品添加剂 四甲基吡嗪	QB/T 2748—2005《四甲基吡嗪》	
319. 食品添加剂 三甲基吡嗪	QB/T 2749—2005《三甲基吡嗪》	
320. 食品添加剂 2,3-二甲基吡嗪	QB/T 2750—2005《2,3-二甲基吡嗪》	
321. 食品添加剂 甲基吡嗪	QB/T 2751—2005《甲基吡嗪》	
322. 食品添加剂 2-乙酰基噻唑	QB/T 2752—2005《2-乙酰基噻唑》	
323. 食品添加剂 4-甲基-5-(β-羟乙基)噻唑	QB/T 2753—2005《4-甲基-5-(β-羟乙基)噻唑》	
324. 食品添加剂 乙酸芳樟酯	QB/T 2793—2010《食品添加剂 乙酸芳樟酯》	
325. 食品添加剂 苯甲醇	QB/T 2794—2010《食品添加剂 苯甲醇》	
326. 食品添加剂 广藿香(精)油	QB/T 2795—2010《食品添加剂 广藿香(精)油》	
327. 食品添加剂 丁酸	QB/T 2796—2010《食品添加剂 丁酸》	
328. 食品添加剂 己酸	QB/T 2797—2010《食品添加剂 己酸》	
329. 食品添加剂 杭白菊浸膏	QB/T 2798—2010《食品添加剂 杭白菊浸膏》	
330. 食品添加剂 甲位己基肉桂醛	QB/T2241—2010《甲位己基肉桂醛》	
331. 食品添加剂 1,8-桉叶素(单离)	QB/T2243—2010《1,8-桉叶素(单离)》	
332. 食品添加剂 乙酸乙酯	QB/T2244—2010《乙酸乙酯》	
333. 食品添加剂 N,2,3-三甲基-2-异丙基丁酰胺	GB 25593—2010《食品添加剂 N,2,3-三甲基-2-异丙基丁酰胺》	卫生部公告 2010 年第 19 号
334. 食用单宁酸	LY/T 1641—2005 (2010)《食用单宁酸》	质检总局卫生部联合公告 2009 年 72 号
335. 食品添加剂 D-核糖	食品添加剂 D-核糖	卫生部公告 2011 年第 8 号指定标准
336. 食品添加剂 辛酸乙酯	食品添加剂 辛酸乙酯	卫生部公告 2011 年第 8 号指定标准

添加剂品种名称	标准名称	备注
337. 食品添加剂　棕榈酸乙酯（十六酸乙酯）	食品添加剂　棕榈酸乙酯(十六酸乙酯)	卫生部公告 2011 年第 8 号指定标准
338. 食品添加剂　甲酸香茅酯	食品添加剂　甲酸香茅酯	卫生部公告 2011 年第 8 号指定标准
339. 食品添加剂　甲酸香叶酯	食品添加剂　甲酸香叶酯	卫生部公告 2011 年第 8 号指定标准
340. 食品添加剂　乙酸香叶酯	食品添加剂　乙酸香叶酯	卫生部公告 2011 年第 8 号指定标准
341. 食品添加剂　乙酸橙花酯	食品添加剂　乙酸橙花酯	卫生部公告 2011 年第 8 号指定标准
342. 食品添加剂　己醛	食品添加剂　己醛	卫生部公告 2011 年第 8 号指定标准
343. 食品添加剂　正癸醛（癸醛）	食品添加剂　正癸醛(癸醛)	卫生部公告 2011 年第 8 号指定标准
344. 食品添加剂　乙酸丙酯	食品添加剂　乙酸丙酯	卫生部公告 2011 年第 8 号指定标准
345. 食品添加剂　乙酸 2-甲基丁酯	食品添加剂　乙酸 2-甲基丁酯	卫生部公告 2011 年第 8 号指定标准
346. 食品添加剂　异丁酸乙酯	食品添加剂　异丁酸乙酯	卫生部公告 2011 年第 8 号指定标准
347. 食品添加剂　异戊酸 3-己烯酯（3-甲基丁酸 3-己烯酯）	食品添加剂　异戊酸 3-己烯酯(3-甲基丁酸 3-己烯酯)	卫生部公告 2011 年第 8 号指定标准
348. 食品添加剂　2-甲基丁酸 3-己烯酯	食品添加剂　2-甲基丁酸 3-己烯酯	卫生部公告 2011 年第 8 号指定标准
349. 食品添加剂　2-甲基丁酸 2-甲基丁酯	食品添加剂　2-甲基丁酸 2-甲基丁酯	卫生部公告 2011 年第 8 号指定标准
350. 食品添加剂　γ-己内酯	食品添加剂　γ-己内酯	卫生部公告 2011 年第 8 号指定标准
351. 食品添加剂　γ-庚内酯	食品添加剂　γ-庚内酯	卫生部公告 2011 年第 8 号指定标准
352. 食品添加剂　γ-癸内酯	食品添加剂　γ-癸内酯	卫生部公告 2011 年第 8 号指定标准
353. 食品添加剂　δ-癸内酯	食品添加剂　δ-癸内酯	卫生部公告 2011 年第 8 号指定标准

续表

添加剂品种名称	标准名称	备注
354. 食品添加剂 γ-十二内酯	食品添加剂 γ-十二内酯	卫生部公告 2011 年第 8 号指定标准
355. 食品添加剂 δ-十二内酯	食品添加剂 δ-十二内酯	卫生部公告 2011 年第 8 号指定标准
356. 食品添加剂 2,6-二甲基-5-庚烯醛	食品添加剂 2,6-二甲基-5-庚烯醛	卫生部公告 2011 年第 8 号指定标准
357. 食品添加剂 2-甲基-4-戊烯酸	食品添加剂 2-甲基-4-戊烯酸	卫生部公告 2011 年第 8 号指定标准
358. 食品添加剂 芳樟醇	食品添加剂 芳樟醇	卫生部公告 2011 年第 8 号指定标准
359. 食品添加剂 乙酸松油酯	食品添加剂 乙酸松油酯	卫生部公告 2011 年第 8 号指定标准
360. 食品添加剂 二氢香芹醇	食品添加剂 二氢香芹醇	卫生部公告 2011 年第 8 号指定标准
361. 食品添加剂 D-香芹酮	食品添加剂 D-香芹酮	卫生部公告 2011 年第 8 号指定标准
362. 食品添加剂 L-香芹酮	食品添加剂 L-香芹酮	卫生部公告 2011 年第 8 号指定标准
363. 食品添加剂 α-紫罗兰酮	食品添加剂 α-紫罗兰酮	卫生部公告 2011 年第 8 号指定标准
364. 食品添加剂 苯氧乙酸烯丙酯	食品添加剂 苯氧乙酸烯丙酯	卫生部公告 2011 年第 19 号指定标准
365. 食品添加剂 二氢-β-紫罗兰酮	食品添加剂 二氢-β-紫罗兰酮	卫生部公告 2011 年第 19 号指定标准
366. 食品添加剂 氧化芳樟醇	食品添加剂 氧化芳樟醇	卫生部公告 2011 年第 19 号指定标准
367. 食品添加剂 乳化香精	GB 10355—2006《食品添加剂 乳化香精》	
368. 食品用香精[液体、浆(膏)状、粉末]	QB/T 1505—2007《食用香精》	
369. 咸味食品香精[液体、浆(膏)体)状、粉末]	QB/T 2640—2004《咸味食品香精》	
370. 食品添加剂 硅藻土	GB 14936—2012《食品添加剂 硅藻土》 QB/T 2088—1995(2009)《食品工业用助滤剂 硅藻土》	

添加剂品种名称	标准名称	备注
371. 食品添加剂 活性白土	GB 25571—2011《食品添加剂 活性白土》	卫生部公告 2011 年第 26 号
372. 食品添加剂 硫酸锌	GB 25579—2010《食品添加剂 硫酸锌》	卫生部公告 2010 年第 19 号
373. 食品添加剂 高锰酸钾	GB 2513—2004《食品添加剂 高锰酸钾》	
374. 食品添加剂 异构化乳糖液	GB 8816—1988《食品添加剂 异构化乳糖液》	
375. 食品添加剂 咖啡因	GB 14758—2010《食品添加剂 咖啡因》	卫生部公告 2010 年第 19 号
376. 食品添加剂 氯化钾	GB 25585—2010《食品添加剂 氯化钾》	卫生部公告 2010 年第 19 号
377. 食品级微晶蜡	GB 22160—2008《食品级微晶蜡》	
378. 食品添加剂 月桂酸	食品添加剂 月桂酸	卫生部公告 2011 年第 8 号指定标准
379. 复配食品添加剂	GB 26687—2011《复配食品添加剂通则》及第 1 号修改单	卫生部公告 2011 年第 18 号 卫生部公告 2012 年第 4 号
380. 紫甘薯色素	紫甘薯色素	卫生部公告 2012 年第 6 号
381. 葡萄糖酸钠	葡萄糖酸钠	卫生部公告 2012 年第 6 号
382. 红曲黄色素	红曲黄色素	卫生部公告 2012 年第 6 号
383. β-阿朴-8′-胡萝卜素醛	β-阿朴-8′-胡萝卜素醛	卫生部公告 2012 年第 6 号
384. 索马甜	索马甜	卫生部公告 2012 年第 6 号
385. 酵母 β-葡聚糖	酵母 β-葡聚糖	卫生部公告 2012 年第 6 号
386. α-环状糊精	α-环状糊精	卫生部公告 2012 年第 6 号
387. γ-环状糊精	γ-环状糊精	卫生部公告 2012 年第 6 号

添加剂品种名称	标准名称	备注
388. 五碳双缩醛（又名戊二醛）	五碳双缩醛（又名戊二醛）	卫生部公告 2012 年第 6 号
389. β-胡萝卜素	β-胡萝卜素	卫生部公告 2012 年第 6 号
390. 低聚果糖（以蔗糖为原料）	低聚果糖	卫生部公告 2012 年第 6 号
391. 番茄红素	番茄红素	卫生部公告 2012 年第 6 号
392. 食品添加剂 核黄素 5′-磷酸钠	GB 28301—2012《食品添加剂 核黄素 5′-磷酸钠》	卫生部公告 2012 年第 7 号
393. 食品添加剂 辛、癸酸甘油酯	GB 28302—2012《食品添加剂 辛、癸酸甘油酯》	卫生部公告 2012 年第 7 号
394. 食品添加剂 辛烯基琥珀酸淀粉钠	GB 28303—2012《食品添加剂 辛烯基琥珀酸淀粉钠》	卫生部公告 2012 年第 7 号
395. 食品添加剂 可得然胶	GB 28304—2012《食品添加剂 可得然胶》	卫生部公告 2012 年第 7 号
396. 食品添加剂 乳酸钾	GB 28305—2012《食品添加剂 乳酸钾》	卫生部公告 2012 年第 7 号
397. 食品添加剂 L-精氨酸	GB 28306—2012《食品添加剂 L-精氨酸》	卫生部公告 2012 年第 7 号
398. 食品添加剂 麦芽糖醇和麦芽糖醇液	GB 28307—2012《食品添加剂 麦芽糖醇和麦芽糖醇液》	卫生部公告 2012 年第 7 号
399. 食品添加剂 植物炭黑	GB 28308—2012《食品添加剂 植物炭黑》	卫生部公告 2012 年第 7 号
400. 食品添加剂 酸性红（偶氮玉红）	GB 28309—2012《食品添加剂 酸性红（偶氮玉红）》	卫生部公告 2012 年第 7 号
401. 食品添加剂 β-胡萝卜素（发酵法）	GB 28310—2012《食品添加剂 β-胡萝卜素（发酵法）》	卫生部公告 2012 年第 7 号
402. 食品添加剂 栀子蓝	GB 28311—2012《食品添加剂 栀子蓝》	卫生部公告 2012 年第 7 号
403. 食品添加剂 玫瑰茄红	GB 28312—2012《食品添加剂 玫瑰茄红》	卫生部公告 2012 年第 7 号

添加剂品种名称	标准名称	备注
404. 食品添加剂 葡萄皮红	GB 28313—2012《食品添加剂 葡萄皮红》	卫生部公告 2012 年第 7 号
405. 食品添加剂 辣椒油树脂	GB 28314—2012《食品添加剂 辣椒油树脂》	卫生部公告 2012 年第 7 号
406. 食品添加剂 紫草红	GB 28315—2012《食品添加剂 紫草红》	卫生部公告 2012 年第 7 号
407. 食品添加剂 番茄红	GB 28316—2012《食品添加剂 番茄红》	卫生部公告 2012 年第 7 号
408. 食品添加剂 靛蓝	GB 28317—2012《食品添加剂 靛蓝》	卫生部公告 2012 年第 7 号
409. 食品添加剂 靛蓝铝色淀	GB 28318—2012《食品添加剂 靛蓝铝色淀》	卫生部公告 2012 年第 7 号
410. 食品添加剂 庚酸烯丙酯	GB 28319—2012《食品添加剂 庚酸烯丙酯》	卫生部公告 2012 年第 7 号
411. 食品添加剂 苯甲醛	GB 28320—2012《食品添加剂 苯甲醛》	卫生部公告 2012 年第 7 号
412. 食品添加剂 十二酸乙酯（月桂酸乙酯）	GB 28321—2012《食品添加剂 十二酸乙酯（月桂酸乙酯）》	卫生部公告 2012 年第 7 号
413. 食品添加剂 十四酸乙酯（肉豆蔻酸乙酯）	GB 28322—2012《食品添加剂 十四酸乙酯（肉豆蔻酸乙酯）》	卫生部公告 2012 年第 7 号
414. 食品添加剂 乙酸香茅酯	GB 28323—2012《食品添加剂 乙酸香茅酯》	卫生部公告 2012 年第 7 号
415. 食品添加剂 丁酸香叶酯	GB 28324—2012《食品添加剂 丁酸香叶酯》	卫生部公告 2012 年第 7 号
416. 食品添加剂 乙酸丁酯	GB 28325—2012《食品添加剂 乙酸丁酯》	卫生部公告 2012 年第 7 号
417. 食品添加剂 乙酸己酯	GB 28326—2012《食品添加剂 乙酸己酯》	卫生部公告 2012 年第 7 号
418. 食品添加剂 乙酸辛酯	GB 28327—2012《食品添加剂 乙酸辛酯》	卫生部公告 2012 年第 7 号
419. 食品添加剂 乙酸癸酯	GB 28328—2012《食品添加剂 乙酸癸酯》	卫生部公告 2012 年第 7 号

添加剂品种名称	标准名称	备注
420. 食品添加剂 顺式-3-己烯醇乙酸酯(乙酸叶醇酯)	GB 28329—2012《食品添加剂 顺式-3-己烯醇乙酸酯(乙酸叶醇酯)》	卫生部公告 2012 年第 7 号
421. 食品添加剂 乙酸异丁酯	GB 28330—2012《食品添加剂 乙酸异丁酯》	卫生部公告 2012 年第 7 号
422. 食品添加剂 丁酸戊酯	GB 28331—2012《食品添加剂 丁酸戊酯》	卫生部公告 2012 年第 7 号
423. 食品添加剂 丁酸己酯	GB 28332—2012《食品添加剂 丁酸己酯》	卫生部公告 2012 年第 7 号
424. 食品添加剂 顺式-3-己烯醇丁酸酯(丁酸叶醇酯)	GB 28333—2012《食品添加剂 顺式-3-己烯醇丁酸酯(丁酸叶醇酯)》	卫生部公告 2012 年第 7 号
425. 食品添加剂 顺式-3-己烯醇己酸酯(己酸叶醇酯)	GB 28334—2012《食品添加剂 顺式-3-己烯醇己酸酯(己酸叶醇酯)》	卫生部公告 2012 年第 7 号
426. 食品添加剂 2-甲基丁酸乙酯	GB 28335—2012《食品添加剂 2-甲基丁酸乙酯》	卫生部公告 2012 年第 7 号
427. 食品添加剂 2-甲基丁酸	GB 28336—2012《食品添加剂 2-甲基丁酸》	卫生部公告 2012 年第 7 号
428. 食品添加剂 乙酸薄荷酯	GB 28337—2012《食品添加剂 乙酸薄荷酯》	卫生部公告 2012 年第 7 号
429. 食品添加剂 乳酸 L-薄荷酯	GB 28338—2012《食品添加剂 乳酸 L-薄荷酯》	卫生部公告 2012 年第 7 号
430. 食品添加剂 二甲基硫醚	GB 28339—2012《食品添加剂 二甲基硫醚》	卫生部公告 2012 年第 7 号
431. 食品添加剂 3-甲硫基丙醇	GB 28340—2012《食品添加剂 3-甲硫基丙醇》	卫生部公告 2012 年第 7 号
432. 食品添加剂 3-甲硫基丙醛	GB 28341—2012《食品添加剂 3-甲硫基丙醛》	卫生部公告 2012 年第 7 号
433. 食品添加剂 3-甲硫基丙酸甲酯	GB 28342—2012《食品添加剂 3-甲硫基丙酸甲酯》	卫生部公告 2012 年第 7 号
434. 食品添加剂 3-甲硫基丙酸乙酯	GB 28343—2012《食品添加剂 3-甲硫基丙酸乙酯》	卫生部公告 2012 年第 7 号
435. 食品添加剂 乙酰乙酸乙酯	GB 28344—2012《食品添加剂 乙酰乙酸乙酯》	卫生部公告 2012 年第 7 号

添加剂品种名称	标准名称	备注
436. 食品添加剂　乙酸肉桂酯	GB 28345—2012《食品添加剂　乙酸肉桂酯》	卫生部公告 2012 年第 7 号
437. 食品添加剂　肉桂醛	GB 28346—2012《食品添加剂　肉桂醛》	卫生部公告 2012 年第 7 号
438. 食品添加剂　肉桂酸	GB 28347—2012《食品添加剂　肉桂酸》	卫生部公告 2012 年第 7 号
439. 食品添加剂　肉桂酸甲酯	GB 28348—2012《食品添加剂　肉桂酸甲酯》	卫生部公告 2012 年第 7 号
440. 食品添加剂　肉桂酸乙酯	GB 28349—2012《食品添加剂　肉桂酸乙酯》	卫生部公告 2012 年第 7 号
441. 食品添加剂　肉桂酸苯乙酯	GB 28350—2012《食品添加剂　肉桂酸苯乙酯》	卫生部公告 2012 年第 7 号
442. 食品添加剂　5-甲基糠醛	GB 28351—2012《食品添加剂　5-甲基糠醛》	卫生部公告 2012 年第 7 号
443. 食品添加剂　苯甲酸甲酯	GB 28352—2012《食品添加剂　苯甲酸甲酯》	卫生部公告 2012 年第 7 号
444. 食品添加剂　茴香醇	GB 28353—2012《食品添加剂　茴香醇》	卫生部公告 2012 年第 7 号
445. 食品添加剂　大茴香醛	GB 28354—2012《食品添加剂　大茴香醛》	卫生部公告 2012 年第 7 号
446. 食品添加剂　水杨酸甲酯（柳酸甲酯）	GB 28355—2012《食品添加剂　水杨酸甲酯（柳酸甲酯）》	卫生部公告 2012 年第 7 号
447. 食品添加剂　水杨酸乙酯（柳酸乙酯）	GB 28356—2012《食品添加剂　水杨酸乙酯（柳酸乙酯）》	卫生部公告 2012 年第 7 号
448. 食品添加剂　水杨酸异戊酯（柳酸异戊酯）	GB 28357—2012《食品添加剂　水杨酸异戊酯（柳酸异戊酯）》	卫生部公告 2012 年第 7 号
449. 食品添加剂　丁酰乳酸丁酯	GB 28358—2012《食品添加剂　丁酰乳酸丁酯》	卫生部公告 2012 年第 7 号
450. 食品添加剂　乙酸苯乙酯	GB 28359—2012《食品添加剂　乙酸苯乙酯》	卫生部公告 2012 年第 7 号
451. 食品添加剂　苯乙酸苯乙酯	GB 28360—2012《食品添加剂　苯乙酸苯乙酯》	卫生部公告 2012 年第 7 号

添加剂品种名称	标准名称	备注
452. 食品添加剂 苯乙酸乙酯	GB 28361—2012《食品添加剂 苯乙酸乙酯》	卫生部公告 2012 年第 7 号
453. 食品添加剂 苯氧乙酸烯丙酯	GB 28362—2012《食品添加剂 苯氧乙酸烯丙酯》	卫生部公告 2012 年第 7 号
454. 食品添加剂 二氢香豆素	GB 28363—2012《食品添加剂 二氢香豆素》	卫生部公告 2012 年第 7 号
455. 食品添加剂 2-甲基-2-戊烯酸(草莓酸)	GB 28364—2012《食品添加剂 2-甲基-2-戊烯酸(草莓酸)》	卫生部公告 2012 年第 7 号
456. 食品添加剂 4-羟基-2,5-二甲基-3(2H)呋喃酮	GB 28365—2012《食品添加剂 4-羟基-2,5-二甲基-3(2H)呋喃酮》	卫生部公告 2012 年第 7 号
457. 食品添加剂 2-乙基-4-羟基-5-甲基-3(2H)-呋喃酮	GB 28366—2012《食品添加剂 2-乙基-4-羟基-5-甲基-3(2H)-呋喃酮》	卫生部公告 2012 年第 7 号
458. 食品添加剂 4-羟基-5-甲基-3(2H)呋喃酮	GB 28367—2012《食品添加剂 4-羟基-5-甲基-3(2H)呋喃酮》	卫生部公告 2012 年第 7 号
459. 食品添加剂 2,3-戊二酮	GB 28368—2012《食品添加剂 2,3-戊二酮》	卫生部公告 2012 年第 7 号
460. 食品添加剂 磷脂	GB 28401—2012《食品添加剂 磷脂》	卫生部公告 2012 年第 9 号
461. 食品添加剂 普鲁兰多糖	GB 28402—2012《食品添加剂 普鲁兰多糖》	卫生部公告 2012 年第 9 号
462. 食品添加剂 瓜尔胶	GB 28403—2012《食品添加剂 瓜尔胶》	卫生部公告 2012 年第 9 号
463. 焦磷酸一氢三钠	焦磷酸一氢三钠	卫生部公告 2012 年第 15 号
464. 氧化亚氮	氧化亚氮	卫生部公告 2012 年第 15 号
465. 柠檬酸钙(三水)	柠檬酸钙(三水)	卫生部公告 2012 年第 15 号

附表 4　ISO 标准体系中真菌毒素的检测标准

序号	标准号	标准名称
	黄曲霉毒素	
1	ISO 16050:2003	食品　谷物、坚果和衍生产品中黄曲霉毒素 B_1、B_2、G_1 和 G_2 总含量的测定　高效液相色谱法(Foodstuffs—Determination of aflatoxin B_1, and the total content of aflatoxins B_1, B_2, G_1 and G_2 in cereals, nuts and derived products—High-performance liquid chromatographic method)
2	ISO 14674:2005	乳和乳粉　黄曲霉毒素 M_1 含量的测定　免疫亲合柱净化薄层色谱法(Milk and milk powder—Determination of aflatoxin M_1 content—Clean-up by immunoaffinity chromatography and determination by thin-layer chromatography)
3	ISO 17375:2006	动物饲料　黄曲霉毒素 B_1 测定(Animal feeding stuffs—Determination of aflatoxin B_1)
4	ISO 14675:2003	乳和乳制品　竞争酶免疫分析法的标准化描述指南　黄曲霉毒素 M_1 含量的测定(Milk and milk products—Guidelines for a standardized description of competitive enzyme immunoassays—Determination of aflatoxin M_1 content)
5	ISO 14501:2007	乳和乳粉　黄曲霉毒素 M_1 含量的测量　免疫亲和柱净化高效液相色谱法(Milk and milk powder—Determination of aflatoxin M_1 content—Clean-up by immunoaffinity chromatography and determination by high-performance liquid chromatography)
6	ISO 14718:1998	动物饲料　混合饲料中黄曲霉毒素 B_1 含量的测定　高效液相色谱法(Animal feeding stuffs—Determination of aflatoxin B_1 content of mixed feeding stuffs—Method using high-performance liquid chromatography)
7	ISO 6651:2001	动物饲料　黄曲霉毒素 B_1 含量的半定量测定　薄层色谱法(Animal feeding stuffs—Semi-quantitative determination of aflatoxin B_1—Thin-layer chromatographic methods)
	赭曲霉毒素 A	
1	ISO 15141-1:1998	食品　谷物和谷物制品中赭曲霉毒素 A 含量的测定　第 1 部分:硅胶柱净化高效液相色谱法(Foodstuffs—Determination of ochratoxin A in cereals and cereal products—Part 1: High performance liquid chromatographic method with silica gel clean up)
2	ISO 15141-2:1998	食品　谷物和谷物制品中赭曲霉毒素 A 含量的测定　第 2 部分:碳酸氢盐液液萃取高效液相色谱法(Foodstuffs—Determination of ochratoxin A in cereals and cereal products—Part 2: High performance liquid chromatographic method with bicarbonate clean up)

序号	标准号	标准名称
	玉米赤霉烯酮	
1	ISO 17372:2008	动物饲料　玉米赤霉烯酮含量的测定　免疫亲和柱净化高效液相色谱法（Animal feeding stuffs—Determination of zearalenone by immunoaffinity column chromatography and high performance liquid chromatography）
2	ISO 6870:2002	动物饲料　玉米赤霉烯酮含量的定性测定（Animal feeding stuffs—Qualitative determination of zearalenone）

附表5　AOAC标准体系中真菌毒素的检测标准

序号	标准号	标准名称
	黄曲霉毒素	
1	AACC-AOAC 975.36	食品饲料中黄曲霉毒素含量的测定(Aflatoxins in Food and Feeds)
2	AOAC　979.18	玉米和花生中黄曲霉毒素含量的测定(Aflatoxins in Corn and Peanuts)
3	AOAC-IUPAC 990.34	玉米、棉籽、花生和花生酱中黄曲霉毒素 B_1、B_2 和 G_1 含量的测定(Aflatoxins B_1, B_2, and G_1 in Corn, Cottonseed, Peanuts, and Peanut Butter)
4	IUPAC-AOAC 968.22	花生和花生制品中黄曲霉毒素含量的测定(Aflatoxins in Peanuts and Peanut Products)
5	AOCS-AOAC 970.45	花生和花生制品中黄曲霉毒素含量的测定(Aflatoxins in Peanuts and Peanut Products)
6	AOCS-AOAC 998.03	花生中黄曲霉毒素含量的测定(Aflatoxins in Peanuts)
7	AOAC　991.45	花生酱中总黄曲霉毒素含量的测定(Total Aflatoxin Levels in Peanut Butter)
8	AOAC　972.27	大豆中黄曲霉毒素含量的测定(Aflatoxins in Soybeans)
9	AOAC　971.23 (IUPAC-AOAC)	可可豆中黄曲霉毒素含量的测定(Aflatoxins in Cocoa Beans)
10	IUPAC-AOCS-AOAC 971.24	椰子、干椰子肉、椰子饼粉中黄曲霉毒素含量的测定(Aflatoxins in Coconut, Copra, and Copra Meal)
11	AOAC-IUPAC 993.16	玉米中总黄曲霉毒素(B_1、B_2 和 G_1)含量的测定(Total Aflatoxins (B_1, B_2, and G_1) in Corn)
12	AACC-AOAC　972.26	玉米中黄曲霉毒素含量的测定(Aflatoxins in Corn)
13	AOAC 993.17	玉米和花生中黄曲霉毒素含量的测定(Aflatoxins in Corn and Peanuts)
14	AOAC-IUPAC 990.32	玉米和烘焙花生中黄曲霉毒素 B_1 含量的测定(Aflatoxin B_1 in Corn and Roasted Peanuts)
15	AOAC-IUPAC 990.33	玉米和花生酱中黄曲霉毒素含量的测定(Aflatoxins in Corn and Peanut Butter)
16	AOAC-IUPAC 991.31	玉米、生花生和花生酱中黄曲霉毒素含量的测定(Aflatoxins in Corn, Raw Peanuts, and Peanut Butter)
17	AOAC 980.20	棉籽产品中黄曲霉毒素含量的测定(Aflatoxins in Cottonseed Products)
18	AOAC 994.08	玉米、杏仁、巴西坚果、花生和阿月浑子的果实中黄曲霉毒素含量的测定(Aflatoxins in Corn, Almonds, Brazil Nuts, Peanuts, and Pistachio Nuts)

序号	标准号	标准名称
19	AOAC-IUPAC 989.06	棉籽产品和混合饲料中黄曲霉毒素 B_1 含量的测定（Aflatoxin B_1 in Cottonseed Products and Mixed Feed）
20	AOAC 978.15	蛋类中黄曲霉毒素 B_1 含量的测定（Aflatoxin B_1 in Eggs）
21	AOAC 970.46	绿咖啡中黄曲霉毒素含量的测定（Aflatoxins in Green Coffee）
22	AOAC 974.16	阿月浑子的果实中黄曲霉毒素含量的测定（Aflatoxins in Pistachio Nuts）
23	AOAC 999.07	花生酱、阿月浑子酱、无花果酱及辣椒面中黄曲霉毒素 B_1 和总黄曲霉毒素的测定（Aflatoxin B_1 and Total Aflatoxins in Peanut Butter，Pistachio Paste，Fig Paste，and Paprika Powder）
24	AOAC 2000.16	婴儿食品中黄曲霉毒素 B_1 含量的测定（Aflatoxin B_1 in Baby Food）
25	AOAC 974.17	乳制品中黄曲霉毒素 M_1 含量的测定（Aflatoxin M_1 in Dairy Products）
26	AOAC 980.21	牛奶和奶酪中黄曲霉毒素 M_1 含量的测定（Aflatoxin M_1 in Milk and Cheese）
27	AOAC 982.24	肝脏中黄曲霉毒素 B_1 和 M_1 含量的测定（Aflatoxins B_1 and M_1 in Liver）
28	AOAC 982.25	肝脏中黄曲霉毒素 B_1 和 M_1 含量的测定（Aflatoxins B_1 and M_1 in Liver）
29	AOAC 982.26	肝脏中黄曲霉毒素 M_1 含量的测定（Aflatoxin M_1 in Liver）
30	AOAC 986.16	液态乳中黄曲霉毒素 M_1 和 M_2 含量的测定（Aflatoxins M_1 and M_2 in Fluid Milk）
31	AOAC 2000.08	液态乳中黄曲霉毒素 M_1 含量的测定（Aflatoxin M_1 in Liquid Milk）
32	AOAC 2003.02	牛饲料中黄曲霉毒素 B_1 含量的测定（Aflatoxin B_1 in Cattle Feed）
33	AOAC 2005.08	玉米、生花生和花生酱中黄曲霉毒素含量的测定（Aflatoxins in Corn，Raw Peanuts，and Peanut Butter）
34	AOAC 2008.02	人参和姜中黄曲霉毒素 B_1、B_2、G_1、G_2 和赭曲霉毒素 A 含量的测定（Aflatoxins B_1，B_2，G_1，G_2 and Ochratoxin A in Ginseng and Ginger）
	赭曲霉毒素 A	
1	IUPAC-AOAC 973.37	大麦中赭曲霉毒素含量的测定（Ochratoxins in Barley）
2	AOAC 975.38	绿咖啡中赭曲霉毒素 A 含量的测定（Ochratoxin A in Green Coffee）
3	AOAC 2000.03	大麦中赭曲霉毒素 A 含量的测定（Ochratoxin A in Barley）
4	AOAC 2000.09	烘焙咖啡中赭曲霉毒素 A 含量的测定（Ochratoxin A in Roasted Coffee）
5	AOAC 991.44	玉米和大麦中赭曲霉毒素 A 含量的测定（Ochratoxin A in Corn and Barley）
6	AOAC 2001.01	葡萄酒和啤酒中赭曲霉毒素 A 含量的测定（Determination of Ochratoxin A in Wine and Beer）
7	AOAC 2004.10	绿咖啡中赭曲霉毒素 A 含量的测定（Ochratoxin A in Green Coffee）

序号	标准号	标准名称
8	AOAC 2008.02	人参和姜中黄曲霉毒素 B_1、B_2、G_1、G_2 和赭曲霉毒素 A 含量的测定(Afla-toxins B_1, B_2, G_1, G_2 and Ochratoxin A in Ginseng and Ginger)
	玉米赤霉烯酮	
1	AACC-AOAC 976.22	玉米中玉米赤霉烯酮含量的测定(Zearalenone in Corn)
2	AOAC 985.18	玉米中 α-玉米赤霉烯醇和玉米赤霉烯酮含量的测定(Alpha-Zearalenol and Zearalenone in Corn)
3	AOAC 994.01	玉米、小麦和饲料中玉米赤霉烯酮含量的测定(Zearalenone in Corn, Wheat, and Feed)
	脱氧雪腐镰刀菌烯醇	
1	AOAC-AACC 986.17	小麦中脱氧雪腐镰刀菌烯醇含量的测定(Deoxynivalenol in Wheat)
2	AOAC 986.18	小麦中脱氧雪腐镰刀菌烯醇含量的测定(Deoxynivalenol in Wheat)
	伏马毒素	
1	AOAC-IUPAC 995.15	玉米中伏马毒素 B_1、B_2 和 B_3 含量的测定(Fumonisins B_1, B_2, and B_3 in Corn)
2	AOAC 2001.04	玉米和玉米片中伏马毒素 B_1 和 B_2 含量的测定(Determination of Fumo-nisins B_1 and B_2 in Corn and Corn Flakes)
3	AOAC 2001.06	玉米中总伏马毒素含量的测定(Determination of Total Fumonisins in Corn)

附表 6　CEN 标准体系中真菌毒素的检测标准

序号	标准号	标准名称
	黄曲霉毒素	
1	EN 12955:1999	食品　谷物、有壳果及其制品中黄曲霉毒素 B_1 和黄曲霉毒素 B_1、B_2、G_1 和 G_2 的总量含量的测定　免疫亲和柱净化柱后衍生高效液相色谱法（Foodstuffs—Determination of aflatoxin B_1, and the sum of aflatoxins B_1, B_2, G_1 and G_2 in cereals, shell-fruits and derived products—High performance liquid chromatographic method with post column derivatization and immunoaffinity column clean up）
2	EN 14123:2007	食品　榛子、花生、阿月浑子、无花果和辣椒粉中黄曲霉毒素 B_1、B_2、G_1 和 G_2 的总量以及黄曲霉毒素 B_1 的测定　免疫亲和柱净化柱后衍生高效液相色谱法（Foodstuffs—Determination of aflatoxin B_1 and the sum of aflatoxin B_1, B_2, G_1 and G_2 in hazelnuts, peanuts, pistachios, figs, and paprika powder—High performance liquid chromatographic method with post-column derivatisation and immunoaffinity column cleanup）
3	EN ISO 14675:2003	乳和乳制品　竞争酶免疫分析法的标准化描述指南　黄曲霉毒素 M_1 含量的测定（Milk and milk products—Guidelines for a standardized description of competitive enzyme immunoassays—Determination of aflatoxin M_1 content）（ISO 14675:2003）
4	EN ISO 14501:2007	乳和乳粉　黄曲霉毒素 M_1 含量的测量　免疫亲和柱净化高效液相色谱法（Milk and milk powder—Determination of aflatoxin M_1 content—Clean-up by immunoaffinity chromatography and determination by high-performance liquid chromatography）（ISO 14501:2007）
5	EN ISO 17375:2006	动物饲料　黄曲霉毒素 B_1 测定（Animal feeding stuffs—Determination of aflatoxin B_1）（ISO 17375:2006）
6	BS EN 15851:2010	食品　婴幼儿谷类食品中黄曲霉毒素 B_1 含量的测定　免疫亲和柱净化荧光检测高效液相色谱法（Foodstuffs—Determination of aflatoxin B_1 in cereal based foods for infants and young children—HPLC method with immunoaffinity column cleanup and fluorescence detection）
	赭曲霉毒素 A	
1	EN ISO 15141-1:1998	食品　谷物和谷物制品中赭曲霉毒素 A 含量的测定　第 1 部分：硅胶柱净化高效液相色谱法（Foodstuffs—Determination of ochratoxin A in cereals and cereal products—Part 1: High performance liquid chromatographic method with silica gel clean up）（ISO 15141-1:1998）

序号	标准号	标准名称
2	EN ISO 15141-2:1998	食品　谷物和谷物制品中赭曲霉毒素 A 含量的测定　第 2 部分:碳酸氢盐液液萃取高效液相色谱法(Foodstuffs—Determination of ochratoxin A in cereals and cereal products—Part 2: High performance liquid chromatographic method with bicarbonate clean up)(ISO 15141-2:1998)
3	EN 14133:2009	食品　葡萄酒和啤酒中赭曲霉素 A 含量的测定　免疫亲和柱净化高效液相色谱法(Foodstuffs—Determination of ochratoxin A in wine and beer—HPLC method with immunoaffinity column clean-up)
4	EN 14132:2009	食品　大麦和烘焙咖啡中赭曲霉毒素 A 含量的测定　免疫亲和柱净化高效液相色谱法(Foodstuffs—Determination of ochratoxin A in barley and roasted coffee—HPLC method with immunoaffinity column clean-up)
5	BS EN 15835:2010	食品　婴幼儿谷类食品中赭曲霉素 A 含量的测定　免疫亲和柱净化荧光检测高效液相色谱法(Foodstuffs—Determination of ochratoxin A in cereal based foods for infants and young children—HPLC method with immunoaffinity column cleanup and fluorescence detection)
6	BS EN 15829:2010	食品　无核葡萄干、葡萄干、小葡萄干、混合干果和干无花果中赭曲霉毒素 A 含量的测定　免疫亲和柱净化荧光检测高效液相色谱法(Foodstuffs—Determination of ochratoxin A in currants, raisins, sultanas, mixed dried fruit and dried figs—HPLC method with immunoaffinity column cleanup and fluorescence detection)
7	BS EN 16007:2011	动物饲料　动物饲料中赭曲霉毒素 A 含量的测定　免疫亲和柱净化荧光检测高效液相色谱法(Animal feeding stuffs—Determination of Ochratoxin A in animal feed by immunoaffinity column clean-up and High Performance Liquid Chromatography with fluorescence detection)
	玉米赤霉烯酮	
1	EN 15792:2009	动物饲料　动物饲料中玉米赤霉烯酮含量的测定　免疫亲和柱净化荧光检测高效液相色谱法(Animal feeding stuffs—Determination of zearalenone in animal feed—High performance liquid chromatographic method with fluorescence detection and immunoaffinity column clean-up)
2	BS EN 15850:2010	食品　婴儿玉米类食品、婴幼儿大麦粉、粥、小麦粉和谷类食品中玉米赤霉烯酮含量的测定　免疫亲和柱净化荧光检测高效液相色谱法(Foodstuffs—Determination of zearalenone in maize based baby food, barley flour, maize flour, polenta, wheat flour and cereal based foods for infants and young children—HPLC method with immunoaffinity column cleanup and fluorescence detection)

序号	标准号	标准名称
	脱氧雪腐镰刀菌烯醇	
1	EN 15791:2009	食品　动物饲料中脱氧雪腐镰刀菌烯醇含量的测定　免疫亲和柱净化高效液相色谱法（Foodstuffs—Determination of Deoxynivalenol in animal feed—HPLC method with immunoaffinity column clean-up）
2	BS EN 15891:2010	食品　谷物、谷物制品和婴幼儿谷类食品中脱氧雪腐镰刀菌烯醇含量的测定　免疫亲和柱净化紫外检测高效液相色谱法（Foodstuffs—Determination of deoxynivalenol in cereals, cereal products and cereal based foods for infants and young children—HPLC method with immunoaffinity column cleanup and UV detection）
	伏马毒素	
1	EN 13585:2001	食品　玉米中伏马毒素 B_1 和 B_2 含量的测定 固相萃取净化高效液相色谱法（Foodstuffs—Determination of fumonisins B_1 and B_2 in maize—HPLC method with solid phase extraction clean-up）
2	EN 14352:2004	食品　玉米食品中伏马毒素 B_1 和 B_2 含量的测定　免疫亲和柱净化高效液相色谱法（Foodstuffs—Determination of fumonisin B_1 and B_2 in maize based foods—HPLC method with immunoaffinity column clean up）
3	DD CEN/TS 16187:2011	食品　婴幼儿类玉米加工食品中伏马毒素 B_1 和 B_2 含量的测定　免疫亲和柱净化柱前衍生荧光检测高效液相色谱法（Foodstuffs—Determination of fumonisin B_1 and fumonisin B_2 in processed maize-containing foods for infants and young children—HPLC method with immunoaffinity column clean up and fluorescence detection after pre-column derivatization）
4	BS EN 16006:2011	动物饲料　配合动物饲料中伏马毒素 B_1 和 B_2 总量的测定　免疫亲和柱净化柱前（或后）衍生荧光检测反相高效液相色谱法（Animal feeding stuffs—Determination of the Sum of Fumonisin B_1 & B_2 in compound animal feed with immunoaffinity clean-up and RP-HPLC with fluorescence detection after pre- or post-column derivatisation）

附表 7　各地区/国家粮食中黄曲霉毒素限量(μg/kg)

组织或 国家、地区	食品名称	黄曲霉毒素 B₁	黄曲霉毒素 B₁＋B₂＋ G₁＋G₂ 之和
CAC	花生		15.0
	坚果(杏仁、榛子、阿月浑子果)		15.0
	即食坚果		8.0
欧盟[a]	在供人食用或用于食品的一种添加成分之前,将进行分级或其他物理处理的花生	8.0	15.0
	在供人食用或用于食品的一种添加成分之前,将进行分级或其他物理处理的坚果	5.0	10.0
	直接供人食用或用于食品的一种添加成分的花生和坚果	2.0	4.0
	所有谷物及谷物制品,包括加工的谷物制品	2.0	4.0
	在供人食用或用于食品的一种添加成分之前,将进行分级或其他物理处理的玉米	5.0	10.0
	婴幼儿食用的谷类加工食品	0.1	
	特殊医疗用途的婴儿膳食食品	0.1	
美国	所有食品,除了牛奶		20.0
日本	所有食品	10.0	
澳新[b]	花生,树生坚果		15.0
加拿大	坚果和坚果食品		15.0
韩国	谷物,大豆,花生,坚果,小麦及其经过磨粉和切削等简单加工的制品	10.0	
泰国	所有食品		20.0
中国台湾	花生,玉米		15.0
	大米,高粱,豆类,坚果,小麦,大麦和燕麦		10.0
	食用油和脂肪		10.0
	其他食品		10.0
	婴儿食品		不得检出
中国香港	食品	15.0	15.0
	花生及花生食品	20.0	20.0

续表

组织或 国家、地区		食品名称	黄曲霉毒素 B_1	黄曲霉毒素 $B_1 + B_2 +$ $G_1 + G_2$ 之和
中国	谷物及其制品	玉米、玉米面(糁、片)及玉米制品	20.0	
		稻谷、糙米、大米	10.0	
		小麦、大麦、其他谷物	5.0	
		小麦粉、麦片、其他去壳谷物	5.0	
	坚果及籽类	花生及其制品	20.0	
		其他熟制坚果及籽类	5.0	
	油脂及其制品	植物油脂(花生油、玉米油除外)	10.0	
		花生油、玉米油	20.0	
	婴幼儿配方食品	婴儿配方食品	0.5	
		较大婴儿和幼儿配方食品	0.5	
		特殊医学用途婴儿配方食品	0.5	
	婴幼儿辅助食品	婴幼儿谷类辅助食品	0.5	

a. 欧盟各成员国的数据不再单独列出

b. 澳新指澳大利亚和新西兰,下同

附表 8　各地区/国家粮食中赭曲霉毒素 A 的限量(μg/kg)

组织或国家	食品名称	赭曲霉毒素 A	备注
CAC	小麦、大麦和黑麦原粮	5.0	
欧盟	未加工的谷物	5.0	
	由未加工的谷物制备的所有产品,包括加工的谷物制品及直接供人食用的谷物	3.0	
	供婴幼儿食用的谷类加工食品和婴儿食品	0.5	
瑞士	谷物	3.0	
俄罗斯	谷物及其磨成的粉	5.0	
中国	谷物	5.0	
	谷物碾磨加工品	5.0	

附表 9　各地区/国家粮食中脱氧雪腐镰刀菌烯醇的限量(μg/kg)

组织或国家	食品名称	脱氧雪腐镰刀菌烯醇
欧盟	未加工的谷物,不包括硬质小麦、燕麦和玉米	1250
	未加工的硬质小麦、燕麦	1750
	未加工的玉米,不包括用于湿磨法处理的未加工玉米	1750
	供人直接食用的谷物,作为最终产品销售供人直接食用的面粉、麸皮和胚芽	750
	意大利面制品(干的)	750
	面包(包括小面包制品)、糕点、饼干、谷类点心、谷类早餐食品	500
	供婴幼儿食用的加工的婴幼儿谷类食品	200
	粒径大于 500 μm 的玉米粉及其他不直接供人类食用的粒径大于 500 μm 的玉米研磨制品	750
	粒径小于等于 500 μm 的玉米粉及其他不直接供人类食用的粒径小于等于 500 μm 的玉米研磨制品	1250
美国	供人食用的最终小麦产品,如面粉、麸皮和胚芽	1000
加拿大	国内未清杂的软麦	2000
	软麦粉(成人食品)	1200
	软麦粉(婴儿食品)	600
瑞士	谷物	1000
日本	小麦及小麦制品	1100
俄罗斯	小麦	700
	大麦	1000
乌克兰	硬质小麦,小麦粗粉	1000
	非硬质小麦,面粉,面包	500
	谷物婴儿食品	200
中国	玉米、玉米面(糁、片)	1000
	大麦、小麦、麦片、小麦粉	1000

附表 10　各地区/国家粮食中玉米赤霉烯酮的限量(μg/kg)

组织或国家	食品名称	玉米赤霉烯酮
欧盟	未加工谷物,不包括玉米	100
	未加工的玉米,不包括用于湿磨法处理的未加工玉米	350
	供人直接食用的谷物,作为最终产品销售供人直接食用的面粉、麸皮和胚芽	75
	面包(包括小面包制品)、糕点、饼干、谷类点心、谷类早餐食品,不包括玉米点心和玉米早餐食品	50
	供人类直接食用的玉米,玉米小吃,玉米早餐食品	100
	精炼玉米油	400
	供婴幼儿食用的加工的谷物食品,不包括玉米类食品	20
	供婴幼儿食用的加工玉米食品	20
	粒径大于 500 μm 的玉米粉及其他不直接供人类食用的粒径大于 500 μm 的玉米研磨制品	200
	粒径小于等于 500 μm 的玉米粉及其他不直接供人类食用的粒径小于等于 500 μm 的玉米研磨制品	300
俄罗斯	小麦,大麦,玉米	1000
	小麦,大麦和玉米的粗粉,粉	200
乌克兰	谷物,豆类,面粉,面包,坚果,植物油,小麦粗粉	1000
	谷物婴儿食品	40
中国	小麦,小麦粉	60
	玉米,玉米面(糁、片)	60

附表 11　各地区/国家粮食中伏马毒素的限量(μg/kg)

组织或国家	食品名称	以 FB_1+FB_2 计	以 $FB_1+FB_2+FB_3$ 计
欧盟	未加工的玉米,不包括用于湿磨法处理的未加工玉米	4000	
	供人直接食用的玉米和玉米制品	1000	
	玉米早餐与玉米小吃	800	
	供婴幼儿食用的玉米食品和婴儿食品	200	
	粒径大于 500 μm 的玉米粉及其他不直接供人类食用的粒径大于 500 μm 的玉米研磨制品	1400	
	粒径小于等于 500 μm 的玉米粉及其他不直接供人类食用的粒径小于等于 500 μm 的玉米研磨制品	2000	
美国	脱胚的干磨玉米制品(脂肪含量< 2.25%,干基重)		2000
	制爆米花的净玉米		3000
	部分脱胚的干磨玉米制品(脂肪含量≥2.25%,干基重),干磨玉米麸皮,用于生产粗玉米粉净玉米		4000
瑞士	玉米	1000	

附表 12　各地区/国家粮食中其他真菌毒素的限量(μg/kg)

项目	组织或国家	食品名称	限量
T-2 毒素	俄罗斯	谷物及其他谷物制品	100
	乌克兰	谷物,面粉,小麦粗粉,面包制品	100
麦角碱	澳新	谷物	500 000

附表 13　ISO 标准体系中元素检测相关标准

序号	标准名称	标准号	检测方法	检测元素
1	饲料—滴定法检测钙的含量	ISO 6490-1:1985	滴定法	钙
2	饲料—分光光度法测定磷的含量	ISO 6491:1998	分光光度法	磷
3	饲料—钙、铜、铁、镁、锰、钾、钠、锌含量的测定—原子吸收分光光度法	ISO 6869:2000	原子吸收分光光度法	钙、铜、铁、镁、锰、钾、钠、锌
4	饲料—火焰发射光谱法测定钾和钠的含量	ISO 7485:2000	火焰发射光谱法	钾、钠
5	饲料—ICP-AES 检测钙、钠、磷、镁、钾、铁、锌、铜、锰、钴、钼、砷、铅、镉	ISO 27085:2009	电感耦合等离子体发射光谱法	钙、钠、磷、镁、钾、铁、锌、铜、锰、钴、钼、砷、铅、镉

附表 14　AOAC 标准体系中元素检测相关标准

序号	标准名称	标准号	检测方法	发布时间	检测元素
1	食品中的锰	AOAC 930.34	比色法	1930	锰
2	食品中的砷	AOAC 912.01	砷斑法	1912	
3	食品中的砷	Codex-Adopted-AOAC 942.17	钼蓝	1942	
4	食品中的砷	Codex-Adopted-AOAC 952.13	银盐法	1952	砷
5	食品中的总砷	AOAC 957.22	比色法	1960(2002)	
6	食品中的铅	AOAC 934.07	双硫腙方法	1934	铅
7	食品中的铅	AOAC 972.25	原子吸收分光光度法	1976	
8	食品中的硒	AOAC 939.09	滴定法	1939	
9	食物和宠物食品中的硒	AOAC 969.06	荧光分光光度发	1974(1996)	硒
10	人类和宠物食品中的硒	AOAC 974.15	荧光分光光度发	1976(1996)	
11	面粉中的钙	AOAC 944.03	滴定法	1944	
12	面包中的钙	AOAC 945.41	分光光度法	1945	钙
13	饲料中的钙	AOAC 927.02	滴定法	1945	
14	饲料中的钙	AOAC 935.13	滴定法	1951	
15	面粉中的铁	AOAC 944.02	分光光度法	1944(1993)	
16	面包中的铁	AOAC 945.40	分光光度法	1945	铁
17	谷物	AOAC 945.38	分光光度法	1945	
18	通心粉中的铁	AOAC 950.39	分光光度法	1950	
19	面粉中的磷	AOAC 948.09	滴定法	1948	
20	饲料中的磷	AOAC 964.06	Alkalimetric Ammonium Molybdophosphate Method	1964	磷
21	饲料和宠物食品中的磷	AOAC 965.17	分光光度法	1966(1996)	
22	食品中的总磷	NMKL-AOAC 995.11	比色法	1995	
23	饲料中的钴	AOAC 952.02	比色法	1952	钴
24	饲料中的钴	AOAC 947.03	比色法	1955	
25	食品中的汞	AOAC 952.14	双硫腙法	1952	
26	食品中的汞	AOAC 971.21	火焰原子吸收分光光度法	1976	汞
27	食品中的铜	IUPAC-AOAC 960.40	比色法	1965	铜

序号	标准名称	标准号	检测方法	发布时间	检测元素
28	动物饲料和宠物食品中的矿物质	AOAC 968.08	原子吸收分光光度法	1969 (1996)	铜、铁、锰、锌、钙
29	食品中的镉	AOAC 973.34	原子吸收分光光度法	1974	镉
30	食品中的镉	AOAC 945.58	双硫腙法	1976	
31	食品中的锌	AOAC 969.32	原子吸收分光光度法	1971	锌
32	食品中的锌	AOAC 944.09	比色法	1976	
33	植物和宠物食品中的金属	AOAC 975.03	原子吸收分光光度法	1975	铜、镁、锰、钾、铁、钙、锌
34	婴儿配方食品中的钙、铜、铁、镁、锰、磷、钾、钠、锌	AOAC 984.27	电感耦合等离子体发射光谱法	1986	钙、铜、铁、镁、锰、磷、钾、钠、锌
35	植物和宠物食品中的金属及其他元素	AOAC 985.01	电感耦合等离子体发射光谱法	1988 (1996)	钙、铜、镁、锰、钾、硼、磷、锌
36	食品中的镉和铅	AOAC 982.23	阳极溶出伏安法	1988	镉、铅
37	人类和宠物食品中砷、镉、铅、硒、锌	Codex-Adopted-AOAC 986.15	氢化物发生原子吸收法,阳极溶出伏安法	1988 (1996)	砷、镉、铅、硒、锌
38	食品中的铅、镉、锌、铜、铁	NMKL-AOAC 999.10	石墨炉原子吸收光谱法,火焰原子吸收光谱法	2005	铅、镉、锌、铜、铁
39	食品中铅、镉、铜、铁、锌的检测	NMKL-AOAC 999.11	石墨炉原子吸收光谱法	2005 (2006)	铅、镉、铜、铁、锌
40	婴儿配方和成人营养产品中的铬、硒、钼	AOAC 2011.19	电感耦合等离子体质谱法	2011	铬、硒、钼
41	强化食品中钙、铜、铁、镁、锰、钾、磷、钠、锌	AOAC 2011.14	电感耦合等离子体发射光谱法	2011	钙、铜、铁、镁、锰、钾、磷、钠、锌

附表 15　CEN 标准体系中元素检测相关标准

序号	标准名称	标准号	检测方法	检测元素
1	饲料—钙、铜、铁、镁、锰、钾、钠、锌含量的测定—原子吸收分光光度法	EN ISO 6869:2000	原子吸收分光光度法	钙、铜、铁、镁、锰、钾、钠、锌
2	食品—微量元素的检测—干法灰化原子吸收光谱法检测铅、镉、锌、铜、铁、铬	EN 14082:2003	原子吸收分光光度法	铅、镉、锌、铜、铁、铬
3	食品—微量元素的检测—压力消解石墨炉原子吸收光谱法测定铅、镉、铬、钼	EN 14083:2003	石墨炉原子吸收分光光度法	铅、镉、铬、钼
4	食品—微量元素的检测—微波消解原子吸收光谱法检测铅、镉、锌、铜、铁	EN 14084:2003	原子吸收分光光度法	铅、镉、锌、铜、铁
5	食品—微量元素的检测— 压力消解氢化物发生原子吸收法检测总砷和硒	EN 14627:2005	氢化物发生原子吸收法	砷、硒
6	饲料—压力消解石墨炉原子吸收测定镉和铅	EN 15550:2007	石墨炉原子吸收分光光度法	镉、铅
7	饲料—ICP-AES 测定钙、钠、磷、镁、钾、铁、锌、铜、锰、钴、钼、砷、铅、镉	EN 15510:2007	电感耦合等离子体发射光谱法	钙、钠、磷、镁、钾、铁、锌、铜、锰、钴、钼、砷、铅、镉
8	食品—微量元素的检测—电感耦合等离子质谱法检测碘	EN 15111:2007	电感耦合等离子体质谱法	碘
9	食品—微量元素的检测—微波消解火焰原子吸收光谱法检测钠和镁	EN 15505:2008	火焰原子吸收分光光度法	钠、镁
10	食品—微量元素的检测—压力消解电感耦合等离子体质谱法检测食品中砷、镉、汞、铅	EN 15763:2009	电感耦合等离子体质谱法	砷、镉、汞、铅
11	食品—微量元素的检测—压力消解火焰和石墨炉原子吸收分光光度法测定锡	EN 15764:2009	火焰和石墨炉原子吸收分光光度法	锡
12	食品—微量元素的检测—压力消解电感耦合等离子质谱法检测锡	EN 15765:2009	电感耦合等离子体质谱法	锡

序号	标准名称	标准号	检测方法	检测元素
13	食品—微量元素的检测—干法灰化氢化物发生原子吸收法检测总砷	EN 14546:2005	氢化物发生原子吸收法	砷
14	饲料—微波消解氢化物发生原子吸收分光光度法测定砷	EN 16206:2012	氢化物发生原子吸收法	砷
15	饲料—固相萃取微波提取—氢化物发生原子吸收分光光度法测定无机砷	EN 16278:2012	氢化物发生原子吸收法	砷
16	食品—微量元素的检测—压力消解冷蒸汽原子吸收法检测汞	EN 13806:2002	冷蒸汽原子吸收法	汞
17	饲料—微波消解冷蒸汽原子吸收分光光度法测定汞	EN 16277:2012	冷蒸汽原子吸收法	汞
18	饲料—压力消解 ICP-AES 检测钙、钠、磷、镁、钾、硫黄、铁、锌、铜、锰、钴	EN 15621:2012	电感耦合等离子体发射光谱法	钙、钠、磷、镁、钾、硫黄、铁、锌、铜、锰、钴
19	饲料—微波消解氢化物发生原子吸收分光光度法测定硒	EN 16159:2012	氢化物发生原子吸收法	硒

附表 16　国内外对粮食及粮食产品的重金属限量检验项目比较

项目	CAC	中国	欧盟	美国	俄罗斯	日本	韩国
铅	√	√	√		√		√
镉	√	√	√		√	√	√
汞		√		√	√		
砷		√			√		
锡							
铬		√					
总计	2	5	2	1	4	1	2

附表 17　国内外铅限量值比较

重金属	国家和组织	粮食分类	限量/(mg/kg)
铅	中国	谷物及其制品［麦片、面筋、八宝粥罐头、带馅(料)面米制品除外］(稻谷以糙米计)	0.2
		麦片、面筋、八宝粥罐头、带馅(料)面米制品	0.5
		豆类	0.2
		豆类制品(豆浆除外)	0.5
		豆浆	0.05
		食用淀粉	0.2
		淀粉制品	0.5
	CAC	豆类	1.0
		玉米	1.0
	欧盟	谷物、豆类蔬菜及豆类	0.2
	俄罗斯	大米	0.5
	日本	糙米	1.0
	韩国	大米	0.2
	美国	小麦	1.0

附表 18　国内外镉限量值比较

重金属	国家和组织	粮食分类	限量/(mg/kg)
镉	中国	谷物（稻谷除外）	0.1
		谷物碾磨加工品（糙米、大米除外）	0.1
		稻谷、糙米、大米	0.2
		豆类蔬菜	0.1
		豆类	0.2
	CAC	大米	0.4
	欧盟	谷类（小麦、大米、糠、胚芽除外）	0.1
		小麦、糠、胚芽	0.2
		大米	0.2
		大豆	0.2
	俄罗斯	大米	0.1
	日本	大米	0.4
	韩国	大米	0.2
	美国		

附表 19　国内外汞限量值比较

重金属	国家和组织	粮食分类	限量/(mg/kg)
汞	中国	稻谷、糙米(稻谷以糙米计)	0.02
		大米	0.02
		玉米、玉米面(糁、片)	0.02
		小麦、小麦粉	0.02
	CAC		
	欧盟		
	俄罗斯	大米	0.03
	日本		
	韩国		
	美国	小麦及已加工的种子	1.0

附表 20　国内外砷限量值比较

重金属	国家和组织	粮食分类	限量/(mg/kg)
总砷	中国	谷物(稻谷除外)	0.5
		谷物碾磨加工品(糙米、大米除外)	0.5
	CAC		
	欧盟		
	俄罗斯	大米	0.2
	日本		
	韩国		
	美国		
无机砷	中国	稻谷、糙米、大米	0.2

附表 21　国内外铬限量值比较

重金属	国家和组织	粮食分类	限量/(mg/kg)
铬	中国	谷物	1
		谷物碾磨加工品	1
		豆类	1
	CAC		
	欧盟		
	俄罗斯		
	日本		
	韩国		
	美国		

附表22　我国与部分国家水产品中主要农药、兽药残留限量标准比较

序号	农业化学品名称		限量/(mg/kg)				
	英文	中文	中国	日本	美国	欧盟	CAC
1	2,4-D	2,4-滴		1	1		
2	2,4,5-T	2,4,5-涕		ND			
3	Abamectin	阿维菌素		0.05			
4	Acetylsalicylic Acid	乙酰水杨酸				免除	
5	Aldrin and Dieldrin	艾氏剂和狄氏剂			0.3		
6	Altrenogest	烯丙孕素		0.003			
7	Aluminium Salicylate	碱式水杨酸铝				免除	
8	Amitrole	杀草强		ND			
9	Amoxicyllin	阿莫西林	0.05	0.05			
10	Ampicillin	氨苄青霉素	0.05	0.05			
11	Azamethiphos	甲基吡啶磷				免除	
12	Azaperone	氯丁酰苯哌嗪		0.03			
13	Azoxystrobin	腈嘧菌酯		0.008			
14	Benzenehexachloride	六六六			0.3		
15	Benzocaine	氨苯乙酯		0.05		免除	
16	Benzylpenicillin	苄青霉素	0.05	0.05			
17	Betamethasone	倍他米松		0.0003			
18	Bicozamycin	二环霉素		0.05			
19	Bispyribac-sodium	双草醚			0.01		
20	Bronopol	溴硝醇				免除	
21	Brodifacoum	溴鼠灵		0.001			
22	Brotizolam	溴替唑仑		0.001			
23	Butylhydroxyanisol	羟基茴香二丁酯		0.05			
24	Canthaxanthin	角黄素		0.1			
25	Captafol	敌菌丹		ND			
26	Carazolol	卡拉洛尔		0.001			
27	Carbadox including QCA	卡巴氧,包括 QCA		ND			
28	Carbasalate Calcium	卡巴匹林钙				免除	

序号	农业化学品名称		限量/(mg/kg)				
	英文	中文	中国	日本	美国	欧盟	CAC
29	Carbaryl	西维因		0.3	0.25		
30	Carfentrazone-ethyl	氟酮唑草		0.3	0.3		
31	Chloramphenicol	氯霉素	ND	ND	ND		
32	Chlordane	氯丹		0.05	0.3		
33	Chlordecone	十氯酮			0.3		
34	Chlormadinone	氯地孕酮		0.002			
35	Chlorpromazine	氯丙嗪	ND	ND			
36	Clenbuterol	克仑特罗	ND	ND	ND		
37	Clorsulon	氯舒隆		0.02			
38	Cloxacillin	邻氯青霉素	0.3	0.3			
39	Colistin	黏菌素		0.2			
40	Coumafos/Coumaphos	库马福司/蝇毒磷		ND			
41	Crostebol	氯睾酮		0.0005			
42	Cyhexatin, Azocyclotin	环己锡,三唑锡		ND			
43	Cypermethrin	氯氰菊酯		0.01		0.05	
44	Daminozide	丁酰肼		ND			
45	Danofloxacin	达氟沙星	0.1	0.1			
46	DDT	滴滴涕	5	3	5		
47	Deltamethrin, Tralomethrin	溴氰菊酯,四溴菊酯	0.03	0.01		0.01	0.03
48	Dexamethasone	地塞米松		ND			
49	Dibutylhydroxytoluene	羟基甲苯二丁酯		10			
50	Dicloxacillin	双氯青霉素		0.3			
51	Dieldrin, Aldrin	艾氏剂,狄氏剂		0.1			
52	Diethylstilbestrol	己烯雌酚	ND	ND	ND		
53	Difloxacin	二氟沙星	0.3	0.3			
54	Diflubenzuron	除虫脲				1	
55	Dimetridazole	地美硝唑	ND	ND	ND		
56	Diphenylamine	二苯胺		0.04			
57	Dipropyl Isocinchomeronate	丙蝇驱		0.004			
58	Diquat	敌草快		0.1	0.1		
59	Diuron	敌草隆			2		

序号	农业化学品名称		限量/(mg/kg)				
	英文	中文	中国	日本	美国	欧盟	CAC
60	Doramectin	多拉菌素		0.005			
61	Doxycycline	强力霉素		0.05			
62	Emamectin Benzoate	因灭汀		0.0005		0.1	
63	Endothal	菌多杀			0.1		
64	Endothall and its Monomethyl Ester	草藻灭及其单甲酯			0.1		
65	Endosulfan	硫丹		0.004			
66	Endrin	异狄氏剂		0.005			
67	Enrofloxacin	恩诺沙星	0.1	0.1			
68	Erythromycin	红霉素	0.2	0.2			
69	Ethoxyquin	乙氧喹啉		1			
70	Etyprostontromethamine			0.01			
71	Eugenol	丁香油酚		0.05			
72	Famphur	伐灭磷		0.02			
73	Fenamiphos	克线磷		0.005			
74	Fenitrothion	杀螟硫磷		0.002			
75	Fenpyroximate	唑螨酯		0.005			
76	Florfenicol	氟苯尼考	1	0.2	1	1	
77	Flumequine	氟甲喹	0.5	0.6		0.6	0.5
78	Flumethrin	氟氯苯菊酯		0.005			
79	Flumioxazin	丙炔氟草胺		1.5			
80	Fluridone	氟啶草酮		0.5	0.5		
81	Fluoroquinolones	氟喹诺酮类		ND			
82	Furazolidone	呋喃唑酮		ND			
83	Glycalpyramide	咪唑双酰胺		0.03			
84	Glycopeptides	糖肽类		ND			
85	Glyphosate	草甘膦		0.3	0.25		
86	Heptachlor	七氯		0.05			
87	Hexachlorobenzene	六氯苯		0.1			
88	Hydrogen Phosphide	磷化氢		0.01			

续表

序号	农业化学品名称		限量/(mg/kg)				
	英文	中文	中国	日本	美国	欧盟	CAC
89	Heptachlor and Heptachlor Epoxide	七氯和环氧七氯			0.3		
90	Imazapyr	灭草烟	1	1			
91	Imidacloprid	吡虫啉		0.05			
92	Ipronidazole	异烟酰咪唑		ND			
93	Isoeugenol	异丁子香酚		100		6	
94	Josamycin	交沙霉素		0.05			
95	Lasalocid	拉沙里菌素		0.001			
96	Lincomycin	林可霉素		0.1			
97	Lindane（gamma-BHC）	林丹	ND	1			
98	Malathion	马拉硫磷		0.5			
99	Mebendazole	甲苯咪唑		0.02			
100	Meloxicam	美洛昔康		0.02			
101	Methidathion	杀扑磷		0.001			
102	Metoclopramide	甲氧氯普胺		0.005			
103	Metronidazole	甲硝唑	ND	ND			
104	Miloxacin	米洛沙星		0.5			
105	Mirex	灭蚁灵			0.1		
106	Nafcillin	奈夫西林		0.005			
107	Neomycin	新霉素		0.5			
108	Nitrofurans	呋喃类抗生素	ND	ND	ND		
109	Norgestomet	诺孕美特		0.0001			
110	Ormetoprim	奥美普林		0.1	0.1		
111	Novobiocin	新生霉素		0.05			
112	Oleandomycin	竹桃霉素		0.05			
113	Oxacillin	苯唑青霉素	0.3	0.3			
114	Oxibendazole	丙氧苯咪唑		0.03			
115	Oxolinic Acid	恶喹酸	0.3	0.05			
116	Oxytetracycline/ Chlortetracycline/ Tetracycline(as total)	土霉素/金霉素/ 四环素（总量）	0.1	0.2	2		0.2

序号	农业化学品名称		限量/(mg/kg)				
	英文	中文	中国	日本	美国	欧盟	CAC
117	Paromomycin	巴龙霉素		0.5			
118	Penoxsulam	五氟磺草胺			0.01		
119	Pindone	杀鼠酮		0.001			
120	Piperazine	哌嗪		0.05			
121	Praziquantel	吡喹酮		0.02			
122	Prednisolone	氢化泼尼松		0.0007			
123	Propham	苯胺灵		ND			
124	Propoxycarbazone	丙苯磺隆		0.004			
125	Ronidazole	洛硝达唑	ND	ND			
126	Sarafloxacin	沙拉沙星				0.03	
127	Simazine	西玛津		10			
128	Simazine and its Metabolites	西玛津及其代谢物			12		
129	Sodium Salicylate	水杨酸钠				免除	
130	Spectinomycin	壮观霉素		0.3			
131	Spiramycin	螺旋霉素		0.2			
132	Spinosad	艾克敌			4		
133	Sulfamonomethoxine	磺胺间甲氧嘧啶钠	0.1	0.1	0.1		
134	Sulfamerazine	磺胺甲基嘧啶			ND		
135	Sulfosulfuron	乙黄隆		0.005			
136	Tefluthrin	七氟菊酯		0.001			
137	Teflubenzuron	氟苯脲				0.5	
138	Thiabendazole	噻菌灵		0.02			
139	Tilmicosin	替米考星		0.05			
140	Topramezone	苯吡唑草酮			0.05		
141	Tosylchloramide Sodium	氯胺				免除	
142	Trenbolone Acetate	乙酸去甲雄三烯醇酮	ND	ND			
143	Tribuphos	脱叶磷		0.002			
144	Trichlorfon	敌百虫		0.005			
145	Triclopyr	三氯吡氧乙酸		3	3		
146	Trifluralin	氟乐灵		0.001			
147	Trimethoprim	甲氧苄氨嘧啶	0.05	0.05			

序号	农业化学品名称		限量/(mg/kg)				
	英文	中文	中国	日本	美国	欧盟	CAC
148	Tylosin	泰乐霉素		0.1			
149	Warfarin	华法林		0.001			
150	Zeranol	右环十四酮酚		0.002			
151	Albendazole	丙硫苯咪唑					
152	Somatosalm	鲑生长素				免除	
153	Sulfadimidine	磺胺二甲嘧啶		0.1			

资料来源：中国技术性贸易措施平台（http：//www.tbt-sps.gov.cn/Pages/home.aspx）

附表 23　我国与部分国家水产品中主要食品添加剂限量比较

序号	添加剂名称 中文名	英文名	中国 食品使用限量	日本 食品使用限量	美国 食品使用限量	欧盟 食品使用限量
1	1,8-桉叶脑	1,8-Cineole (eucalyptol)		所有 GMP,仅用于调味		
2	1-戊烯-3-醇	1-Penten-3-ol		所有 GMP,仅用于调味		
3	2-(3-苯丙基)吡啶	2-(3-Phenylpropyl)pyridine		所有 GMP,仅用于调味		
4	2,3,5,6-四甲基吡嗪	2,3,5,6-Tetramethylpyrazine		所有 GMP,仅用于调味		
5	2,3,5-三甲基吡嗪	2,3,5-Trimethylpyrazine		所有 GMP,仅用于调味		
6	2,3-二乙基-5-甲基吡嗪	2,3-Diethyl-5-methylpyrazine		所有 GMP,仅用于调味		
7	2,3-二甲基吡嗪	2,3-Dimethylpyrazine		所有 GMP,仅用于调味		
8	2,6-二甲基吡啶	2,6-Dimethylpyridine		所有 GMP,仅用于调味		
9	2,6-二甲基吡嗪	2,6-Dimethylpyrazine		所有 GMP,仅用于调味		
10	2,6-二叔丁基对甲酚	Butylated hydroxytoluene		鲸鱼鱼贝冷冻品 1 g/kg		
11	2-甲基吡嗪	2-Methypyrazine		所有 GMP,仅用于调味		
12	2-甲基丁醇	2-Methylbutanol		所有 GMP,仅用于调味		
13	2-甲基丁醛	2-Methylbutyraldehyde		所有 GMP,仅用于调味		
14	2-戊醇	2-Pentanol		所有 GMP,仅用于调味		
15	二丁基羟基甲苯	Butylated hydroxytoluene	风干、烘干、压干等水产品 0.2 g/kg			
16	2-乙基-3,5-二甲基吡嗪和2-乙基-3,6-二甲基吡嗪的混合物	Mixture of 2-Ethyl-3,5-dimethylpyrazine and 2-Ethyl-3,6-dimethylpyrazine		所有 GMP,仅用于调味		

续表

序号	添加剂名称		中国	日本	美国	欧盟
	中文名	英文名	食品使用限量	食品使用限量	食品使用限量	食品使用限量
17	2-乙基-3 甲基吡嗪	2-Ethyl-3-methylpyrazine		所有 GMP,仅用于调味		
18	2-乙基-5-甲基吡嗪	2-Ethyl-5-methylpyrazine		所有 GMP,仅用于调味		
19	2-乙基吡嗪	2-Ethylpyrazine		所有 GMP,仅用于调味		
20	3-甲基-2-丁醇	3-Methyl-2-butanol		所有 GMP,仅用于调味		
21	3-甲基-2-丁烯醇	3-Methyl-2-butenol		所有 GMP,仅用于调味		
22	3-甲基-2-丁烯醛	3-Methyl-2-butenal		所有 GMP,仅用于调味		
23	3-乙基吡嗪	3-Ethylpyridine		所有 GMP,仅用于调味		
24	5-乙基-2-甲基吡啶	5-Ethyl-2-methylpyridine		所有 GMP,仅用于调味		
25	5,6,7,8-四氢喹喔啉	5,6,7,8-Tetrahydroquinoxaline		所有 GMP,仅用于调味		
26	5'-核糖核苷酸钙	Calcium 5'-Ribonucleotide		所有 GMP		
27	5-甲基-6,7-二氢-5H-环戊并吡嗪	5-Methyl-6,7-dihydro-5H-cyclopentapyrazine		所有 GMP,仅用于调味		
28	5-甲基喹喔啉	5-Methylquinoxaline		所有 GMP,仅用于调味		
29	6-甲基喹啉	6-Methylquinoline		所有 GMP,仅用于调味		
30	all-rac-α-生育酚乙酸酯	all-rac-α-Tocopheryl Acetate		健康食品 以 α-生育酚 计 150mg/每种食品的 每日建议食用部分		
31	dl-α-生育酚	dl-α-Tocopherol		所有 GMP,仅用于抗氧化		
32	DL-丙氨酸	DL-Alanine		所有 GMP,仅用于调味		

续表

序号	添加剂名称 中文名	英文名	中国 食品使用限量	日本 食品使用限量	美国 食品使用限量	欧盟 食品使用限量
33	dl-薄荷脑	dl-Menthol		所有 GMP,仅用于调味		
34	DL-酒石酸	DL-Tartaric Acid		所有 GMP		
35	DL-酒石酸二钠	Disodium DL-Tartrate		所有 GMP		
36	DL-酒石酸氢钾	Potassium DL-Bitartrate		所有 GMP		
37	DL-苹果酸	DL-Malic Acid		所有 GMP		未加工水产品 GMP
38	DL-苹果酸钠	Sodium DL-Malate		所有 GMP		
39	DL-色氨酸	DL-Tryptophan		所有 GMP		
40	DL-苏氨酸	DL-Threonine		所有 GMP		
41	d-冰片	d-Borneol		所有 GMP		
42	D-泛酸钙（右旋泛酸钙:维生素 B$_5$）	Calaium Pantohtenate, Dextro (Vitamine B$_5$)		一般食品 1%（以钙计）		
43	D-甘露醇	D-Mannitol		海带制成的产品 25% （以最大残留量计）		
44	D-酒石酸	D-Tartaric Acid		所有 GMP		
45	D-木糖	D-Xylose		所有 GMP		
46	D-山梨糖醇	D-Sorbitol	冷冻鱼糜制品 0.5 g/kg	所有 GMP		
47	L-苯基丙氨酸	L-Phenylalanine		所有 GMP		
48	L-薄荷醇	L-Menthol		所有 GMP,仅用于调味		
49	L-谷氨酸钠	Monosodium L-Glutamate		所有 GMP		

续表

序号	添加剂名称		中国	日本	美国	欧盟
	中文名	英文名	食品使用限量	食品使用限量	食品使用限量	食品使用限量
50	L-谷氨酸盐酸	L-Glutamic Acid		所有 GMP		
51	L-谷氨酸一铵	Monoammonium L-Glutamate		未规定 GMP		
52	L-甲硫氨酸	L-Methionine		所有 GMP		
53	L-精氨酸-L-谷氨酸酯	L-Arginine-L-Glutamate		所有 GMP		
54	L-酒石酸二钠	Disodium L-Tartrate		所有 GMP		
55	L-酒石酸氢钾	Potassium L-Bitartrate		所有 GMP		
56	L-抗坏血酸-2-葡糖苷	L-Ascorbic Acid 2-Glucoside		所有 GMP		未加工水产品 GMP
57	L-抗坏血酸钠	Sodium L-Ascorbate		所有 GMP		
58	L-抗坏血酸棕榈酸酯	L-Ascorbyl Palmitate		所有 GMP		未加工水产品 GMP
59	L-赖氨酸-L-谷氨酸盐	L-Lysine-L-Glutamate		所有 GMP		
60	L-赖氨酸-L-天冬氨酸盐	L-Lysine-L-Aspartate		所有 GMP		
61	L-赖氨酸盐酸盐	L-Lysin Monohydrochloride		所有 GMP		
62	L-色氨酸	L-Tryptophan		所有 GMP		
63	L-苏氨酸	L-Threonine		所有 GMP		
64	L-天冬氨酸一钠	Monosodium L-Aspartate		所有 GMP		
65	L-缬氨酸	L-Valine		所有 GMP		
66	L-盐酸组氨酸	L-Histidine Monohydrochloride		所有 GMP		
67	L-乙酸薄荷酯	L-Menthyl Acetate		所有 GMP		
68	L-异亮氨酸	L-Isoleucine		所有 GMP		
69	L-脂溶性维他命 C	L-Ascorbyl Stearate		所有 GMP		
70	L-紫苏醛	L-Perillaldehyde		所有 GMP		

续表

序号	添加剂名称		中国	日本	美国	欧盟
	中文名	英文名	食品使用限量	食品使用限量	食品使用限量	食品使用限量
71	R,R,R-α-生育酚乙酸酯	R,R,R-Tocopheryl Acetate		健康食品以 α-生育酚计 150 mg/每种食品的每日建议食用部分		
72	Sulfulic 酸	Sulfulic Acid		未规定 GMP,应在成品前中和或去除		
73	硫酸十二烷酯硫胺	Thiamine Dilaurylsulfate		所有 GMP		
74	反式-2-甲基-2-丁烯醛	trans-2-Methyl-2-Butenal		所有 GMP		
75	反式-2-戊烯醛	trans-2-Pentenal		所有 GMP		
76	α-戊基桂醛	α-Amylcinnamicaldehyde		所有 GMP,仅用于调味		
77	β-胡萝卜素	β-Carotene		不得用于新鲜鱼/贝,海带 GMP		
78	γ-壬内酯	γ-Nonalactone		所有 GMP,仅用于调味		
79	γ-十一内酯	γ-Undecalactone		所有 GMP,仅用于调味		
80	氨基酸与蛋氨酸	DL-Methionine		所有 GMP,仅用于调味		
81	氨水	Ammonia		所有 GMP,仅用于调味		
82	胞苷酸二钠	Disodium 5'-Cytidylate		所有 GMP,仅用于调味		
83	苯甲醇(苄基酒精)	Benzyl Alcohol		所有 GMP,仅用于调味		
84	苯甲酸	Benzoic Acid		鱼子酱 2.5 g/kg		腌腊鱼制品·包括鱼子制品 2 g/kg；比目鱼 1 000 g/kg；烹饪过的软体和甲壳类产品 0.2 g/kg

续表

序号	添加剂名称 中文名	英文名	中国 食品使用限量	日本 食品使用限量	美国 食品使用限量	欧盟 食品使用限量
85	苯甲酸钠	Sodium Benzoate		鱼子酱 2.5 g/kg(按苯甲酸计)		盐腌鱼干 0.2 g/kg 比目鱼及烹饪过的软体和甲壳类产品 1 g/kg
86	苯甲酰硫胺二硫化物	Bisbentiamine		所有 GMP		
87	苯乙酸乙酯	Ethyl Phenylacetate		所有 GMP,仅用于调味		
88	苯乙酸异丁酯	Isobutyl Phenylacetate		所有 GMP,仅用于调味		
89	苯乙酸异戊酯	Isoamyl Phenylacetate		所有 GMP,仅用于调味		
90	吡嗪	Pyrazine		所有 GMP		
91	冰乙酸	Acetic Acid, Glacial		所有 GMP		
92	丙醇	Propanol		所有 GMP,仅用于调味		
93	丙二醇	Propylene Glycol		熏墨鱼鱼 GMP,仅用于调味		
94	丙醛	Propionaldehyde		所有 GMP,仅用于调味		
95	丙酸苄酯	Benzyl Propionate		所有 GMP,仅用于调味		
96	丙酸乙酯	Ethyl Propionate		所有 GMP,仅用于调味		
97	丙酸异戊酯	Isoamyl Propionate		所有 GMP,仅用于调味		
98	草酸	Oxalic Acid		未规定 GMP,应在成品前去除		

续表

序号	添加剂名称		中国 食品使用限量	日本 食品使用限量	美国 食品使用限量	欧盟 食品使用限量
	中文名	英文名				
99	茶氨酸	L-Theanine		所有 GMP		
100	呈味核苷酸二钠	Disodium 5'-Ribonucleotide		所有 GMP		
101	除丁化学合成的食品添加剂之外的食用色素	Food colors other than chemically synthesized food additives		不得用于新鲜鱼/贝,海带/海苔 GMP		
102	次氯酸钠	Sodium Hypochlorite		不允许用于芝麻 GMP		
103	次氯酸水	Hypochlorous Acid Water		未规定 GMP,应在成品前降解或去除		
104	乙酸酯淀粉	Starch Acetate		所有 GMP		
105	丁醇	Butanol		所有 GMP,仅用于调味		
106	丁基羟基茴香醚(BHA)	Butylated Hydroxyanisole (BHA)	风干,烘干,压干等水产品 0.2 g/kg	鱼/贝以 BHA 计 0.2 g/kg,BHA 与 BHT 混合使用时,两者总量不得超过各自相应的限量		
107	丁基羟基茴香醚(BHA)	Butylated Hydroxyanisole (BHA)		鱼/贝以 BHA 计 1 g/kg,BHA 与 BHT 混合使用时,两者总量不得超过各自相应的限量		
108	丁醛	Butyraldehyde		所有 GMP,仅用于调味		
109	丁酸	Butyric Acid		所有 GMP,仅用于调味		
110	丁酸丁酯	Butyl Butyrate		所有 GMP,仅用于调味		
111	丁酸环己酯	Cyclohexyl Butyrate		所有 GMP,仅用于调味		

续表

序号	添加剂名称		中国	日本	美国	欧盟
	中文名	英文名	食品使用限量	食品使用限量	食品使用限量	食品使用限量
112	丁酸乙酯	Ethyl Butyrate		所有 GMP,仅用于调味		
113	丁子香酚	Eugenol		所有 GMP,仅用于调味		
114	对甲基苯乙酮	p-Methyl Acetophenone		所有 GMP,仅用于调味		
115	多聚磷酸钾	Potassium Polyphosphate		所有 GMP		
116	二-L-谷氨酸钙	Monocalcium Di-L-Glutamate		所有以 Ca 计、1.0%。限量不适用于标签上有"特殊膳食"字样的食品		
117	二-L-谷氨酸镁	Monomagnesium Di-L-Glutamate		所有 GMP		
118	二苯酰硫胺素	Dibenzoyl Thiamine		所有 GMP		
119	二苯酰盐酸硫胺	Dibenzoyl Thiamine Hydrochloride		所有 GMP		
120	二淀粉磷酸酯	Distarch Phosphate		所有 GMP		
121	二甲基羟基香茅醛	Hydroxycitronellal Dimethylacetal		所有 GMP		
122	二氧化硫	Sulfur Dioxide		冷冻未加工的螯蟹 SO_2 残留量 0.10 g/kg		腌鳕科类 0.20 g/kg; 甲壳类和海生软体动物 0.15 g/kg; 烹饪过的甲壳类和海生软体动物 0.50 g/kg
123	富马酸(反丁烯二酸)	Fumaric Acid		所有 GMP		
124	富马酸单钠	Monosodium Fumarate		所有 GMP		

续表

序号	添加剂名称		中国	日本	美国	欧盟
	中文名	英文名	食品使用限量	食品使用限量	食品使用限量	食品使用限量
125	钙化醇	Ergocalciferol		所有 GMP		
126	干式维生素 A	Dry Formed Vitamin A		所有 GMP		
127	甘氨酸	Glycine		所有 GMP		
128	甘油（丙三醇）	Glycerol		所有 GMP		
129	甘油磷酸钙	Calcium Glycerophosphate		所有食品以 Ca 计、1.0%		
130	高效次氯酸盐	High-Test Hypochlorite		所有 GMP		
131	庚酸乙酯	Ethyl Heptanoate		所有 GMP，仅用于调味		
132	谷氨酸一钾	Monopotassium L-Glutamate		所有 GMP		
133	癸醛	Decanal		所有 GMP，仅用于调味		
134	过氧化氢	Hydrogen Peroxide		所有食品 GMP，在成品前降解或去除		
135	核黄素-5′-磷酸酯	Riboflavin 5′-Phosphate Sodium		所有 GMP		
136	核黄素四丁酯	Riboflavin Tetrabutyrate		所有 GMP		
137	胡椒醛	Piperonal		所有 GMP		
138	琥珀酸	Succinic Acid		所有 GMP		
139	琥珀酸二钠	Disodium Succinate		所有 GMP		
140	环己基丙酸烯丙酯	Ally Cyclohexylpropionate		所有 GMP，仅用于调味		
141	茴香醛	Anisaldehyde		所有 GMP，仅用于调味		
142	己二酸	Adipic Acid		所有 GMP		
143	己酸	Hexanoic Acid		所有 GMP，仅用于调味		
144	己酸烯丙酯	Ally Hexanoate		所有 GMP，仅用于调味		

续表

序号	添加剂名称		中国	日本	美国	欧盟
	中文名	英文名	食品使用限量	食品使用限量	食品使用限量	食品使用限量
145	甲醇钠	Sodium Methoxide		未规定 GMP,应在成品前降解,在降解中产生的甲醇须去除		
146	甲基-N-甲基蒽醌合成酶	Methyl N-Methylanthra-nilate		所有 GMP,仅用于调味		
147	甲基纤维素	Methyl Cellulose		所有 2.0%,使用以下一种或多种添加剂时,总和量不得超过 2.0 %:羧甲基纤维素钙、甲基纤维素、羧甲基淀粉钠		
148	焦磷酸二氢钙	Calcium Dhydrogen Pyrophosphate		所有以 Ca 计:1.0%		
149	焦亚硫酸钾	Potassium Pyrosulfite		对虾 SO$_2$ 残留量 0.10 g/kg		甲壳类和海生软体动物 0.15 g/kg 烹饪过的甲壳类和海生软体动物 0.05 g/kg 以蛋白质为基础的肉、鱼和甲壳类 0.2 g/kg

续表

序号	添加剂名称		中国	日本	美国	欧盟
	中文名	英文名	食品使用限量	食品使用限量	食品使用限量	食品使用限量
150	焦亚硫酸钠	Sodium Metabisulfite		冷冻未加工的螃蟹 SO_2 残留量 0.10 g/kg		甲壳类和海生软体动物 0.15 g/kg；烹饪过的甲壳类和海生软体动物 0.05 g/kg；以蛋白质为基础的肉、鱼和甲壳类 0.2 g/kg
151	聚丙烯酸钠	Sodium Polyacrylate		所有食品 0.2%		
152	聚山梨酸酯	Polysorbate 60		腌渍海带 0.50 g/kg		
153	连二亚硫酸钠（保险粉）	Sodium Hydrosulfite		对虾 SO_2 残留量 0.10 g/kg		
154	硫胺素三十二烷基硫酸酯	Thiamine Dicetylsulfate		所有 GMP		
155	硫酸软骨素钠	Sodium Chondroitin Sulfate		鱼香肠 3.0 g/kg		
156	硫酸亚铁	Ferrous Sulfate		所有 GMP		
157	氯化铵	Ammonium Chloride		所有 GMP		

续表

序号	添加剂名称		中国	日本	美国	欧盟
	中文名	英文名	食品使用限量	食品使用限量	食品使用限量	食品使用限量
158	柠檬黄及柠檬黄铝色淀	Food Yellow No. 4 (Tartrazine) and its Aluminum Lake		不得用于腌制鱼、新鲜鱼/贝或腌制鲸鱼肉 GMP		鱼糊酱 0.1 g/kg; 预制甲壳类 0.25 g/kg; 鲑鱼鱼代品及鱼糜 0.5 g/kg
159	羟甲基纤维素钙	Calcium Carboxymethyl-cellulose		未规定 2.0%，使用以下一种或多种添加剂过时，总和量不得超过 2.0%；甲基纤维素钠、羧甲基纤维素钠、羧甲基甲基纤维素、磷酸淀粉钠		
160	葡糖酸钙	Calcium Gluconate		一般食品 1% g/kg (以钙计·特殊营养食品除外)		
161	肉桂醇	Cinnamyl Alcohol		所有 GMP，仅用于调味		
162	肉桂醛	Cinnamaldehyde		所有 GMP，仅用于调味		
163	肉桂酸	Cinnamic Acid		所有 GMP，仅用于调味		
164	山梨酸	Sorbic Acid		SU-ZUKE (醋渍食品) 0.50 g/kg		

续表

序号	添加剂名称 中文名	添加剂名称 英文名	中国 食品使用限量	日本 食品使用限量	美国 食品使用限量	欧盟 食品使用限量
165	山梨酸钾	Potassium Sorbate	风干、烘干、压干等水产品 1.0 g/kg（以山梨酸计） 预制水产品 0.075 g/kg（以山梨酸计）	鱼贝干制品 1 g/kg（按山梨酸计） 墨鱼熏制品、鲸鱼熏制品 1.5 g/kg（以山梨酸计） 鱼糜制品 2.0 g/kg（按山梨酸计）		
166	食品红（胭脂红）及其铝沉淀	Food Red No.102(New Coccine)		不得用于腌制鱼、新鲜鱼/贝或腌制鲸鱼肉 GMP		
167	食品黄（日落黄）及其铝沉淀	Food Yellow No.5(Sunset Yellow) and its Aluminum Lake		不得用于腌制鱼、新鲜鱼/贝或腌制鲸鱼肉 GMP		
168	食品蓝1号（亮蓝FCF）及其铝色淀	Food Blue No.1（Brilliant Blue FCF）and its Aluminum Lake		不得用于腌制鱼、新鲜鱼/贝或腌制鲸鱼肉 GMP		鱼糊酱及熏鱼 0.1 g/kg 预制甲壳类 0.25 g/kg 鲑鱼替代品及鱼糜 0.5 g/kg

续表

序号	添加剂名称 中文名	添加剂名称 英文名	中国 食品使用限量	日本 食品使用限量	美国 食品使用限量	欧盟 食品使用限量
169	食品蓝（亮蓝FCF）及其铝色淀	Food Blue No. 1 (Brilliant Blue FCF) and its Aluminum Lake		不得用于腌制鱼、新鲜鱼/贝或腌制鲸鱼肉 GMP		
170	水不溶性矿物质：酸性黏土、膨润土、硅藻土、高岭土、珍珠岩、砂、滑石粉、其他类似物质	Water-insoluble minerals: Acid Clay, Bentonite, Diatomaceous Earth, Kaolin, Perlite, Sand, Talc, Other Similar Substances		所有食品 0.5%，仅限于食品生产加工中不可缺少时使用		
171	酸性红	Food Red No. 106 (Acid Red)		不得用于腌制鱼、新鲜鱼/贝或腌制鲸鱼肉 GMP		
172	羧甲基淀粉钠	Sodium Carboxymethyl Starch		所有 2.0%，使用以下一种或多种添加剂时，总和量不得超过 2.0%：羧甲基纤维素钙、甲基纤维素、羧甲基纤维素钠		
173	糖精钠	Sodium Saccharin		鱼/贝类 1.2 g/kg 鱼糜制品 0.3 g/kg 海藻加工品 0.5 g/kg		
174	铁叶绿素钠	Sodium Iron Chlorophyllin		不得用于腌制鱼、新鲜鱼/贝或腌制鲸鱼肉 GMP		

续表

序号	添加剂名称 中文名	英文名	中国 食品使用限量	日本 食品使用限量	美国 食品使用限量	欧盟 食品使用限量
175	硝酸钾	Potassium Nitrate		熏鲸鱼肉 0.07 g/kg（按亚硝酸根计） 粒状咸鲑鱼子、咸鲑鱼子 0.005 g/kg（以亚硝酸根计） 鱼肉香肠、鱼肉火腿 0.05g/kg（按亚硝酸根计）		
176	硝酸钠	Sodium Nitrate		熏鲸鱼肉少于 0.070 g/kg（以 NO_2 的残留计）		
177	亚硫酸钠	Sodium Sulfite		对虾 0.1g/kg(以 SO_2 计)		
178	亚硫酸氢钾溶液	Potassium Hydrogen Sulfite Solution		对虾 0.1 g/kg(以 SO_2 计)		
179	亚硫酸氢钠溶液	Sodium Hydrogen Sulfite Solution		对虾 0.1 g/kg(以 SO_2 计)		
180	亚氯酸水	Chlorous Acid Water		鲸鱼肉产品 0.40 g/kg 在成品前降解或去除 鲸鱼腊肉 0.07 g/kg（按亚硝酸根计）		
181	亚硝酸钾	Potassium Nitrite		粒状咸鲑鱼子、咸鲑鱼子 0.005 g/kg（按亚硝酸根计）		

续表

序号	添加剂名称 中文名	添加剂名称 英文名	中国 食品使用限量	日本 食品使用限量	美国 食品使用限量	欧盟 食品使用限量
181	亚硝酸钾	Potassium Nitrite		鱼肉香肠、鱼肉火腿 0.05 g/kg（按亚硝酸根计）		
182	硝酸钠	Sodium Nitrate		肉制品、鲸肉腊肉 0.07 g/kg（按亚硝酸根计）腌制鱼 0.05 g/kg（按亚硝酸根计）		
		Sodium Nitrate		鲸鱼腊肉 0.07 g/kg（按亚硝酸根计）	烟熏咸银鳕、烟熏咸鲑鱼、烟熏咸西鲱 0.5 g/kg（以硝酸钠计）	
183	亚硝酸钠	Sodium Nitrite		粒状咸鲑鱼子、咸鲑鱼子 0.005 g/kg（按亚硝酸根计）鱼肉香肠、鱼肉火腿 0.05 g/kg（按亚硝酸根计）	烟熏咸吞拿鱼 0.001 g/kg（以亚硝酸钠计）	
184	烟酸、尼克酸	Nicotinic Acid		不得用于新鲜鱼/贝 GMP		
185	烟酰胺	Nicotinamide		不得用于新鲜鱼/贝 GMP		

续表

序号	添加剂名称		中国	日本	美国	欧盟
	中文名	英文名	食品使用限量	食品使用限量	食品使用限量	食品使用限量
186	胭脂树橙水溶液	Annato, Water-soluble		不得用于新鲜鱼/贝 GMP		熏鱼 0.01 g/kg
187	叶绿素铜钠	Sodium Copper Chlorophyllin		海带 0.15 g/kg(以铜计)		
188	叶绿素铜盐	Copper Chlorophyll		海带 0.15 g/kg(以铜计)		
189	乙酰磺胺酸钾(安赛蜜)	Acesulfame Potassium		其他食品 0.35 g/kg		保藏和半保藏的鱼,以及卤汁鱼,甲壳类动物和软体动物 200 mg/kg
190	荧光桃红	Food Red No. 104 (Phloxine)		不得用于腌制鱼,新鲜鱼/贝(包括新鲜鲸鱼肉)或腌制鲸鱼肉		
191	藻酸丙二醇酯(丙二醇藻酸)	Propylene Glycol Alginate		所有食品 1.0%		
192	酯类	Esters		所有 GMP,仅用于调味		
193	柠檬酸钙	Calcium Citrate		一般食品 1%g/kg(以钙计·特殊营养食品除外)		
194	氯化钙	Calcium Chloride		一般食品 1%g/kg(以钙计·特殊营养食品除外)		
195	次磷酸钠	Sodium Hypophosphite			鳕鱼甘油 GMP	
196	乙二胺四乙酸(EDTA)二钠钙	Calcium Disodium EDTA			罐装熟虾 250 mg/kg	

续表

序号	添加剂名称		中国	日本	美国	欧盟
	中文名	英文名	食品使用限量	食品使用限量	食品使用限量	食品使用限量
197	圆腹鲱鱼油	Menhaden Oil			鱼制品 0.05 ppm	
198	脂肪酸蔗糖酯	Sucrose Fatty Acid Esters			以鱼浆为基料的仿制海产品,GMP	
199	单、双甲基萘磺酸钠	Sodium Mono- and Dimethyl Naphthalene Sulfonates			腌鱼腌肉用量不超过 0.1%	
200	过氧化氢	Hydrogen Peroxide			鲜鱼足量	
201	葡萄糖酸锰	Manganese Gluconate			鱼类制品 GMP	
202	4-己基间苯二酚	4-hexylresorcinol				新鲜的、冷冻和深度冷冻的甲壳类 2 mg/kg
203	EDTA二钠钙	Calcium Disodium Ethylene Diamine Tetra-acetate (Calcium Disodium EDTA)				罐装和瓶装水产品 75mg/kg
204	β-apo-8′胡萝卜酸(C30)	Beta-apo-8′-carotenic Acid (C 30)				鱼糊酱及熏鱼 100 mg/kg;预制甲壳类动物 250 mg/kg;鲑鱼替代品、鱼糜 500 mg/kg;鱼子 300 mg/kg

续表

序号	添加剂名称			中国	日本	美国	欧盟
		中文名	英文名	食品使用限量	食品使用限量	食品使用限量	食品使用限量
205		苯甲酸钙	Calcium Benzoate				腌腊鱼制品 2000 mg/kg 比目鱼及烹饪过的软体和甲壳 1000 mg/kg 腌腊鱼制品 2000 mg/kg
206		赤藓糖醇	Erythritol				冷冻未经加工的鱼、甲壳类动物、软体动物和头足类动物 GMP
207		靛蓝·靛蓝二磺酸钠	Indigotine、Indigo Carmine				鱼糊酱及熏鱼 100 mg/kg 预制甲壳类动物 250 mg/kg 鲑鱼替代品及鱼糜 500 mg/kg 鱼子 300 mg/kg

续表

序号	添加剂名称 中文名	英文名	中国 食品使用限量	日本 食品使用限量	美国 食品使用限量	欧盟 食品使用限量
208	二磷酸盐 (i)二磷酸二钠(ii)二磷酸三钠(iii)二磷酸四钠(v)(SIC(iv))二磷酸四钾(vi)(SIC(v))二磷酸二钙(vii)(SIC(vi))二磷酸二氢钙	Diphosphates (i) Disodium diphosphate (ii) Trisodium diphosphate (iii) Tetrasodium diphosphate (v) (SIC (iv)) Tetrapotassium diphosphate (vi) (SIC (v)) Dicalcium diphosphate(vii)(SIC (vi)) Calcium dihydrogen diphosphate				鱼糜及甲壳类产品罐头 1 g/kg; 冷冻的软体动物产品和甲壳类及冷冻后的未加工鱼片及鱼和甲壳类酱 5 g/kg
209	番茄红素	Lycopene				鱼糊酱及熏鱼 100 mg/kg; 预制甲壳类动物 250 mg/kg; 鲑鱼替代品及鱼糜 500 mg/kg; 鱼子 300 mg/kg
210	果胶	Pectins				未经加工的鱼，甲壳类和软体水产品 GMP
211	姜黄素	Curcumins				鱼糊酱及熏鱼 100 mg/kg; 预制甲壳类动物 250 mg/kg

续表

序号	添加剂名称		中国 食品使用限量	日本 食品使用限量	美国 食品使用限量	欧盟 食品使用限量
	中文名	英文名				
211	姜黄素	Curcumins				鲑鱼替代品及鱼糜 500 mg/kg 鱼子 300 mg/kg
212	聚磷酸盐(i) 聚磷酸钠(ii) 聚磷酸钾(iii) 聚磷酸钠钙(iv) 聚磷酸钙	Polyphosphates (i) Sodium Polyphosphate (ii) Potassium Polyphosphate (iii) Sodium calcium Polyphosphate (iv) Calcium Polyphosphate				冷冻的软体动物产品和甲壳类、未加工鱼片及鱼和甲壳类酱 5 g/kg 甲壳类产品罐头及鱼糜 1 g/kg
213	喹啉黄	Quinoline Yellow				鱼糊酱及熏鱼 100 mg/kg 预制甲壳类动物 250 mg/kg
214	亮黑,黑色 PN	Brilliant Black BN, Black PN				鲑鱼替代品及鱼糜 500 mg/kg 鱼子 300 mg/kg 鱼糊酱及熏鱼 100 mg/kg 预制甲壳类动物 250 mg/kg

续表

序号	添加剂名称 中文名	英文名	中国 食品使用限量	日本 食品使用限量	美国 食品使用限量	欧盟 食品使用限量
214	亮黑、黑色 PN	Briliant Black BN, Black PN				鲑鱼替代品、鱼糜 500 mg/kg
215	磷酸	Phosphoric Acids				鱼子 300 mg/kg；冷冻的软体动物产品和甲壳类及未加工鱼片、鱼和甲壳类酱 5 g/kg；甲壳类产品罐头及鱼糜 1 g/kg
216	磷酸钙(i)磷酸一钙(ii)磷酸二钙(iii)磷酸三钙	Calcium Phosphates(i) Monocalcium Phosphate(ii) Dicalcium Phosphate(iii) Tricalcium Phosphate				冷冻的软体动物产品和甲壳类及未加工鱼片、鱼和甲壳类酱 5 g/kg；甲壳类产品罐头 1 g/kg
217	磷酸钾(i)磷酸一钾(ii)磷酸二钾(iii)磷酸三钾	Potassium Phosphates(i) Monopotassium Phosphate(ii) Dipotassium Phosphate(iii) Tripotassium Phosphate				未加工鱼、片鱼和甲壳类酱 5 g/kg

续表

序号	添加剂名称 中文名	添加剂名称 英文名	中国 食品使用限量	日本 食品使用限量	美国 食品使用限量	欧盟 食品使用限量
218	磷酸钾(i)磷酸一钾(ii)磷酸二钾(iii)磷酸三钾	Potassium Phosphates(i) Monopotassium Phosphate(ii) Dipotassium Phosphate(iii) Tripotassium Phosphate				冷冻的软体动物产品和甲壳类 5 g/kg 甲壳类产品罐头及鱼糜 1 g/kg
219	磷酸镁(i)磷酸一镁(ii)磷酸二镁	Magnesium Phosphates (i) Monomagnesium Phosphate (ii) Dimagnesium Phosphate				未加工鱼片，鱼和甲壳类酱 5 g/kg 冷冻软体动物产品和甲壳类 5 g/kg 甲壳类产品罐头及鱼糜 1 g/kg
220	磷酸钠(i)磷酸一钠(ii)磷酸二钠(iii)磷酸三钠	Sodium Phosphates(i) Monosodium Phosphate(ii) Disodium Phosphate(iii) Trisodium Phosphate				未加工鱼片 5 g/kg 冷冻的软体动物产品和甲壳类 5 g/kg 鱼糜，鱼和甲壳类酱 1 g/kg 甲壳类产品罐头 1 g/kg
221	柠檬酸钾类	Potassium Citrates				未经加工的鱼，甲壳类和软体类水产品 GMP

续表

序号	添加剂名称 中文名	英文名	中国 食品使用限量	日本 食品使用限量	美国 食品使用限量	欧盟 食品使用限量
222	柠檬酸钠类	Sodium Citrates				未经加工的鱼、甲壳类和软体水产品 GMP
223	偶氮玉红或淡红	Azorubine or Carmoisine				鱼糊酱及熏鱼 100 mg/kg；预制甲壳类动物 250 mg/kg；鲑鱼替代品及鱼糜 500 mg/kg；鱼子 300 mg/kg
224	硼酸	Boric Acid				鲟鱼鱼子酱 4 g/kg
225	日落黄 FCF，橙黄 S	Sunset Yellow FCF, Orange Yellow S				鱼糊酱及鱼子 100 mg/kg；预制甲壳类动物 250 mg/kg；鲑鱼替代品及鱼糜 500 mg/kg；熏鱼 100 mg/kg

续表

序号	添加剂名称 中文名	英文名	中国 食品使用限量	日本 食品使用限量	美国 食品使用限量	欧盟 食品使用限量
226	三磷酸盐(i) 三磷酸五钠(ii) 三磷酸五钾	Triphosphates (i) Pentasodium Triphosphate(ii) Pentapotassium Triphosphate				鱼和甲壳类酱 5 g/kg
						鱼糜 1 g/kg
						冷冻后的未加工鱼片 5 g/kg
						冷冻的软体动物产品和甲壳类 5 g/kg
						甲壳类产品罐头 1 g/kg
						腌腊鱼制品，包括鱼子制品 2000 mg/kg
						盐腌鱼干 200 mg/kg
						烹饪过的软体和甲壳类产品 2000 mg/kg
						烹饪过的软体和甲壳类产品 2000 mg/kg
						冷冻的水产品 GMP
227	山梨酸	Sorbic Acid				
228	山梨糖醇(i) 山梨糖醇(ii) 山梨糖醇浆;甘露糖醇;异麦芽糖醇;麦芽糖醇(i) 麦芽糖醇(ii) 麦芽糖浆;乳糖醇;木糖醇	Sorbitol (i) Sorbitol (ii) Sorbitol Syrup; Mannitol; Isomalt Maltitol; Maltitol (i) Maltitol (ii) Maltitol Syrup; Lactitol; Xylitol				鱼糊酱及鱼子 100 mg/kg

续表

序号	添加剂名称 中文名	英文名	中国 食品使用限量	日本 食品使用限量	美国 食品使用限量	欧盟 食品使用限量
229	食用绿S	Green S				预制甲壳类动物 250 mg/kg；鲑鱼替代品及鱼糜 500 mg/kg
230	四硼酸钠	Sodium Tetraborate				鱼子 300 mg/kg；鳕鱼鱼子酱 4 g/kg
231	甜菊糖貳	Steviol Glycosides				鱼和渔业产品加工品 200 mg/kg
232	苋菜红	Amaranth				鱼子 30 mg/kg
233	硝酸钾·硝酸钠	Potassium Nitrate, Sodium Nitrate				盐渍青鱼和鲱鱼 500 mg/kg
234	亚硫酸钙	Calcium Sulphite				鱼和甲壳类的类似物 200 mg/kg
235	亚硫酸氢钙	Calcium Hydrogen Sulphite				腌干鱼（鳕科类） 200 mg/kg；甲壳类和海生软体动物——新鲜的、冷冻的和深度冷冻产品 150 mg/kg；烹饪过的甲壳类和海生软体动物 50 mg/kg

续表

序号	添加剂名称		中国	日本	美国	欧盟
	中文名	英文名	食品使用限量	食品使用限量	食品使用限量	食品使用限量
235	亚硫酸氢钙	Calcium Hydrogen Sulphite				鱼和甲壳类的类似物 200 mg/kg
236	亚硫酸氢钾	Potassium Hydrogen Sulphite				腌干鱼（鳕科类）200 mg/kg
						甲壳类和海生软体动物 150 mg/kg
						烹饪过的甲壳类和海生软体动物 50 mg/kg
237	亚硫酸氢钠	Sodium Hydrogen Sulphite				腌干鱼（鳕科类）200 mg/kg
						甲壳类和海生软体动物 150 mg/kg
						烹饪过的甲壳类和海生软体动物 50 mg/kg
						以蛋白质为基础的肉、鱼和甲壳类的类似物 200 mg/kg

续表

序号	添加剂名称		中国	日本	美国	欧盟
	中文名	英文名	食品使用限量	食品使用限量	食品使用限量	食品使用限量
238	胭脂红;胭脂虫红 A	Ponceau 4R, Cochineal Red A				鱼糊酱及熏鱼 100 mg/kg 预制甲壳类动物 250 mg/kg 鲑鱼替代品及鱼糜 500 mg/kg 鱼子 300 mg/kg
239	胭脂红酸;胭脂虫红;胭脂虫红	Cochineal, Carminic Acid, Carmines				鱼糊酱及熏鱼 100 mg/kg 预制甲壳类动物 250 mg/kg 鲑鱼替代品及鱼糜 500 mg/kg 鱼子 300 mg/kg
240	叶黄素	Xanthophyll				鱼糊酱及熏鱼 100 mg/kg 预制甲壳类动物 250 mg/kg 鲑鱼替代品及鱼糜 500 mg/kg 鱼子 300 mg/kg

续表

序号	添加剂名称 中文名	英文名	中国 食品使用限量	日本 食品使用限量	美国 食品使用限量	欧盟 食品使用限量
241	异抗坏血酸/异抗坏血酸钠	Erythorbic Acid/Sodium Erythorbate				腌制和半腌制鱼类产品，红皮冷冻和深度冷冻的鱼 1500 mg/kg
242	诱惑红 AC	Allura Red AC				鱼糊酱及熏鱼 100 mg/kg；预制甲壳类动物 250 mg/kg；鲑鱼替代品及鱼糜 500 mg/kg；鱼子 300 mg/kg
243	专利蓝 V	Patent Blue V				熏鱼 100 mg/kg；鲑鱼替代品及鱼糜 500 mg/kg；鱼子 300 mg/kg；鱼糊酱和甲壳类动物糊酱 100 mg/kg；预制甲壳类动物 250 mg/kg
244	棕色 FK	Brown FK				腌鱼 20 mg/kg

续表

序号	添加剂名称 中文名	英文名	中国 食品使用限量	日本 食品使用限量	美国 食品使用限量	欧盟 食品使用限量
245	棕色 HT	Brown HT				鱼糊、酱及熏鱼 100 mg/kg；预制甲壳类动物 250 mg/kg；鲑鱼替代品及鱼糜 500 mg/kg；鱼子 300 mg/kg
246	特丁基对苯二酚	tert-Butylhydroquinone	风干、烘干、压干等水产品 0.2 g/kg			
247	没食子酸丙酯	Propyl gallate	风干、烘干、压干等水产品 0.1 g/kg			
248	茶多酚(又名维多酚)	Tea Polyphenols	水产品罐头、预制水产品(半成品) 0.3 g/kg(以油脂中儿茶素计)			
249	六偏磷酸钠	Sodium Hexametaphosphate	水产品罐头 1.0 g/kg			
250	硫酸铝钾(又名钾明矾)、硫酸铝铵(又名铵明矾)	Aluminium Potassium Sulfate, Aluminium Ammonium Sulfate	水产品及其制品 GMP			
251	竹叶抗氧化物	Bamboo Leaf Antioxidants	水产品及其制品 0.5 g/kg			

续表

序号	添加剂名称 中文名	英文名	中国 食品使用限量	日本 食品使用限量	美国 食品使用限量	欧盟 食品使用限量
252	稳定态二氧化氯	Stable chlorine dioxide	水产品及其制品 0.05 g/kg			
253	植酸（又名肌醇六磷酸），植酸钠	Phytic acid	鲜水产品（仅限虾类）GMP			
254	4-己基间苯二酚	4-Hexylresorcinol	鲜水产品（仅限虾类）GMP			
255	甘草抗氧物	Licorice root antioxidant	腌制水产品0.2 g/kg（以甘草酸计）			
256	普鲁兰糖	Pullulan	预制水产品 30 g/kg			
257	三聚磷酸钠	Sodium Tripolyphosphate	预制水产品 1.0 g/kg			
258	辣椒橙	Paprical Orange	冷冻鱼糜制品 GMP			
259	辣椒红	Capsanthin	冷冻鱼糜制品 GMP			
260	麦芽糖醇	Maltitol	冷冻鱼糜制品 0.5 g/kg			
261	沙蒿胶	Artemisia glue	冷冻鱼糜制品 0.5 g/kg			
262	焦磷酸钠	Sodium pyrophosphate	冷冻鱼糜制品 0.5 g/kg			

资料来源：中国技术性贸易措施平台（http://www.tbt-sps.gov.cn/Pages/home.aspx）